国家自然科学基金项目（编号：51003083；51273152；51473129；51503157；51403166；51703169；51741303；51873166）
国家科技支撑计划专题（编号：2015BAE01B01-4）
国家高技术研究发展计划（"863"计划）课题（编号：2013AA031802）

海岛纺丝与纳米纤维

王栋◎编著

HAIDAO FANGSI YU
NAMI XIANWEI

中国纺织出版社

内 容 提 要

本书系统介绍了海岛纺丝技术以及利用海岛纺丝技术制备热塑性聚合物纳米纤维的知识、方法和工艺流程。在此基础之上，详细论述了纳米纤维的聚集态结构以及纳米纤维材料在环境分离与净化、生物医用、能源和传感等领域的应用。

本书基础理论知识深入、技术方案探讨充分、内容突出需求导向。本书可以作为材料科学与工程，尤其是纺织材料相关学科本科生和研究生的教材及参考资料，也可以供纳米纤维材料制造以及可能会使用纳米纤维材料的环境、生物医用、能源和传感等产业领域的专业技术人员参考。

图书在版编目（CIP）数据

海岛纺丝与纳米纤维 / 王栋编著. —— 北京：中国纺织出版社，2019.12

ISBN 978-7-5180-5633-0

Ⅰ. ①海… Ⅱ. ①王… Ⅲ. ①海岛棉—纺丝—纳米材料 Ⅳ. ① S562 ② TQ340.64

中国版本图书馆 CIP 数据核字（2018）第 262358 号

责任编辑：宗 静　　特约编辑：曹昌虹
责任校对：江思飞　　责任印制：何 建

中国纺织出版社出版发行
地址：北京市朝阳区百子湾东里 A407 号楼　　邮政编码：100124
销售电话：010-67004422　　传真：010-87155801
http://www.c-textilep.com
中国纺织出版社天猫旗舰店
官方微博 http://weibo.com/2119887771
北京玺诚印务有限公司印刷　各地新华书店经销
2019 年 12 月第 1 版第 1 次印刷
开本：787×1092　1/16　印张：16.75
字数：180 千字　定价：88.00 元

凡购本书，如有缺页、倒页、脱页，由本社图书营销中心调换

前言

纤维材料，尤其是纳米纤维材料，作为一种基础性原材料，吸引了越来越多的科研工作者从事相关基础理论及应用研究。纳米纤维材料在诸多应用领域展现出的性能优越性，也引起了产业界的极大关注。

海岛纺丝起源于 1970 年，并在随后几十年里蓬勃发展。编者运用海岛纺丝技术实现了热塑性纳米纤维的宏量工业化制备，该方法具有生产效率高、环保、对大部分热塑性高聚物适用等特点，通过纺丝工艺的调节也可以实现纳米纤维尺寸的调控。以海岛纺丝法生产的纳米纤维可加工为纳米纤维浆料，有利于对纳米纤维的后续加工及结构设计，实现纳米纤维材料的器件化生产，极大地拓展了纳米纤维的应用领域。编者长期从事海岛纺纳米纤维制备技术的基础科学及纳米纤维在交叉领域的应用研究。鉴于纳米纤维制备技术的快速发展及纳米纤维材料应用研究的深入，我们组织编写此书，旨在系统介绍海岛纺纳米纤维制备技术及纳米纤维材料在多领域的应用情况。

本书由王栋等编著，王栋、鲁振坦、李沐芳负责全书的统稿和校稿。具体撰写分工如下：第一章由李沐芳编写；第二章、第三章由王栋编写；第四章由王雯雯、刘轲编写；第五章由刘轲编写；第六章由鲁振坦、严坤、李秀芳编写；第七章由杨丽燕、刘琼珍、谈紫琪、刘学编写；第八章由王跃丹编写；第九章由陆莹编写。罗梦颖、梅涛、陈佳慧、程盼、卿星、王文及张佳琪等为本书的录入和整理做了大量的工作，在此一并表示感谢。

书中内容难免存在疏漏之处，恳请读者批评指正。

感谢国家自然科学基金《具有快速检测与杀灭生物有害物质协同功能的纳米纤维膜传感器》（51003083）、《微生物燃料电池用高导电性和生物相容性的三维多孔纳米纤维膜阳极的研究》（51273152）、《纳米纤维基柔性电子皮肤的构筑及工作机理的研究》（51473129）、《纤维基晶体管生物传感器的设计及结构性能研究》（51503157）、《纳米纤维表面蛋白质多维纳米结构的构筑及形成机理研究》（51403166）、《表面糖基功能化纳米纤细菌检测膜的构筑及其运行机理研究》（51703169）、《可延展柔性纤维基多重能量转换材料的构筑及工作机理的研究》（51741303）、《具有非对称结构的纳米纤维基柔性仿生智能驱动膜研究》（51873166），国家科技支撑计划专题《海岛法纳米纤维防雾霾口罩滤布的开发》（2015BAE01B01-4）及国家高技术研究发展计划（"863"计划）《环境友好纳米涂层材料及应用技术》课题（2013AA031802）等项目对本团队工作的支持。

王　栋

2019 年 5 月

目录

第 1 章
绪 论

PART
1

1.1 引言

从20世纪80年代开始，纳米科技作为一个新兴领域，受到了全球的青睐并且有了迅猛的发展。著名科学家钱学森曾说过："纳米科技是21世纪科技发展的重点，会是一次技术革命，还会是一次产业革命。"几十年来，纳米科技已经广泛地应用于材料、生物、能源、环境信息、军事等领域，成为科技发展不可或缺的一部分。

随着纳米科技的兴起，纳米纤维作为一种新型纳米材料也开始了它的发展。1991年，日本电子公司（NEC）的饭岛（S.lijima）博士发现了碳纳米管，由于其特殊的物理结构、优异的力学性能以及电化学性能引起了世界各国研究学者的高度关注。随后，各种纳米纤维材料逐步出现，例如，聚丙烯腈（PAN）纳米纤维、壳聚糖纳米纤维等。科学家们还可以利用纳米纤维构筑出具有一维、二维、三维形态结构的纳米纤维材料，如纳米纤维，纳米纤维膜、纳米纤维气凝胶（图1-1）。由于纳米纤维材料具有孔径小、孔隙率高、直径小、比表面积大和质量轻等独特的优点，其在复合材料、膜材料、过滤介质、医用临床诊断器材、化学与生物敏感材料、电子能源等领域展现出巨大的应用前景。目前，制备纳米纤维的方法有很多，如静电纺丝法、化学合成法、拉伸法、海岛纺丝法等。随着纳米纤维制备技术的逐渐进步，市场需求的逐渐增多，纳米纤维材料也将在广大研究学者的探索下继续蓬勃发展。

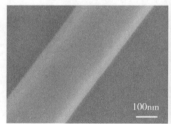 

（a）聚甲基丙烯酸甲酯（PMMA）纳米纤维[1]　（b）明胶／聚己内酯（GT/PCL）纳米纤维膜[2]　（c）聚乙烯醇—乙烯共聚物（PVA-*co*-PE）纳米纤维气凝胶[3]

图1-1　纳米纤维材料

1.2　纳米纤维的定义及种类

1.2.1　纳米纤维的定义

从严格意义上来讲，纳米纤维是指直径为 1～100nm，且长径比大于100的一维纤维状材料，如纳米线、纳米带、纳米管等。从广义上来讲，直径低于1μm的纤维均可称为纳米纤维[4]。

纳米纤维的小尺寸结构使其具有一些特殊的性能[5-6]：①表面与界面效应：纳米纤维直径越小，比表面积越大，与微米纤维相比，纳米纤维的比表面积要高100倍以上。由于纳米纤维表层粒子之间缺少相邻配位原子，因此纳米纤维表面具有较强的反应活性，极易与其他原子进行结合。②小尺寸效应：当纳米纤维直径尺寸与光波波长、超导态相干长度、电子德布罗意波长或透射深度相近或者更小时，材料的临界条件被破坏，声学、光学、电磁学、热学、力学、催化性能等物理化学性质将发生改变，这便导致物质的熔点降低或者产生分色变色、吸收紫外线以及屏蔽电磁波等性能。

基于这些特殊的性能，纳米纤维引起了全球科学家们的广泛关注与重视。目前，纳米纤维材料已经被广泛应用于智能制造、功能性服装、生物医药、电子器件、能源环境等领域，其发展不仅带动了相关学科的进步，还促进了多学科的交叉与融合。

1.2.2 纳米纤维的种类

根据来源，纳米纤维可以分为天然纳米纤维和人工合成纳米纤维。天然纳米纤维是指自然界中本来就存在的纳米纤维，如蜘蛛丝（图1-2）、细菌纤维素纳米纤维等。蜘蛛丝直径约100nm，具有优异的综合力学性能，强度为$3 \times 10^8 N/m^2 \sim 1.8 \times 10^9 N/m^2$，接近碳纤维及凯夫拉纤维（Kevlar），且具有较强的韧性。除此之外，蜘蛛丝还具有生物可降解性，是一种优良的绿色纳米材料。人工合成纳米

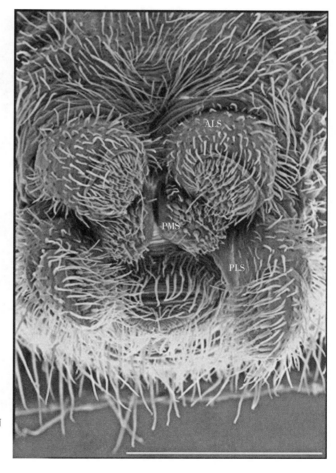

图1-2 蜘蛛丝的电镜图 ALS—前外侧喷丝头；PMS—后中央喷丝头；PLS—后外侧喷丝头[7]

纤维是指人为地把一种或多种物质经过化学或物理方法加工成的纳米纤维。

根据物质的组成，纳米纤维可以分为有机纳米纤维、无机纳米纤维以及复合纳米纤维等。

1.2.2.1　有机纳米纤维

由有机聚合物构成的纳米纤维为有机纳米纤维。随着纳米纤维制备技术的发展，有机纳米纤维的种类也在不断增多，如纤维素纳米纤维［图1-3（a）］、PAN纳米纤维［图1-3（b）］、壳聚糖纳米纤维［图1-3（c）］等。由于纳米纤维优异的结构和性能，被广泛应用于抗菌、分离过滤、防护等领域。

1.2.2.2　无机纳米纤维

无机纳米纤维是指由无机物构成的纳米纤维，分为金属纳米纤维和非金属纳米纤维两种。银纳米线［图1-4（a）］是研究最为广泛的一种金属纳米纤维，具有优异的导电性和抗菌性。除此之外，银纳米纤维的尺寸效应还赋予其较好的透光性和耐曲折性，因此被很多研究学者广泛研究并用于制备透明导电材料，被视为最有可能取代ITO透明电

 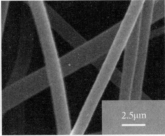 

（a）纤维素纳米纤维[8]　　　　　（b）PAN纳米纤维[9]　　　　　（c）壳聚糖纳米纤维[10]

图1-3　有机纳米纤维

 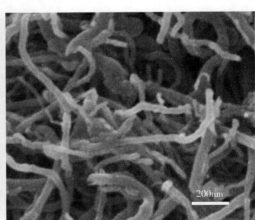

（a）银纳米纤维[14]　　　　　　　　　（b）多壁碳纳米管[15]

图1-4　无机纳米纤维

极的材料[11]。碳纳米管［图1-4（b）］是一种典型的无机非金属纳米纤维，具有优良的导电性、较大的比表面积、独特的场发射性质和二重电性质，因此在催化载体材料、吸附材料、超级电容器、电子传感器、锂离子电池以及微电子学等领域具有很好的应用前景[12]。此外，碳纳米管还具有优良的力学性能，强度高、韧性好，因此利用其制成的"纳米秤"可以用来衡量生物大分子及生物颗粒的质量。目前，碳纳米管最具商业化的一种应用是被用来制成电子显微镜的探针，由于其较小的尺寸及较高的韧性，不仅能延长探针的寿命，还能有效提高成像分辨率[13]。除上述两种无机纳米纤维之外，常见的还有Al_2O_3纳米纤维、ZnO纳米纤维、TiO_2纳米纤维等。

1.2.2.3 纳米复合纤维

纳米复合纤维是指由两种或两种以上的不同材料通过加工工艺复合而成的纳米纤维材料。它包括具有纳米纤维结构的复合材料，也包括含有纳米材料（如纳米颗粒、纳米片、纳米管等）的纤维材料。由于各种组分的协同作用，复合纳米纤维往往具有优于单组份纤维的某些特性，如抗菌性、导电性、力学性等[16]。常见的复合纳米纤维有皮芯型（图1-5）、掺杂型（图1-6）等。

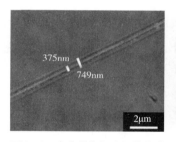

图1-5　皮芯结构复合纤维的激光扫描电镜图[17]

（a）扫描电镜图

（b）透射电镜图

图1-6　银纳米粒子/聚乙烯亚胺/聚乙烯醇（AgNPs/PEI/PVA）复合纳米纤维[18]

1.3　纳米纤维的制备方法

随着纳米纤维及其复合材料在各个领域的应用拓展，纳米纤维的制备技术也在不断创新。迄今为止，纳米纤维的制备方法包括静电纺丝法、相分离法、自组装法、拉伸法和海岛型复合纺丝法等[19-24]。本节将简单介绍其中几种制备方法，表1-1为几种纳米纤维制备方法的优缺点对比。

表1-1 几种纳米纤维制备方法的比较

方法	优点	缺点
静电纺丝法	直径小，尺寸均匀，种类多	耗能高，产量低
化学合成法	直径可控	产量低，不稳定
拉伸法	工艺简单	纤维种类少
海岛复合纺丝法	产量高，直径可控，设备简单	需后处理

1.3.1 静电纺丝法

静电纺丝法（electrostatic spinning），又称电纺丝（electrospinning），是目前制备纳米纤维的重要方法之一。在20世纪初期，Formhals[25-26]首先提出了专利设想，但直到20世纪90年代，美国的研究小组才对静电纺丝的各项技术参数、不同工艺以及实际应用进行系统研究[27]。经过数十年不断发展与改进，静电纺丝技术已然成为全球科研领域最常用，工业界发展最快的纳米纤维制备方法[28]。

静电纺丝的技术原理是在高压静电（10kV～40kV）下，带电荷的高分子溶液或者聚合物熔体在喷丝头的位置形成一个锥形状的泰勒锥，当电场增强时，静电场力克服溶液的表面张力，高分子溶液或者聚合物熔体从泰勒锥射出，随着溶剂蒸发或者熔体冷却凝固，最终形成纳米纤维[29]（图1-7）。

静电纺丝技术采用的纺丝原料十分丰富，目前已使用的高分子纺丝液多达几十种，主要包括：①通用高分子，如锦纶、聚酯纤维、聚乙烯醇等柔性高分子；②刚性高分子，如聚对苯二甲酰对苯二胺纳米纤维；③弹性高分子，如聚氨酯纳米纤维、聚己内酯纳米纤维等。此外，随着静电纺丝加工技术的成熟，蚕丝、蜘蛛丝等高性能天然蛋白质纳米纤维也逐渐引起全球科研工作者的注意[31]。

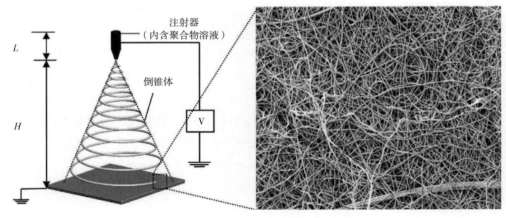

图1-7 静电纺丝示意图[30]

采用静电纺丝法可有效地制备得到直径为10nm～10μm的纳米纤维，其产品具有比表面积大、吸附性、黏合性和过滤性好等优点，已被广泛地应用于水过滤、能源、电子器件和生化传感等领域[32-33]。然而，由于静电纺丝的拉伸速率较低、纺丝路程较短，从而导致高分子取向不佳，影响纳米纤维的机械强度。此外，静电纺丝技术还存在着纺丝溶液浓度受限、产率低、溶剂需回收等问题，严重限制了静电纺纳米纤维的推广与应用。目前，技术人员已经尝试通过多头喷丝、离子放电、电荷直接注入等方法提高静电纺丝的产量[34]，为静电纺丝技术的发展提供了方向。

1.3.2　化学合成法

化学合成法是指在化学反应过程中直接获得纳米纤维的一种方法，是导电聚合物纳米纤维的主要制备方法之一，如银纳米线（图1-8）、聚苯胺（PANI）、聚噻吩（PEDOT）、聚吡咯（PPy）纳米线（图1-9）[35-37]等。采用化学合成法制备的导电聚合物纳米纤维直径细且均匀、比表面积大、催化性能高、导电性能优异。

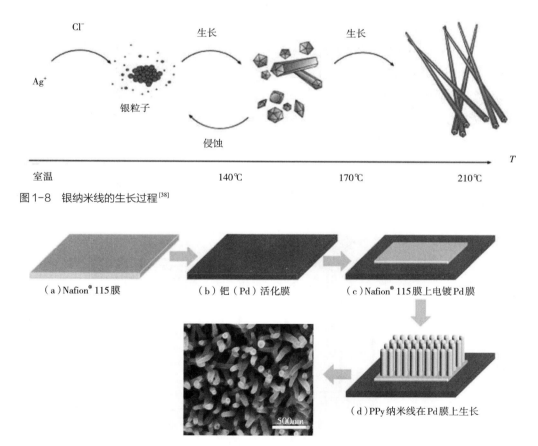

图1-8　银纳米线的生长过程[38]

图1-9　PPy纳米线在Nafion® 115上的生长示意图[39]

此外，化学合成法也是生产碳纳米管（CNT）的常用技术之一，主要包括电弧放电法和催化热裂解法。电弧放电法是最早用于制备碳纳米管的一种方法，后经Ebbesen[40-41]等优化，碳纳米管产量显著提高。该方法是在一定压力的氢气或惰性气体作用下，以较细的石墨棒作为阳极，较粗的石墨棒作为阴极。在电弧放电反应过程中，随着阳极石墨棒参与反应的量逐渐减少，阴极石墨上会逐渐沉积一层碳纳米管。催化热裂解法主要采用激光技术，将过渡金属微粒和碳氢化合物同时加热至高温，通过碳氢化合物热分解而产生碳纳米管。常用的合成碳纳米管的催化金属包括铁（Fe）、钴（Co）和镍（Ni）等，也有少数研究使用铬（Cr）、钒（V）、钼（Mo）为催化剂[42-43]。利用催化热裂解法制备碳纳米管，产量较高，但质量较差，与电弧放电法相比，存在结晶缺陷较多、管径不均匀、石墨化程度较低等缺点。因此，利用该方法制备得到的碳纳米管需要经过一定的后处理来改善品质，如利用高温退火处理适当消除部分结构缺陷，提高石墨化程度等。

1.3.3 拉伸法

拉伸法是指聚合物流体或者熔体在外力拉伸作用下伸长变形，由于拉伸过程中溶剂的挥发或熔体的冷凝固化而形成超细的纤维的一种方法，此方法与传统的干法纺丝工艺类似，可用于制备单根纳米纤维长丝[44]。Xing[45]等使用一步拉伸法制备了一种柔软均匀的弹性聚对苯二甲酸丙二醇酯（PTT）纳米纤维，该纤维直径为60nm，长度达500mm，在构建微型化光子器件和光子集成电路领域极具应用前景。Suzuki等[46-48]提出一种环境友好型二氧化碳激光超声波拉伸法（CLSD），该方法操作简单且无须使用任何溶剂，在CO_2激光照射和超声波共同作用下匀速拉伸纤维，拉伸比高达10^5，如图1-10所示。由

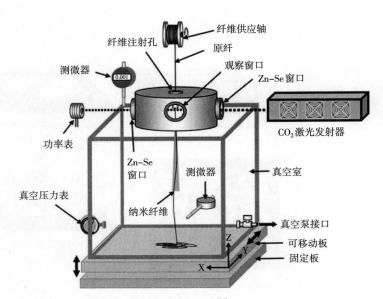

图1-10　CO_2激光超声波拉伸法装置示意图[25]

于纤维密闭放置在真空环境中，因此与静电纺丝和熔喷纺丝法相比，此方法更安全，对环境污染更小。目前，利用该方法已成功制备出多种聚合物连续长丝，如聚左旋乳酸（PLLA）、聚乙醇酸、聚四氟乙烯–丙氟醚共聚物、锦纶66、PET等[48-50]。

1.3.4　海岛复合纺丝法

海岛复合纺丝技术起源于20世纪70年代，是由日本东丽公司研发的一种人造麂皮超细纤维生产技术[51]。它的基本原理是采用两种或两种以上的聚合物流体，以皮芯型或并列型的方式形成复合细流，再从喷丝孔挤出得到海岛纤维[52]。

海岛纤维一般由两种组分构成，一种组分为连续相，命名为"海"，其主要成分多为聚酰胺（PA）、聚对苯二甲酸乙二醇酯（PET）、聚丙烯（PP）等[53]，另一种组分为分散相，命名为"岛"，其主要成分一般为聚乙烯（PE）、聚苯乙烯（PS）、聚酰胺、丙烯酸酯共聚物或改性聚酯（COPET）等[54]。"海"和"岛"组分在纤维轴向上是连续、密集、均匀分布的，"岛"组分以超细纤维形状包含在"海"组分中[55]。通过选择合适的溶剂将"海"组分充分溶解并去除后即可得到一束超细纳米纤维（图1-11），还可以利用溶剂将"岛"的成分去除，形成藕型的中空纤维。

喷丝头组件是海岛纺丝技术的关键，采用不同规格的喷丝头组件可以制备得到不同细度的纤维。目前我国生产的定岛型海岛纤维多为0.011dtex ~ 0.11dtex的超细纤维，而世界上最细的海岛超细纤维单纤线密度为99×10^{-6}dtex。利用海岛复合纺丝法制备的超细纤维单丝线密度小，比表面积大，织物风格柔软、蓬松、爽滑，且具有极好的隔热保温性、吸附性和过滤性[56]，因此广泛应用于服装、分离净化等领域。本书第二章和第三章将详细介绍海岛纺丝技术和海岛纳米纤维的制备。

图1-11　海岛纳米纤维电镜图[57]

1.4 纳米纤维的应用

随着纳米纤维制备技术的不断改进与创新，纳米纤维材料的种类越来越多，已被广泛地应用于分离净化、生物医用、传感、能源及防护服等领域（图1-12）。本书第四章将介绍不同形态结构的纳米纤维集合体，第五章至第九章将详细介绍纳米纤维在分离净化、生物医用、能源、传感等领域的应用。

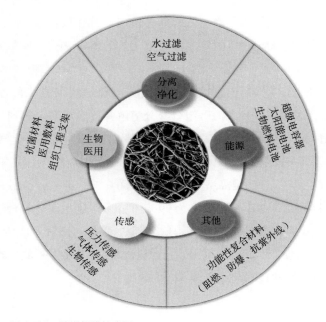

图1-12　纳米纤维的应用

1.4.1 分离净化领域

近年来，环境污染问题日益严峻，其中水污染和空气污染尤为突出，时刻危害着自然生态环境及人类健康。纳米纤维材料具有较高的孔隙率、较大的比表面积、较小的孔径分布，在过滤分离领域表现出显著优势。目前，已经有多家国内外企业生产出纳米纤维过滤材料，包括日本东丽、捷克Elmarco、荷兰Ahlstron等，在空气净化、工业水处理以及生活饮用水的净化等领域显示出广阔的应用前景。

1.4.2 生物医用领域

纳米纤维较大的比表面积赋予其优异的表面吸附性能，因此在生物大分子固定、生物传感、催化等领域具有广泛应用前景。此外，一些天然聚合物纳米纤维（如壳聚糖、胶原蛋白、丝蛋白等）还具有良好的生物相容性，是组织工程支架、药物释放和创面敷料的理想材料。

1.4.3　传感领域

随着智能产业的快速发展，传感材料也引起了广大学者的关注。由于纳米纤维具有较多的接触位点，将纳米纤维做成传感器时表现出优异的灵敏性，使其在化学传感、生物传感、可穿戴传感领域也有一席之地。

1.4.4　能源领域

能源领域一直是各行各业关注的重点，而电池的研究是其中不可或缺的。由于纳米纤维具有较大的比表面积、可控的孔隙率，因此可以作为电池隔膜材料和电极材料应用于锂离子、钠离子以及太阳能等电池的研究中。

1.4.5　其他领域

此外，纳米纤维还被用于制备各种功能性的复合材料和纺织品。功能性复合材料包括纳米纤维增强材料、纳米纤维基透明材料、纳米纤维基驱动材料等；功能纺织品包括吸湿快干面料、抗菌防霉面料、防水透湿材料、阻燃、防爆、抗紫外材料等，极大地拓展了纳米纤维的应用市场及产品价值。

1.5　小结

经过几十年的发展，纳米纤维在基础研究及产业化应用两方面都获得了长足的进步，已经逐步渗透到环境净化、生物医用、电子能源等领域。在纳米纤维材料的研发及生产过程中，经济性、环境友好性、生产效率及产业化前景都是需要考虑的关键因素。目前，虽然纳米纤维材料已逐步从实验室走向工厂，各种纳米纤维产品逐渐出现，但是距离真正意义上的大规模普遍生产与应用还有一定距离，因此需要更多的年轻学者继续扎根此领域，为纳米纤维的发展与应用贡献一份力量。

参考文献

[1] Yu H, Li B. Wavelength-converted wave-guiding in dye-doped polymer nanofibers[J]. Scientific reports, 2013, 3: 1674.

[2] He X, Feng B, Huang C, et al. Electrospun gelatin/polycaprolactone nanofibrous membranes combined with a coculture of bone marrow stromal cells and chondrocytes for cartilage engineering[J]. International journal of nanomedicine, 2015, 10: 2089-2099.

[3] Liu Q, Chen J, Mei T, et al. A facile route to the production of polymeric nanofibrous aerogels for environmentally sustainable applications[J]. Journal of Materials Chemistry A, 2018, 6 (8): 3692-3704.

[4] 王德诚. 纳米纤维及其制造方法 [J]. 合成纤维工业，2004，27（1）：29–31.

[5] 张国莲，陈廷. 纳米纤维的研究现状及其应用 [J]. 纺织导报，2005（1）：12–12.

[6] 朱世东，周根树，蔡锐，等. 纳米材料国内外研究进展 I ——纳米材料的结构，特异效应与性能 [J]. 热处理技术与装备，2010，31（3）：1–5.

[7] Piacentini L. A taxonomic review of the wolf spider genus Agalenocosa Mello-Leitão (Araneae, Lycosidae) [J]. Zootaxa, 2014, 3790 (1) : 1-35.

[8] Ma Z, Kotaki M, Ramakrishna S. Electrospun cellulose nanofiber as affinity membrane[J]. Journal of Membrane Science, 2005, 265 (1) : 115-123.

[9] He, Wan, Yu. Effect of concentration on electrospun polyacrylonitrile (PAN) nanofibers[J]. Fibers and Polymers, 2008, 9 (2) : 140-142.

[10] Kaya M, Akyuz B, Bulut E, et al. Chitosan nanofiber production from Drosophila by electrospinning[J]. International Journal of Biological Macromolecules, 2016, 92: 49-55.

[11] Zhang P, Wyman I, Hu J, et al. Silver nanowires: Synthesis technologies, growth mechanism and multifunctional applications[J]. Materials Science and Engineering: B, 2017, 223: 1-23.

[12] 曹伟，宋雪梅，王波，等. 碳纳米管的研究进展 [J]. 材料导报，2007，21（f05）：77–82.

[13] 姜靖雯，彭峰. 碳纳米管应用研究现状与进展 [J]. 材料科学与工程学报，2003，21（3）：464–468.

[14] Hsu P, Liu X, Liu C, et al. Personal thermal management by metallic nanowire-coated textile[J]. Nano Letters, 2015, (151) : 365-371.

[15] Pyrzyńska K, Bystrzejewski M. Comparative study of heavy metal ions sorption onto activated carbon, carbon nanotubes, and carbon-encapsulated magnetic nanoparticles[J]. Colloids and Surfaces A: Physicochemical and Engineering Aspects, 2010, 362 (1): 102-109.

[16] 李岩，周治南，仇天宝. 静电纺丝复合纳米纤维研究进展 [J]. 高分子材料科学与工程，

2012，28（10）：170–173.

[17] Xu X, Zhuang X, Chen X, et al. Preparation of Core-Sheath Composite Nanofibers by Emulsion Electrospinning[J]. Macromolecular Rapid Communications, 2010, 27 (19) : 1637-1642.

[18] Yang T, Ma J, Zhen S J, et al. Electrostatic Assemblies of Well-dispersed AgNPs on the Surface of Electrospun Nanofibers as Highly Active SERS Substrates for Wide Range pH Sensing[J]. ACS Applied Materials & Interfaces, 2016, 8 (23): 14802-14811.

[19] 刘琼珍，周舟，李沐芳，等．热塑性纳米纤维的制备及功能化[J]．中国材料进展，2014（8）：468–474.

[20] 龚华俊，杨小平，陈国强，等．电纺丝法制备聚乳酸/多壁碳纳米管/羟基磷灰石杂化纳米纤维的研究[J]．高分子学报，2005，1（2）：297–300.

[21] 叶代勇．纳米纤维素的制备[J]．化学进展，2007, 19(10): 1568-1575.

[22] Néri W, Maugey M, Miaudet P, et al. Surfactant-Free Spinning of Composite Carbon Nanotube Fibers[J]. Macromolecular rapid communications, 2006, 27 (13) : 1035-1038.

[23] Cheng K, Hsu T, Kao L. Carbon nanofibers prepared by a novel co-extrusion and melt-spinning of phenol formaldehyde-based core/sheath polymer blends[J]. Journal of materials science, 2011, 46 (6): 1870-1876.

[24] Suzuki A, Shimizu R. Biodegradable poly (glycolic acid) nanofiber prepared by CO_2 laser supersonic drawing[J]. Journal of Applied Polymer Science, 2011, 121 (5) : 3078-3084.

[25] Huang Z, Zhang Y, Kotaki M, et al. A review on polymer nanofibers by electrospinning and their applications in nanocomposites[J]. Composites science and technology, 2003, 63 (15) : 2223-2253.

[26] 刘娜，杨建忠．静电纺纳米纤维的研究及应用进展[J]．合成纤维工业，2006，29（3）：46–49.

[27] Fong H, Chun I, Reneker D. Beaded nanofibers formed during electrospinning[J]. Polymer, 1999, 40 (16) : 4585-4592.

[28] Zhou F L, Gong R H, Porat I. Mass production of nanofibre assemblies by electrostatic spinning[J]. Polymer International, 2009, 58 (4) : 331-342.

[29] 王德诚．静电纺丝的技术进展[J]．合成纤维工业，2009，32（2）：42–44.

[30] Baji A, Mai Y, Wong S, et al. Electrospinning of polymer nanofibers: Effects on oriented morphology, structures and tensile properties[J]. Composites Science and Technology, 2010, 70 (5) : 703-718.

[31] Liu H, Li X, Zhou G, et al. Electrospun sulfated silk fibroin nanofibrous scaffolds for vascular tissue engineering[J]. Biomaterials, 2011, 32 (15) : 3784-3793.

[32] Ding B, Wang M, Wang X, et al. Electrospun nanomaterials for ultrasensitive sensors[J]. Materials Today, 2010, 13 (11) : 16-27.

[33] Zhai Y, Wang N, Mao X, et al. Al-Deyab, M. El-Newehy, B. Ding. Sandwich-structured PVdF/ PMIA/PVdF nanofibrous separators with robust mechanical strength and thermal stability for lithium ion batteries[J]. Journal of Materials Chemistry A, 2014, 2 (35) : 14511-14518.

[34] 赵婷婷，张玉梅，崔峥嵘，等．纳米纤维的技术进展[J]．产业用纺织品，2003，21（10）：38–42.

[35] Zhang X, Manohar S K. Polyaniline nanofibers: chemical synthesis using surfactants[J]. Chemical communications, 2004 (20) : 2360-2361.

[36] Zhang X, Lee J, Lee G S, et al. Chemical synthesis of PEDOT nanotubes[J]. Macromolecules, 2006, 39 (2) : 470-472.

[37] Wu A, Kolla H, Manohar S K. Manohar. Chemical synthesis of highly conducting polypyrrole nanofiber film[J]. Macromolecules, 2005, 38 (19) : 7873-7875.

[38] Yang C, Tang Y, Su Z, et al. Preparation of Silver Nanowires via a Rapid, Scalable and Green Pathway[J]. Journal of Materials Science & Technology, 2015, 31 (1) : 16-22.

[39] Dutta K, Das S, Kundu P P. Synthesis, Preparation, and Performance of Blends and Composites of π -Conjugated Polymers and their Copolymers in DMFCs[J]. Polymer Reviews, 2015, 55 (4) : 630-677.

[40] Ebbesen T, Ajayan P. Large-scale synthesis of carbon nanotubes[J]. Nature, 1992, 358 (6383) : 220-222.

[41] Treacy M J, Ebbesen T, Gibson J. Exceptionally high Young's modulus observed for individual carbon nanotubes[J]. Nature, 1996, 381 (6584) : 678-680.

[42] Emmenegger C, Bonard J, Mauron P, et al. Grobety, A. Züttel, L. Schlapbach. Synthesis of carbon nanotubes over Fe catalyst on aluminium and suggested growth mechanism[J]. Carbon, 2003, 41 (3) : 539-547.

[43] De Jong K P, Geus J W. Carbon nanofibers: catalytic synthesis and applications[J]. Catalysis Reviews, 2000, 42 (4) : 481-510.

[44] Ondarcuhu T, Joachim C. Drawing a single nanofibre over hundreds of microns[J]. EPL (Europhysics Letters) , 1998, 42 (2) : 215.

[45] Xing X, Wang Y, Li B. Nanofiber drawing and nanodevice assembly in poly (trimethylene terephthalate) [J]. Optics express, 2008, 16 (14) : 10815-10822.

[46] Suzuki A, Yamada Y. Poly (ethylene-2, 6-naphthalate) nanofiber prepared by carbon dioxide laser supersonic drawing[J]. Journal of applied polymer science, 2010, 116 (4) : 1913-1919.

[47] Suzuki A, Tanizawa K. Poly (ethylene terephthalate) nanofibers prepared by CO2 laser supersonic drawing[J]. Polymer, 2009, 50 (3) : 913-921.

[48] Suzuki A, Aoki K. Biodegradable poly (l-lactic acid) nanofiber prepared by a carbon dioxide laser supersonic drawing[J]. European Polymer Journal, 2008, 44 (8) : 2499-2505.

[49] Fukuhara K, Yamada T, Suzuki A. Characterization of Fluoropolymer Nanofiber Sheets Fabricated by CO_2 Laser Drawing without Solvents[J]. Industrial & Engineering Chemistry Research, 2012, 51 (30) : 10117-10123.

[50] Suzuki A, Mikuni T, Hasegawa T. Nylon 66 nanofibers prepared by CO2 laser supersonic drawing[J]. Journal of Applied Polymer Science, 2014, 131 (6).

[51] 章金兵，许民，龙小艺．纳米纤维的研究进展[J]．江西化工，2004（3）：24–30.

[52] 安树林．向微细挑战的海岛纺丝法 [J]．天津纺织科技，1999（4）：33–37.

[53] 安树林．海岛纺丝—超细纤维—人造皮革[J]．纺织学报，2000，21（1）：48–50.

[54] 许元巨．Hills公司研发超细海岛型纤维新技术[J]．产业用纺织品，2001，19（2）：20–20.

[55] 戚媛，过宁．海岛型复合纤维及其性能[J]．产业用纺织品，2003，21（8）：38–41.

[56] 刘雁雁，董瑛，朱平．海岛超细纤维特点及其应用[J]．纺织科技进展，2008（1）：37–39.

[57] Kamiyama M, Soeda T, Nagajima S, et al. Development and application of high-strength polyester nanofibers[J]. Polymer Journal, 2012, (44) : 987-994.

第 2 章
海岛纺丝技术

PART
2

海岛纺丝技术是由两种热力学不相容的聚合物进行复合纺丝或者共混纺丝的一种特殊纺丝技术。海岛纺丝技术中，两种聚合物的体积分数比例一般不同，其中，体积分数低的聚合物称为分散相，体积分数高的聚合物称为连续相。在纺丝过程中连续相会将分散相包覆，使分散相分散在其内部。初生纤维经牵伸定型后，形成连续相包覆着分散相的复合纤维。从纤维截面观察复合纤维，形似有许多"岛屿"分散在"海"上，因此，该纤维被称为"海岛纤维"[1-2]。与常规纺丝技术相比，海岛纺丝法制备的海岛纤维中分散相拉伸倍率更高，制备的海岛纤维经溶剂抽取开纤除去连续相后，得到的分散相纤维多为超细纤维。随着海岛纺丝技术的不断发展与改进，海岛纺丝法可实现微纳米纤维的制备。

2.1　海岛纺丝技术的起源与发展

海岛纺丝技术分为定岛海岛纺丝法和不定岛海岛纺丝法两种。不定岛海岛纺丝法是将连续相与分散相在双螺杆挤出机中熔融共混造粒后，母粒经常规单螺杆纺丝机进行纺丝的方法。在双螺杆共混过程中，受复合力场分布的不均匀性、聚合物的流变行为和黏弹特性，以及聚合物间界面相互作用等复杂因素影响，分散相即"岛"相在连续相即"海"相中的形态不均匀，存在随机分布性。因此，当不定岛海岛纤维中的"海"相经溶剂抽取后，"岛"相纤维的细度较低，多呈短纤维，较难形成连续的长丝。在其他纺丝条件一定的情况下，制备出的"岛"相纤维的细度由"海"相和"岛"相的体积分数比决定，当"岛"相体积分数较低时，纤维直径相对较小；与之相反，当"岛"相的比例较高时，纤维的直径相对较大。如果将不定岛纺丝法制备的海岛纤维的"岛"相经溶剂去除后，还可以得到内部含有线性孔的、"海"相为主要成分的多孔纤维。

定岛海岛纺丝设备纤维由双组分复合纺丝机和特殊设计的纺丝组件构成。制备过程中，连续相和分散相分别经两个单独的螺杆输送装置熔融输送至纺丝箱体，共同进入纺丝组件中，然后经分配板分配至不同流道，最后在喷丝板处相遇经牵伸定型后制备出具有"海岛结构"的纤维。定岛海岛纤维中，"岛"的数量固定、分布规整（由喷丝板决定）。连续相在纤维长度方向上密集且均匀地分布，形成连续均匀的长丝。海岛纤维经溶剂抽取开纤后得到细度均匀的"岛"相纤维束。定岛海岛纺丝法制备的纤维连续、细度均匀，多用于长丝的制备（图2-1）。

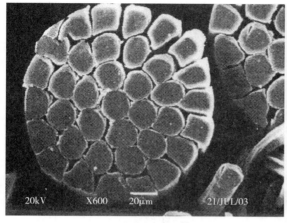
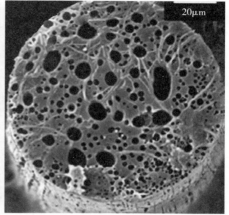

（a）定岛海岛纤维[3]　　　　　　　　　　　　　　（b）不定岛海岛纤维[4]

图2-1　定岛纤维与不定岛纤维电镜图

2.1.1　海岛纺丝技术的起源

海岛纺丝技术是由于人们对超细纤维制备的需求而产生的。20世纪50年代合成纤维高速发展，由于其强度高、弹性好、耐磨和耐化学性能好等优异性能，因此，人们希望用合成纤维代替天然纤维[5-8]。但合成纤维的吸水性和透气性较差，限制了其在高档纺织品中的应用。

随着人们对纤维材料的研究，发现纤维的柔软性与其弯曲刚度有关，弯曲刚度与纤维的直径的四次方成正比[9]。因此，当纤维直径较小时，纤维手感柔软，织造的织物透气性好，服用性能优异，弥补了合成纤维吸水性和透气性差的的不足。针对纤维这一特点，为满足人们对纺织品穿着舒适性的需求，合成纤维向超细化发展。

超细纤维又称为微纤维，细特纤维，对于超细纤维的定义，各个国家标准不一，其定义并不明确。我国标准中，纤维的线密度为0.9dtex ~ 1.4dtex时，纤维可被称为细特纤维，线密度为0.55dtex ~ 0.9dtex的纤维称为微细纤维，将线密度小于0.55dtex的纤维称为超细纤维。美国PET委员会对超细纤维的定义是线密度为0.3dtex ~ 1.0dtex的纤维。日本化纤行业则规定超细纤维的线密度须低于0.3dtex。总体而言，各国标准都以纤维的线密度来定义超细纤维，且纤维的线密度大多小于1dtex[10-11]。

然而，常规纺丝的纺丝条件并不满足超细纤维的制备。常规纺丝过程中，当纤维的线密度达到1dtex以下时，会出现条干不均的现象，此时，纤维容易断裂并产生毛丝，这一问题使常规纺丝技术无法大规模制备超细纤维，制备出的超细纤维在后续加工中，由于断丝、毛丝等问题会极大增加后期加工的难度。海岛纺丝法的出现成功地解决了这一难题[12-13]，在海岛纺丝法制备海岛纤维的过程中，双组分聚合物中的分散相被连续相所包覆，并以连续相为支撑，在高倍率牵伸条件下依然可以保持良好的纤维形态，得到成纤较好的超细纤维。海岛纺丝法制备的纤维细度小，以其制备的织物手感柔软，有良好的吸湿透气性，被广泛应用于人造皮革、高性能擦拭布以及过滤领域。

2.1.2 海岛纺丝技术的发展

20世纪60年代，日本在超细纤维的制备上，有很大的进展和突破。研究人员将两种热力学不相容的聚合物共混纺丝，由于两种聚合物的熔点和黏度不同，纺丝后形成海岛结构的纤维，经过处理将"海"相去掉后，得到束状超细纤维[14]。1966年，随着扫描电镜的发展以及在日本的引入，日本东丽公司开始对真皮的微观结构进行研究，并研发了具有海岛结构的超纤革来代替天然皮革[3, 15-16]。1970年，东丽公司生产出"Ecsaine"人造麂皮织物，组成该织物的纤维由海岛纺丝法制备而成，是超细纤维工业化生产的起点。随后日本钟纺公司用海岛纺丝技术制备了新涤棉复合纤维[13, 17]。1981年，日本钟纺和可乐丽公司用海岛纺丝技术制备的海岛纤维生产出第二代人造皮革和超高密度织物。到1985年，日本钟纺公司用海岛纺丝法工业化制备了海岛型复合纤维并经过后加工得到高性能擦拭布，用于电路板、相机镜头等精密仪器或高端仪器的擦拭[9]。20世纪，海岛纺丝技术在日本得到了大力发展并且实现海岛纤维的产业化，至1999年日本东丽公司用超细纤维制成的皮革产量已经达到1550万平方米，其中大约800万平方米为人造麂皮，占全世界人造麂皮的一半[18]。日本海岛纺丝技术远远领先其他国家，其中可乐丽、东丽、旭化成、帝人、三菱人造丝、钟纺等厂家以海岛纺丝法生产的超细纤维占据大部分市场份额。海岛纺丝法制备的超细纤维主要应用在制备仿麂皮、仿真丝以及人造革材料，此外，超细纤维具有线密度低，起绒性能好等特点又被广泛应用于高档织物、高密度织物以及清洁布等纺织品[19]，表2-1介绍了早期海岛纺丝技术生产的超细纤维的种类、性能及主要用途[20-22]。由于海岛纤维优异的性能，各国纷纷开始投入研究，美国、英国、德国、东欧几国、前苏联、中国和韩国先后制备出海岛型复合纤维并实现产业化。21世纪初，海岛纺丝技术已相当成熟，但当时制备的超细纤维直径大部分为微米级，不能将其很好地控制在纳米级。后来，日本帝人公司通过不断的研究，在2008年用其设计的特殊喷丝板以水溶性聚酯（PET）作为连续相，常规PET作为分散相，用定岛海岛纺丝技术成功制备出直径为700nm的PET纳米纤维"NANOFRONT"，该喷丝板可制备几百至几千个岛的海岛纤维。水溶性PET水溶速率是常规PET的1000倍，因此可以用水性溶剂溶解除去水溶性PET，使整个生产过程更加环保。制备的PET纳米纤维线密度小、比表面积大、力学性能优异、手感柔软，以该纤维制备的纺织品摩擦力大、织物密度高、孔隙率高、孔径小，可应用于高尔夫手套、隔热雨伞、高性能过滤材料等。

表2-1 日本聚酯超细纤维的品种[11]

商品名	双组分构成	单丝线密度（dtex）	主要用途
Bellesseime	PET/PA6	0.1～0.2	仿麂皮
Sillokk-faun	PET/EPS	0.1～0.2	仿真丝
Belimax	PET/PA6	0.16	仿真丝
Nazca	PET/PA6	0.2～0.3	仿真丝
Asty	PET/PA6	0.23	仿真丝
Casmo Alpha	PET/PA6	0.33	仿真丝
Belima	PET/PA6	0.5	仿真丝
Krausen	PET/PA6	0.1～0.2	仿真丝、擦拭布
Toraysee	PET/PS	0.1～0.2	合成革、清洁布
Kurarino-F	PET/PS	0.003～0.005	鞋用革
Piceme	PET/PA6	0.2	高密度织物
Savina	PET/PA6	0.1～0.2	高密度织物、擦拭布
Hilake	PET/PA6	0.23	高密度织物、仿麂皮

我国对海岛型复合纤维的研究起步较晚，从20世纪70年代中期开始对海岛纤维进行研究，直到90年代中期，海岛纤维制备技术逐渐成熟[23]。1983年，烟台合成革总厂从日本可乐丽公司引进用海岛纺丝法制备藕型多孔纤维技术，生产光面仿真皮革，随后在1987年自主研发了细度为0.01dtex的不定岛海岛超细纤维[24]。1995年，山东通达海岛新材料有限公司开始研究超细仿真皮革，在与北京服装学院的共同研发下，于2001年制备了单丝线密度为0.0005dtex的超细纤维，随后迅速发展成为我国最大的超细仿真皮革生产企业之一[25]。到21世纪，国内生产以海岛纤维制备的人造革、合成革企业有2000多家，产量可达到0.5～1亿平方米/年，总产量超过100万吨，总产值232亿元[26]。其中，山东同大于1996年开始研究海岛超细纤维，建成了以国产设备为主的全套超纤革生产线，成为国内首家获得超纤发明专利的企业，是国内著名的"中国超纤产业基地"，产品主要集中在鞋类、家具类、箱包类人造皮革制品。由于海岛纤维制成的织物透气性好、起绒性好，不易霉变等优异性能，国内生产海岛纤维多用于皮革类制品。随着纳米技术的发展，通过对海岛纺丝技术的改善，可达到制备纳米纤维的工业化生产[27-29]。

2.2 海岛纺丝技术

2.2.1 不定岛海岛纺丝技术

不定岛海岛纺丝是将两种热力学不相容的热塑性聚合物分别作为连续相与分散相熔融共混后，利用常规纺丝机进行纺丝（图2-2）。连续相和分散相先经双螺杆挤出机熔融共混造粒，再将制备好的母粒经预结晶及干燥处理后喂入纺丝机中的单螺杆输送装置，在高温条件下熔融输送至纺丝箱体，最后在纺丝组件处喷丝、收卷后得到不定岛海岛纤维。不定岛海岛纤维中岛的数量、细度及其尺寸分布都存在随机性，海岛纤维经溶剂抽取开纤后，纤维的线密度在0.0011dtex ~ 0.3dtex，被广泛应用于超细纤维合成革的短纤的生产。不定岛海岛纺丝法制备海岛纤维的优点在于其对纺丝设备要求不高，将连续相与分散用双螺杆挤出机相共混造粒后，使用常规纺丝机即能完成纺丝。其缺点在于，在制备母粒的过程中分散相以无规共混的形式散乱分布在连续相中，因此在纺丝过程中分散相随机相互碰撞，导致最终海岛纤维经溶剂抽取开纤后得到的超细纤维细度分布跨度大、纤维尺寸不可控等问题（图2-3）。

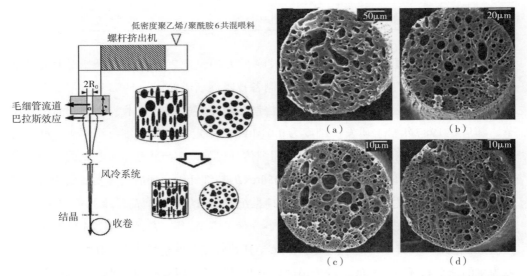

图2-2　不定岛纺丝法工艺流程[4]　　　　　图2-3　去掉"岛"相后不定岛海岛纤维界面图[4]

2.2.2 定岛海岛纺丝技术

定岛纺丝法制备海岛纤维的过程中，两相不相容的连续相与分散相切片经预结晶及干燥处理后，分别喂入两个单独的螺杆输送装置在高温条件下熔融并输送至纺丝箱体，两种熔体通过经特殊设计的纺丝组件，经分配板分配至不同的流道，最后在喷丝孔处汇聚喷丝，连续相将分散相包裹并经卷绕机卷绕，得到定岛海岛纤维（图2-4）。定岛海岛纤维经溶剂抽取开纤后得到连续且细度均匀的长丝，目前利用定岛海岛纺丝法制备的涤纶与锦纶超细纤维的线密度可达0.05dtex～0.1dtex[30]。与不定岛海岛纺丝法相比，定岛海岛纺丝法制备的海岛纤维具有岛数固定，海岛纤维经溶剂抽取开纤后纤维细度一致且均匀的特点，但定岛海岛纺丝法对喷丝组件要求很高，导致生产难度大大增加。

定岛纺丝法制备的海岛纤维，在纺丝成型过程中连续相与分散相间不发生分离，但"岛"相纤维保持单丝状态，在海相中均匀分散、不粘连。纤维中的岛数由喷丝板决定，分布、数目固定。"岛"相纤维细度一致，且以长丝形态出现。若将定岛海岛纤维中的"海"相用溶剂抽取后，可得到细度均匀的超细纤维；若用溶剂将定岛海岛纤维中的"岛"相溶掉，可得到均匀的中空纤维。

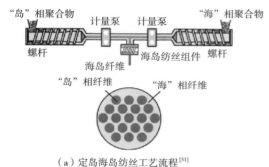

（a）定岛海岛纺丝工艺流程[31]　　　　（b）定岛海岛纤维[15]

图2-4　定岛海岛纺丝技术

定岛海岛纺丝工艺中，海岛复合喷丝组件是海岛纤维成型的关键，目前国内使用的复合纺丝组件主要以针管式居多。针管式纺丝组件结构如图2-5所示，细针管放置在上分配板中，由上分配板插入下分配板。"岛"组分聚合物熔体由针管流入下喷丝板，"海"

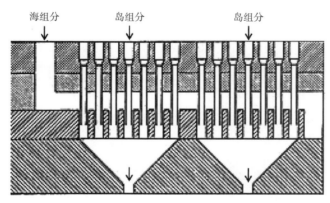

图2-5　针管式复合喷丝组件剖面图[15]

组分由上下喷丝板形成的通道流入，包围针管中流入的"岛"相。用针管式定岛纺丝组件纺丝过程中"岛"相的分布和直径可以通过控制针管的细度以及摆放位置来控制，同时"海"相与"岛"相分散均匀性较好。但针管式纺丝组件清洗困难且岛数受到针管数量的限制，数目较少。此外美国Hills公司采用分配板式组件，该组件的优点是岛数多，可制备出有1000岛的海岛纤维，但这种纺丝组件对分配板的要求高，需要频繁更换。

2.2.3 纺丝工艺对成纤的影响

2.2.3.1 双组分聚合物的组分比对成纤的影响

海岛纺丝过程中，热力学不相容的双组分聚合物的组分比对纤维成纤有重要影响。当双组分聚合物的共混体系确定时，连续相与分散相的组分比影响分散相在连续相中熔体的流动状态，双组分聚合物熔融共混挤出过程中，分散相不断破裂和聚集，分散相的比例直接影响其发生聚集的程度。当分散相的比例较少时，分散相粒子越小，在连续相中分散越稀疏，分散相的碰撞概率越小，相互间的影响越小，因此初生纤维经牵伸后得到的海岛纤维细度更小，纤维条干更均匀。但分散相比例过小时，海岛纤维开纤后得到的分散相纤维含量过低，导致生产效率过低，生产成本过高。当分散相比例较大时，分散相粒子在连续相中分散较密集，相互碰撞概率增大。对于定岛海岛纺丝而言，分散相细度增大；对不定岛海岛纺丝而言，在螺杆熔融、混合、挤压的过程中，分散相在剪切流动场中易无规则凝聚。这种无规则凝聚导致纤维在牵伸过程中分散相的尺寸大小、分布不均匀，从而使经开纤得到的超细纤维直径不均匀。Xing等[32]以PP作为连续相，PS作为分散相的共混体系，研究了不同组分对PS在PP中的形态。研究发现，当分散相组分比增加时，分散相颗粒逐渐变大，当PS组分比为4%时，分散相由颗粒状转为纤维状。因此，通过对分散相的比例的控制，可以控制不相容体系熔融共混制备海岛纤维时，"岛"相纤维的粗细。

2.2.3.2 界面张力对成纤的影响

在聚合物共混体系中，界面张力是影响成纤的重要因素之一。界面张力越大时，牵伸过程中连续相对分散相的黏附性越小，导致连续相对分散相的牵伸越小[33-35]。在不相容聚合物共混体系中，通过对界面张力的控制，可以控制分散相颗粒尺寸分布，从而控制"岛"相纤维直径[36-37]。

2.2.3.3 聚合物黏弹性对成纤的影响

在熔融状态下，聚合物的流动性主要表现为黏弹性，在海岛纤维制备过程中，黏度比以及熔体弹性是影响纤维成型的重要因素。在不定岛海岛纺丝过程中，热力学不相容的两相聚合物在双螺杆挤出机中通过平行排列并紧密啮合的双螺杆转动实现两种聚合物的熔融混合，在剪切流动力场的作用下熔融、混合、剪切、挤出。在这一过程中，聚合物的黏弹性影响分散相熔体的形变[38]。黏弹体系与非牛顿体系的液滴形变和破裂机理存在很大的不同[39-42]。聚合物的黏度差异会导致连续相与分散相在应力作用下发生严重的迁移和界面变形，"岛"相材料在挤出过程中会发生熔体破裂，导致"岛"相尺寸不同，并影响"岛"相分布情况，从而会进一步影响海岛纤维的结构。Everaert等[43]认为当黏度比越大时，"岛"相的颗粒越难破裂；反之，当黏度比越小时，"岛"相的颗粒越容易破裂。他们通过对PP/（PS/PPE）共混体系的研究发现这一黏弹性对岛相颗粒尺寸的影响。Jana等[44]人研究了黏度比对"岛"相尺寸的影响。其研究发现，当黏度比大于1时，"岛"相在共混过程中容易形成颗粒，且分布尺寸较宽；但当黏度比小于1时，"岛"相变成颗粒的速率明显下降，同时颗粒的尺寸分布变宽；当黏度比接近1时，"岛"相的颗粒尺寸分布最窄。

2.2.3.4　纺丝温度对成纤的影响

由于螺杆挤出机各个区间温度不同，聚合物的黏弹性会随挤出机各区温度的变化而变化，这使海岛纤维在制备过程中"岛"相液滴的尺寸、分布不断改变。除了对黏弹性的影响，纺丝温度对纤维成型过程中的结晶度和晶体形态同样有重要影响。这是由于不同温度的熔体经螺杆输送装置输送至纺丝组件挤出后，在牵伸过程中纤维结晶、取向时需要的时间不同。熔体温度越高初生纤维所需结晶时间、取向时间越长，结晶度和取向度会相应变高；反之结晶度、取向度变低[15]。因此，纺丝温度是海岛纤维的结构、拉伸性能的重要影响因素之一。

2.2.3.5　牵伸对成纤的影响

牵伸过程主要影响纤维的细度、强度和结晶度。牵伸越大时，初生纤维的牵伸倍率越高，海岛纤维经溶剂抽取开纤后得到的超细纤维细度越小。此外，牵伸倍率越大，初生纤维的凝固长度增大，使纤维的结晶度增大，聚合物大分子链的取向度增大，因此强力越大。但牵伸过大时会导致纤维的强度和模量下降，同时，冷却风对纤维冷却时间太短，使纤维内部得不到及时冷却，导致分子链内部取向度降低，造成纤维力学性能下降。

2.2.3.6　纺丝设备对成纤的影响

连续相和分散相熔体熔融后经过喷丝板挤出时会出现膨化效应，可能会导致纤维出现外表呈现波浪型、鲨鱼皮型、竹节型或者螺旋型畸变，影响纺丝的正常进行。喷丝孔直径大小会直接影响海岛纤维的成型。当孔径增大时，熔体在喷丝孔中停留时间越长，"岛"组分受到的剪切速率增加，形变量增加，海岛纤维成型越容易，且不易形成大岛。

冷却风装置主要影响纤维的结构和性能。当纤维从喷丝头挤出牵伸时，通常用冷却风将纤维固化，冷却风的大小、温度、风向直接影响纤维固化时的平稳程度，因此，直接影响纺出纤维的质量。当冷却风过大时，纤维的冷却较快，但由于凝固点的上移会导致纤维的变形区变短，牵伸变短，因此结晶度和取向度变低，同时由于冷却速度过快，纤维成型时内外温差较大，使纤维在牵伸时受力不均。当风速太小时，纤维冷却固化速度太慢，会导致纤维固化过程中易受到外界风的干扰，影响纤维的成型。所以，选择合适的冷却风可以使纤维均匀成型，降低纤维断头、毛丝和细度不均匀等缺点，同时纤维拥有较好的力学性能。

2.3 小结

海岛纤维是由两种热力学不相容的聚合物经海岛纺丝技术纺丝而成，由于在纺丝过程中，双组分中的分散相被连续相包覆，制备的纤维中，分散相形似"岛"分散在似"海"的连续相中，因此被称为"海岛纤维"。海岛纺丝法分为不定岛海岛纺丝法和定岛海岛纺丝法，不定岛海岛纺丝法制备的纤维"岛"的数量，细度大小以及尺寸均匀性存在随机性，而定岛海岛纺丝法制备的纤维"岛"相的数量、细度大小、尺寸均匀性可控。通过控制连续相与分散相的组分比、黏度比以及纺丝工艺可以对纤维成型的形态进行调整。海岛纤维经溶剂去除抽取后得到的"岛"相纤维细度小，解决了超细纤维制备困难的问题。由海岛纺丝法制备的超细纤维具有细度小、纤维柔软等优点，常被用于制备人造皮革、高性能擦拭布、高性能过滤材料等。随着对海岛纺丝法的改进，用海岛纺丝法已成功制备纳米纤维。

参考文献

[1] 张泉，俞建勇，王其．海岛丝织物开纤工艺的研究[J]．产业用纺织品，2004，22（8）：31–34.

[2] 周燕．海岛型纤维——新一代超细纤维的发展[J]．丝绸，2004（2）：41–42.

[3] 郭梦亚．水性聚氨酯/超细纤维复合材料的制备与性能研究[D]．西安：陕西科技大学，2016.

[4] Pan Z, Zhu M, Chen Y. The variation of fibrils' number in the sea-island fiber-low density polyethylene/polyamide 6[J]. Fibers and Polymers, 2010, 11(3): 494-499.

[5] 么丹阳．不同复合比EHDPET/NEDDP海岛复合纤维的制备与性能研究[D]．杭州：浙江理工大学，2017.

[6] 刘玉栓．聚酯发展历史与趋势[J]．山东化工，2013，42（8）：53–57.

[7] 季国标．化学纤维的发展历程和新世纪展望[J]．山东纺织经济，2001（3）：42–44.

[8] 王建荣．1996年世界化学纤维的发展[J]．天津纺织科技，2000，38（3）：5–9.

[9] 管翔，顾平．涤锦超细丝的开发应用[J]. 丝绸，2006（2）：8–10.

[10] 陈日藻，丁协安，华伟杰．复合纤维[M]．北京：中国石化出版社，1995.

[11] 李梅．超细纤维的发展概况[J]．国外纺织技术，1999（9）：1–4.

[12] 张大省，王锐．超细纤维发展及其生产技术[J]．北京服装学院学报（自然科学版），2004，24（2）：62–68.

[13] 李杨，低比例海岛纤维与棉混纺对棉织物服用性能影响的研究[D]．西安：西安工程大学，2011.

[14] 杨友红，海岛纤维贝斯革聚氨酯湿法凝固及开纤工艺研究[D]．上海：东华大学，2008.

[15] 丁双山，王凤然，王中明．人造革与合成革[M]．北京：中国石化出版社，1998.

[16] 郭鹏霄，李革．束状超细纤维聚氨酯合成革的特性与制法[J]．聚氨酯工业，1999（2）：35–36.

[17] 海岛纤维的市场潜力与技术发展[J]．纺织导报，2003（3）：15–17.

[18] 周海霞．水溶性聚酯海岛纤维的研究[D]．上海：东华大学，2004.

[19] 安树林．海岛纺丝—超细纤维—人造皮革[J]．纺织学报，2000，21（1）：48–50.

[20] 王继祖．对开发非织造布合成革基材的展望[J]．北京纺织，1999（4）：15–17.

[21] Nakayama K, Yamasaki T, Tamba Y. Fibrous substrate for artificial leather and artificial leather using the same: VS, 6767853, 2004-7-27.

[22] 黄塔，刘国庆，顾京辰．我国人工皮革发展机遇的探讨[J]．合成技术及应用，1997（1）：17–23.

[23] 李海红．海岛纤维废水资源回收利用[D]．上海：东华大学，2006.

[24] 叶奕梁．国内外超细纤维高仿真皮革的现状和我们的差距[C]．中国超纤维合成革产业高新技术与发展论坛，2006.

[25] 金立国．海岛型复合纤维的开发与现状[J]．合成纤维，2002，31（6）：3–4.

[26] 符岸．广东省人造革、合成革产业发展若干问题[J]．塑料制造，2006，（z1）：17–20.

[27] Dong W, Gang S, Chiou B S. A High-Throughput, Controllable, and Environmentally Benign Fabrication Process of Thermoplastic Nanofibers[J]. Macromolecular Materials & Engineering, 2010, 292(4): 407-414.

[28] Dong W, Gang S. Formation and morphology of cellulose acetate butyrate(CAB)/polyolefin and CAB/polyester in situ microfibrillar and lamellar hybrid blends[J]. European Polymer Journal, 2007, 43(8): 3587-3596.

[29] Dong W, Gang S, Chiou B S. Fabrication of Tunable Submicro- or Nano-Structured Polyethylene Materials from Immiscible Blends with Cellulose Acetate Butyrate[J]. Macromolecular Materials & Engineering, 2010, 293(8): 657-665.

[30] Pan Z, Zhu M, Chen Y. The variation of fibrils' number in the sea-island fiber -low density polyethylene/polyamide 6[J]. Fibers & Polymers, 2010, 11(3): 494-499.

[31] Koenig K, Beukenberg K, Langensiepen F. A new prototype melt-electrospinning device for the production of biobased thermoplastic sub-microfibers and nanofibers[J]. Biomaterials Research, 2019, 23(1): 10.

[32] Xing Q, Zhu M F, Wang Y H. In situ gradient nano-scale fibril formation during polypropylene(PP)/polystyrene(PS)composite fine fiber processing[J]. Polymer, 2005, 46(14): 5406-5416.

[33] Sundararaj U, Macosko C W. Drop Breakup and Coalescence in Polymer Blends-the Effects of Concentration and Compatibilization[J]. Macromolecules, 1995, 28(8): 2647-2657.

[34] Li H X, Hu G H. A two-zone melting model for polymer blends in a batch mixer[J]. Polymer Engineering and Science, 2001, 41(5): 763-770.

[35] Milner S T, Xi H W. How copolymers promote mixing of immiscible homopolymers[J]. Journal of Rheology, 1996, 40(4): 663-687.

[36] Xanthos M, Dagli S S. Compatibilization of Polymer Blends by Reactive Processing[J]. Polymer Engineering and Science, 1991, 31(13): 929-935.

[37] Ajji A, Utracki L A. Interphase and compatibilization of polymer blends[J]. Polymer Engineering and Science, 1996, 36(12): 1574-1585.

[38] 李沐芳. 聚酯纳米纤维及其集合体的制备与结构性能研究[D]. 上海：东华大学，2012.

[39] Flumerfelt R W. Drop breakup in simple shear field of viscoelastic fluids[J]. Industrial & Engineering Chemistry Fundamentals, 1972, 11(3): 312-318.

[40] Gauthier F, Goldsmith H L, Mason S G. Particle Motions in Non-Newtonian Media. II. Poiseuille Flow[J]. Journal of Rheology, 1971, 15(2): 297-330.

[41] Elmendorp J J, Maalcke R J. A study on polymer blending microrheology: Part I[J]. Polymer Engineering and Science, 1985, 16(16): 1041-1047.

[42] Levitt L, Macosko C W, Pearson S D. Influence of normal stress difference on polymer drop deformation[J]. Polymer Engineering and Science, 1996, 36(12): 1647-1655.

[43] Everaert V, Aerts L, Groeninckx G. Phase morphology development in immiscible PP/(PS/PPE) blends influence of the melt-viscosity ratio and blend composition[J]. Polymer, 1999, 40(24): 6627-6644.

[44] Jana S C, San M. Effects of viscosity ratio and composition on development of morphology in chaotic mixing of polymers[J]. Polymer, 2004, 45(5): 1665-1678.

第3章
海岛纺丝法
制备纳米纤维

PART
3

纳米纤维在过滤、人体防护、生物医学和生物技术材料等方面具有巨大应用潜力，聚合物纳米纤维的发展和应用已引起学术界和工业界的广泛关注[1-4]。目前制备纳米纤维的主要方法有静电纺丝法[5-9]、熔喷法[10-13]、模板法[13-16]、海岛纺丝法[17]等。利用静电纺丝法可以制备出形态较好的纳米纤维，但是由于受到设备的限制，以及某些聚合物的溶解需要用到有毒溶剂，其挥发过程会对环境造成危害，因此在一定程度上限制了静电纺丝法在工业上的应用。利用熔喷法制备纳米纤维的过程中，可以通过改变喷丝板孔径、空气流量、空气温度等工艺条件生产出直径在几百纳米左右的纤维，但是由于熔喷法涉及湍流的工艺复杂性和在多丝环境中工艺变量分离难的问题，导致熔融吹塑聚合物的加工过程变得十分困难。模板法已被用于制备聚合物、金属、半导体、碳纳米管和纤维等纳米材料，然而由于大面积模板制作困难、聚合物黏度高以及聚合物和模板之间表面张力较大，导致聚合物脱模困难，这些问题极大地限制了纳米纤维材料的宏量制备及其产业化进程。

传统的海岛纺丝法分为不定岛纺丝法与定岛纺丝法，两者均是用熔点及黏度相近且互不相容的两种热塑性高分子聚合物作为连续相和分散相，通过纺丝机熔融、喷丝、高速卷绕等步骤制备海岛型纤维。对于不定岛纺丝法制备的海岛纤维而言，岛的数量、细度及尺寸分布都存在随机性，海岛纤维经溶剂抽取开纤后，纤维的线密度为0.0011dtex ~ 0.3dtex[18]，被广泛应用于超细纤维合成革的短纤的生产，但是该纤维存在纤维直径分布跨度大，难以将其控制在纳米尺度的问题；对于定岛纺丝法制备的海岛纤维而言，通过对纺丝组件的设计，可以将分散相均匀地分配到连续相中，制备岛数固定、细度均匀的海岛纤维。海岛纤维经溶剂抽取开纤后得到连续且粗细均匀的长丝，目前，国内外多家企业利用定岛纺丝法生产出细度为0.05dtex ~ 0.1dtex的涤纶与锦纶超细纤维[19]，但是其纤维直径仍然没有达到纳米纤维直径尺度范围。本章将介绍一种利用低速卷绕的不定岛海岛纺丝技术产业化生产热塑性聚合物纳米纤维的方法，其制备的热塑性聚合物纳米纤维具有环境友好、产量大、纤维结构形态可控等优点，是目前产业化生产纳米纤维的一种有效方法。该方法可以将两相不相容的高聚物，通过双螺杆输送装置输送、增压泵增压、大孔径喷丝板喷丝、恒张力低速卷绕机卷绕以及循环萃取设备进行两相分离来实现热塑性聚合物纳米纤维的生产，生产出的纳米纤维直径可达80nm ~ 500nm，并且可以通过调整物料混合比、牵伸倍率、剪切速率等纺丝工艺来控制纳米纤维的尺寸。

3.1 海岛纺丝法的基本原理

大部分聚合物共混后在热力学上是不相容的，两种不相容的热塑性聚合物在熔融挤出过程中会发生相分离。根据海岛纤维成型的一般规律，黏度低、体积分数大的高聚物易于形成"海"相（连续相），黏度高、体积分数小的高聚物易形成"岛"相（分散相）。受海岛纺丝原料中"海"相和"岛"相共混聚合物的化学组成、组分比，以及加工条件的影响，分散相聚合物能够在基体相中以球体、纤维和片层的形式存在[20]（图3–1）。

3.1.1 连续相与分散相的选取

传统的海岛法用于制备超细纤维，由于纺丝速度较高，因此对于纺丝设备以及原料的熔点及黏度要求较高。2008年，Wang等首次报道了利用不定岛海岛纺丝法制备热塑性聚合物纳米纤维。相对于传统的定岛海岛纺丝法，不定岛海岛纺丝纳米纤维制备方法具有纺丝速度低、牵伸倍率小，并且对于大部分热塑性高分子聚合物均适用等优点。目前，常用的热塑性高聚物，如聚烯烃（PE、PP等）、聚酯（PET、PTT等）、聚酰胺（PA6）、乙烯醇–乙烯共聚物（PVA–*co*–PE）均可作为分散相，利用不定岛海岛纺丝法制备纳米纤维。

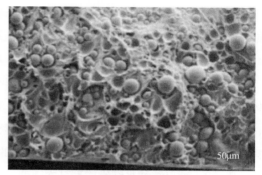

（a）球状

（b）纤维状

（c）片状[20]

图3-1　含30%PET的LLDPE中PET的不同分散形态

米纤维。连续相材料作为海岛纤维中的"海"相，一般选择与分散相热力学不相容，并且能够用于热塑性加工的材料如：乙酸丁酸纤维素（CAB）、乙酸丙酸纤维素（CAP）、低密度聚乙烯（LDPE）等。连续相和分散相的共混体系可以根据需要进行选择，本书所介绍的海岛纺丝法制备纳米纤维过程中主要采用CAB作为连续相来制备热塑性聚合物纳米纤维，原因在于：

①CAB和大部分热塑性聚合物热力学不相容，满足熔融共混过程中的相分离要求。

②CAB加工性能好，加工温度及黏度可选范围大，可以较好地与所选连续相材料的熔点和黏度进行匹配，有利于分散相在拉伸流动场中变形，取向并保持良好的纤维形态。

③CAB在合适的溶剂中能够快速溶解，为基体相的快速高效去除提供了保障。

④CAB具有可回收并重复使用性，溶解于有机溶剂的CAB加入水后可以破坏溶剂体系使CAB析出，因此满足经济、环保的要求。

在利用海岛纺丝法制备纳米纤维之前，首先需根据连续相和分散相的熔点及黏度选择合适的"海—岛"体系，然后再进行后续的纺丝工作。

3.1.2　海岛纺纳米纤维成型基本原理

在热塑性聚合物/纤维素酯熔融共混挤出过程中，能够通过控制材料的流变性能，界面性能以及成型条件，使分散相热塑性聚合物在纤维素酯基体中分散、诱导取向和聚集、原位组装成纳米纤维。连续相和分散相进行高速地物理共混后，分散相材料以小颗粒的形式均匀地分散在连续相材料中［图3-2（a）］。首先，将混合好的原料喂入双螺杆熔融共混挤出机中加热熔融共混，聚合物共混体系在双螺杆剪切力场的作用下进一步混合并逐渐输送至机头。在此过程中，分散相颗粒在螺杆剪切作用下尺寸逐渐变小并沿着螺杆旋转方向伸长形成椭球状。然后，聚合物共混物经模头挤出并施加一定的后续牵伸流动场，使椭球状的分散相进一步拉伸、变形、取向，原位组装成纳米纤维分散于基体相中，冷却定型即得到热塑性聚合物/纤维素酯不定岛海岛纤维［图3-2（b~c）］。最后，将基体相纤维素酯利用溶剂去除后，即得到成型良好的热塑性聚合物纳米纤维。

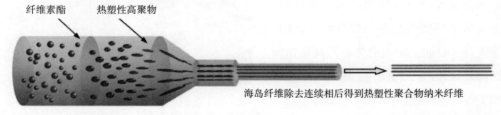

纤维素酯　热塑性高聚物

海岛纤维除去连续相后得到热塑性聚合物纳米纤维

（a）分散相在连续相中的分散、汇聚与伸长　　（b）海岛纤维成型　　（c）热塑性聚合物纳米纤维成型[21]

图3-2　纳米纤维的成型原理图

3.2 海岛纺纳米纤维成型的影响因素

3.2.1 组分比对纳米纤维形态的影响

在共混体系相形态的研究中，组分比直接影响了分散相的碰撞概率。随着分散相的组分比增加，"岛"与"岛"之间的碰撞概率越大，即分散相间的聚集程度越高。因此，在一定的组分比范围内，分散相组分比越高，所形成的纳米纤维直径越粗，长度越长；反之，纤维直径越细，长度越短。但是，当组分比超过特定范围时，分散相之间会发生相互粘连，直至发展成连续相，此时将不能形成纤维。

Wang[21-23]等利用成本低廉、机械强度好的低密度聚乙烯（LDPE）作为分散相，CAB作为连续相制备LDPE纳米纤维，研究了组分比对纳米纤维形态结构的影响。如图3-3所示，当CAB/LDPE=70/30时，在未牵伸的CAB/LDPE共混挤出物中，LDPE分散相在CAB基体中以微球的形式存在。随着CAB的比例逐渐增加，LDPE微球的微球尺寸逐渐减小并且分布越来越均匀。对CAB/LDPE共混体系适当牵伸后，LDPE微球会发生形变而形成纳米纤维（图3-4）。当CAB/LDPE组分比为70/30时，LDPE呈现出一种粘连状的纤维结构，形态不均匀，尺寸较大。当组分比下降至80/20和90/10时，LDPE分散相则形成形态良好、尺寸均匀的纳米纤维，而且随着CAB含量的增大LDPE纳米纤维的直径逐渐减小。

（a）70/30　　　　　　　　（b）80/20　　　　　　　　（c）90/10[22]

图3-3　不同组分比下未牵伸的CAB/LDPE共混挤出物的SEM图

（a）70/30　　　　　　　　（b）80/20　　　　　　　　（c）90/10[22]

图3-4　不同组分比经过牵伸后除去CAB后所得LDPE纳米纤维的SEM图

李[24]等以PTT/CAB共混体系为研究对象，在不同的组分比下制备了PTT纳米纤维（图3-5、图3-6）。研究发现，PTT纳米纤维的尺寸随着分散相比例的增大而增大，在PTT/CAB组分比为10/90～30/70时，PTT具有良好的纳米纤维形态；当PTT/CAB=40/60时，PTT发生明显的粘连现象，纤维尺寸急剧增大，有的甚至达到微米级别；当PTT/CAB=50/50时，PTT发展成为连续相，此时不能形成纳米纤维。李等还对所制备的PTT纳米纤维直径分布进行了统计，发现PTT的组分比越小，制备所得纳米纤维直径越小，并且直径分布越窄，随着PTT组分比增大，纳米纤维的直径逐渐增大，并且分布也越宽（图3-7、图3-8）。

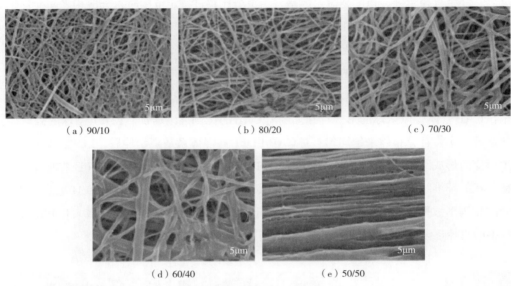

（a）90/10　　　　　　　　（b）80/20　　　　　　　　（c）70/30

（d）60/40　　　　　　　　（e）50/50

图3-5　不同组分比下除去CAB后所得PTT纳米纤维的SEM图[24]

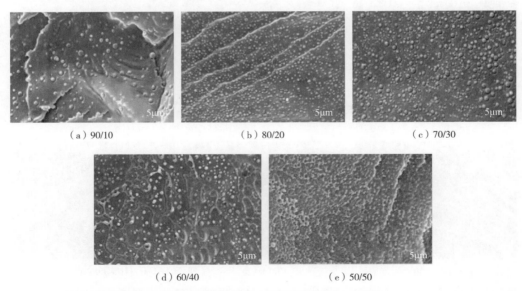

（a）90/10　　　　　　　　（b）80/20　　　　　　　　（c）70/30

（d）60/40　　　　　　　　（e）50/50

图3-6　不同组分比PTT/CAB体系共混熔融挤出后所得海岛纤维的SEM图[24]

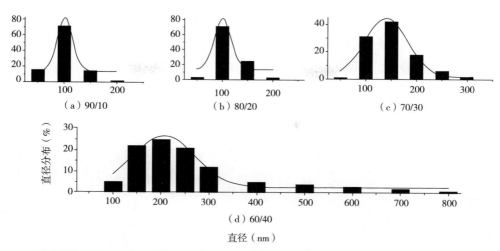

图3-7 不同组分比PTT/CAB共混体系下制备的纳米纤维的尺寸分布图

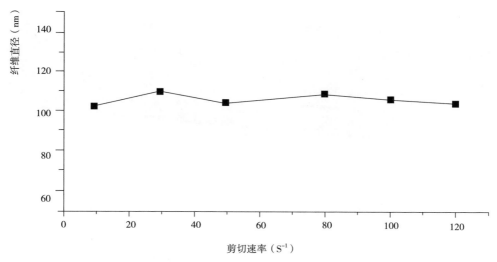

图3-8 纳米纤维平均直径随组分比的变化曲线

3.2.2 黏度比对纳米纤维形态的影响

Plate[25-26]等通过对13种不同共混体系的分散相形态进行研究，指出当黏度比 η_d（分散相黏度）/ η_m（基体相黏度）在0.1～10时，均有利于纤维状分散相的形成。当黏度比越接近于1时，分散相越容易形成直径分布均匀的纳米纤维，反之纳米纤维的直径越不均匀。

Wang[23]等利用CAB作为连续相，不同的热塑性高聚物作为分散相，在组分比为80/20条件下通过双螺杆挤出机等实验室设备制备得到了全同聚丙烯（iPP）、高密度聚乙烯（HDPE）、聚对苯二甲酸乙二醇酯（PET）、聚对苯二甲酸丙二醇酯（PTT）、聚对苯二甲酸丁二醇酯（PBT）等热塑性高聚物纳米纤维（图3-9）。研究结果表明，几种体系均形成了形态良好的纳米纤维，在相同的牵伸工艺下iPP、HDPE与PBT纳米纤维的直径分布范围较宽，为0.4μm～9.4μm，而PET、PTT与IPET-PEG纳米纤维直径分布范围较窄，为0.2μm～5.7μm，这主要是由于不同热塑性高分子聚合物与CAB的黏度比不同造成的。

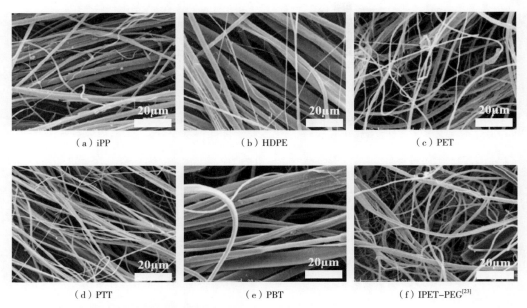

图3-9　除去CAB后不同热塑性高聚物纳米纤维的SEM图[23]

在分别测量了每种纳米纤维的50根纤维的直径后，通过式（3-1）计算出纳米纤维的平均直径，计算公式如下：

$$D_N = \frac{\sum N_i D_i}{\sum N_i} \tag{3-1}$$

式中：D_N——纳米纤维的平均直径；

　　　N_i——被测量纳米纤维的纤维数；

　　　D_i——被测量纳米纤维的纤维直径。

此外，在240℃的加工温度、115s⁻¹的剪切速率下，Wang等还计算了CAB和其他热塑性高聚物的黏度比（$\eta_{dispersed}/\eta_{CAB}$）并进行统计。统计结果见表3-1：

表3-1 分散相与连续相的黏度比与纳米纤维直径的关系[22]

样品	质量比	黏度比	纳米纤维最小~最大直径（μm）	纳米纤维平均直径（μm）
iPP/CAB	20/80	0.42	0.4 ~ 6.5	2.5
HDPE/CAB	20/80	1.32	0.4 ~ 7.4	3.3
PET/CAB	20/80	0.53	0.4 ~ 2.8	1.4
PTT/CAB	20/80	0.83	0.2 ~ 2.5	1.0
PBT/CAB	20/80	6.38	0.4 ~ 9.4	3.5
IPET–PEG/CAB	20/80	1.05	0.2 ~ 5.7	1.2

通过数据对比可以发现，在其他条件相同的情况下，分散相与基体相的黏度比越接近于1，两相之间的界面张力越小，黏附力越大。因此分散相在剪切变形及牵伸过程中受到的力越均匀，形成的纤维形态越规整、直径越小。

为了验证这一结论，Wang[23]等还对未牵伸的CAB以及iPP、HDPE、PET、PTT等热塑性高聚物共混挤出物的截面进行了观察（图3-10）。结果表明：未牵伸情况下，iPP、HDPE、PET、PTT等热塑性高聚物以微球的形式分散在CAB中。CAB/PTT共混挤出物中分散相微球的尺寸最小、分布最均匀，而CAB/HDPE中分散相微球的尺寸最大、分布最宽。微球的尺寸及分布与纳米纤维的纤维直径及分布（图3-7）趋势一致，这同样归因于不同体系分散相与基体相黏度比的差异。

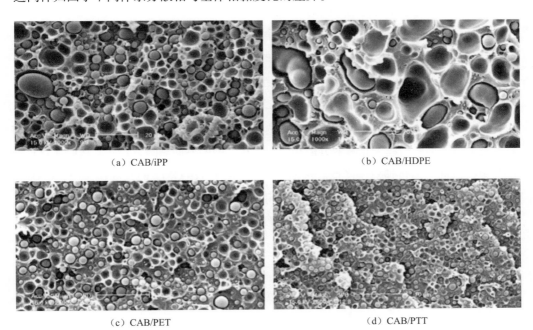

（a）CAB/iPP （b）CAB/HDPE

（c）CAB/PET （d）CAB/PTT

图3-10 未牵伸的CAB及热塑性高聚物共混挤出物截面的SEM图[23]

3.2.3 界面张力对纳米纤维形态的影响

纳米纤维的成型与其结构形态不仅与分散相与基体相的组分比和黏度比有关，还与两相的界面张力有关。在纳米纤维成型过程中，分散相的变形涉及两种应力[27]，一种是分散相/基体相之间的正应力差，这种应力差促进了分散相的拉伸，另一种是界面毛细应力，该应力作用于熔体组分之间的断裂。正应力差是分散相聚合物和基体相聚合物剪切速率和黏度的比函数，如式（3–2）所示。根据 Laplace 方程计算的界面毛细应力与组分间的界面张力成正比[28-33]，与曲率半径成反比[34-39]，如式（3–3）所示。当分散相的曲率达到一个临界最小值时，正应力差由界面毛细应力平衡，这一最小值决定了所制备的纳米纤维的最小直径。如式（3–4）、（3–5）所示。

$$\delta Pn = -4(G\eta_{\mathrm{m}}/F_0)\,Sin(2\varphi) \tag{3–2}$$

$$\delta P_{\mathrm{t}} = \gamma\left(\frac{1}{C_1} + \frac{1}{C_2}\right) \tag{3–3}$$

$$-\delta P_{\mathrm{n}} \geqslant \delta P_{\mathrm{t}} \tag{3–4}$$

$$C_2 = \frac{F_0\gamma C_1}{4G\eta_{\mathrm{m}}C_1 - F_0\gamma} \tag{3–5}$$

式中：F_0——黏度比函数；F_0=（16p+16）/(19p+16)；

　　　P——黏度比，$p=\eta_{\mathrm{d}}/\eta_{\mathrm{m}}$；

　　　G——有效剪切速率；

　　　ϕ——相对于垂直流动方向的取向角；

　　　$\phi \simeq \pi/4$——平衡状态的取向角；

C_1 和 C_2——两个主曲率半径，γ 为聚合物的界面张力。

Wang[27] 等在相同的剪切速率下，利用组分比为 80/20 的不同体系制备了 iPP、PTT、PE–co–GMA 纳米纤维，研究了界面张力与纤维直径分布的关系（图 3–11）。结果表明：当分散相和连续相的界面张力越大时，纳米纤维的直径分布越宽，并且纳米纤维的平均直径越大。界面张力越大意味着分散相与连续相之间的界面黏附力越差，从而导致热塑性高聚物法向应力传递效率降低。例如，在 CAB/PE–co–GMA 的共混体系中，CAB 与 PE–co–GMA 之间的偶极与偶极间相互作用力与氢键间的相互作用力使界面张力减小，应力传递效率更高，因此，PE–co–GMA 可以很容易地分散、拉长并聚结成直径较小的纳米纤维（表 3–2）。

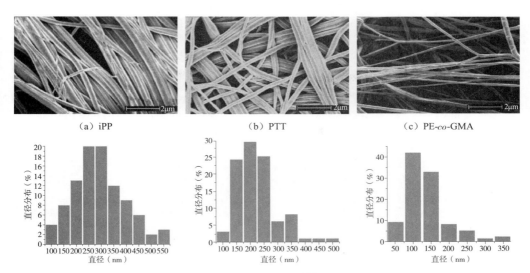

图 3-11　不同体系制备所得热塑性高聚物纳米纤维的 SEM 图[23]

表 3-2　CAB 与热塑性高聚物的界面张力与纳米纤维直径关系[23]

样品	界面张力（mN/m）	直径分布（nm）	平均直径（nm）
CAB/iPP	6.99	100-550	287
CAB/PTT	2.11	100-500	223
CAB/PE-co-GMA	1.20	50-350	135

3.2.4　牵伸倍率对纳米纤维形态的影响

分散相与连续相经双螺杆挤出机共混挤出后，在拉伸流动场的作用下，分散相被拉伸变形形成纳米纤维。在此过程中，牵伸倍率对纳米纤维的直径分布有着重要影响[40-44]。牵伸倍率越低，纳米纤维的直径越大、分布越不均匀；随着牵倍数的增加，纳米纤维的直径逐渐变小，分布也越均匀。

Sun[27]等以不同种类的 PP 与 CAB 共混制备 PP 纳米纤维，研究了牵伸倍率对纳米纤维形态的影响。研究结果表明，牵伸倍率是影响纳米纤维形态的重要因素之一。在利用海岛纺丝法制备纳米纤维的纺丝过程中，分散相在双螺杆输送过程中被逐渐剪切并随之变形，挤出后进一步受到拉伸流动场的影响，使分散相沿着拉伸方向伸长、取向，最终形成连续的纳米纤维。为了进一步验证牵伸倍率对纳米纤维尺寸的影响，我们选择了组分比为 80/20 的 CAB/PVA-co-PE 共混体系，在不同牵伸倍率下制备了 PVA-co-PE 纳米纤维，利用 SEM 观察纳米纤维的形态并计算其直径分布（图 3-12、图 3-13）。结果表明：随着牵伸倍率的增加，纳米纤维的平均直径逐渐降低，同时分布也会变窄。但是，

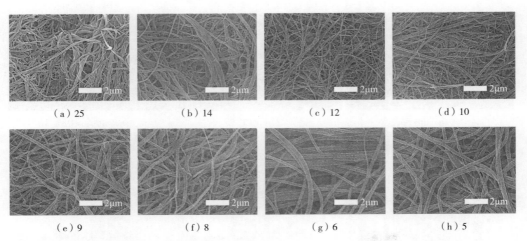

（a）25　　　　　（b）14　　　　　（c）12　　　　　（d）10

（e）9　　　　　（f）8　　　　　（g）6　　　　　（h）5

图3-12　不同牵伸倍率下PVA-*co*-PE纳米纤维SEM图

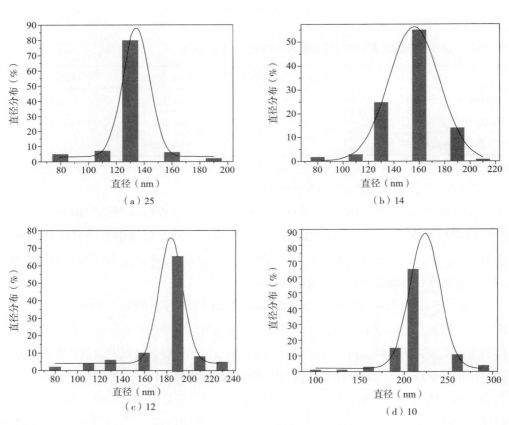

（a）25　　　　　　　　　　　　（b）14

（c）12　　　　　　　　　　　　（d）10

图3-13

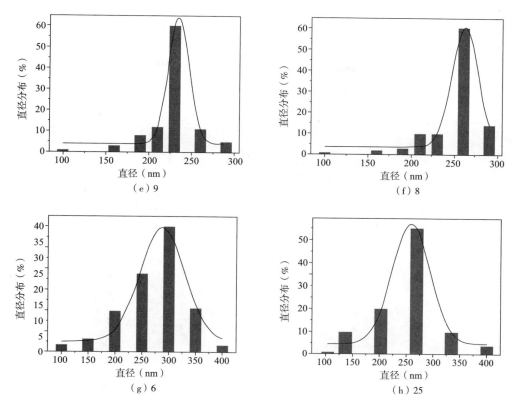

图3-13　不同牵伸倍率下PVA-co-PE纳米纤维直径分布图

当牵伸倍率超过14后，纳米纤维平均直径的下降趋势明显减缓，表明当牵伸倍率超过某一临界值时分散相的尺寸会趋于平衡。这是因为在牵伸的初期，受到拉伸流场的作用，两相之间的正向应力差使分散相沿着牵伸方向迅速拉伸变形，导致分散相纤维的直径快速下降；在牵伸的后期，分散相纤维之间的距离随着牵伸取向的进行逐渐减小，摩擦力增大，导致纤维强力逐渐增大，当分散相纤维自身的强力与牵伸过程中共混体系的正向应力差相等时，纤维尺寸趋于平衡（表3-3）。

表3-3　纳米纤维牵伸倍率与平均直径关系

牵伸倍率	25	14	12	10	9	8	6	5
纳米纤维平均直径（nm）	130	160	180	200	230	260	310	340

李[24]等以PTT/CAB、组分比为20/80的共混体系在不同牵伸倍率下制备了PTT纳米纤维，并研究了不同牵伸倍率对PTT纳米纤维直径的影响。研究表明，拉伸力场会

加强和促进连续相在共混体系以纤维形态分散。当牵伸倍率在15以下时，随着牵伸倍率的增大，纤维直径明显变小，当牵伸倍率大于15时，纤维直径减小趋势减缓。当牵伸倍率达到一定值时，纤维直径将趋于平衡。该研究结果与上述研究结论相吻合（图3-14～图3-16）。

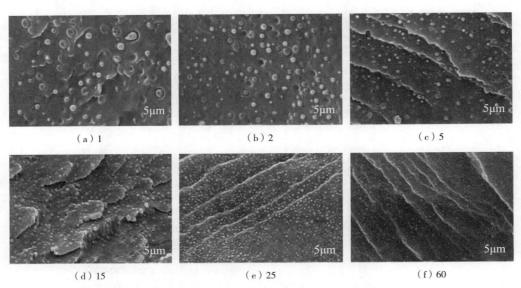

图3-14　不同牵伸倍率下PTT/CAB（20/80）海岛纤维截面的SEM图[24]

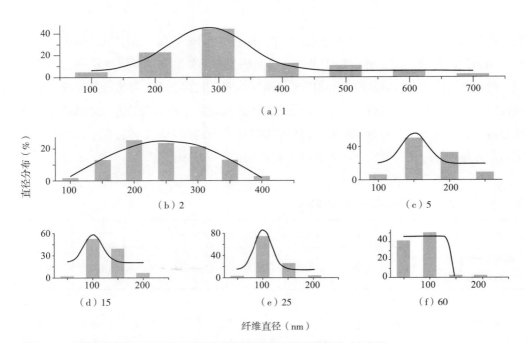

图3-15　不同牵伸倍率下PTT/CAB共混体系制备所得纳米纤维的尺寸分布图

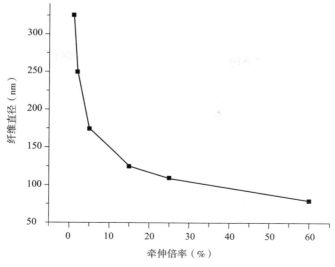

图3-16 纳米纤维平均直径随拉伸比的变化曲线

3.2.5 剪切速率对纳米纤维形态的影响

剪切速率是纺丝过程中一个重要参数，随着剪切速率的增加，有利于分散相的形变与破裂，但是随着剪切速率的增加，连续相与分散相的黏度比会增加，两相间黏度比的增大不利于分散相的形变与破裂，在两种因素的共同作用下剪切速率对海岛纺纳米纤维的尺寸分布影响不明显。

如图3-17所示李[24]等用PTT/CAB、组分比为20/80的共混体系研究在剪切速率为10s⁻¹、30s⁻¹、50s⁻¹、80s⁻¹、100s⁻¹、120s⁻¹的条件下对纳米纤维形态的影响。研究发现，在上述剪切速率下所制备PTT纳米纤维的平均直径分别为103nm、110nm、104nm、

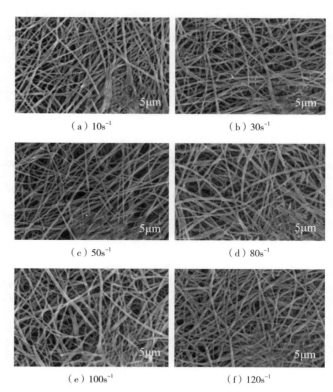

（a）10s⁻¹ 　　　　（b）30s⁻¹

（c）50s⁻¹ 　　　　（d）80s⁻¹

（e）100s⁻¹ 　　　　（f）120s⁻¹

图3-17 不同剪切速率下以PTT/CAB（20/80）共混体系制备的PTT纳米纤维SEM图[24]

109nm、106nm、104nm（图3-18、图3-19）。

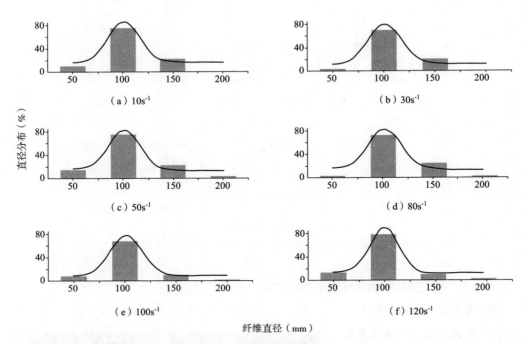

图3-18　不同剪切速率下以PTT/CAB（20/80）共混体系制备的PTT纳米纤维的尺寸分布图

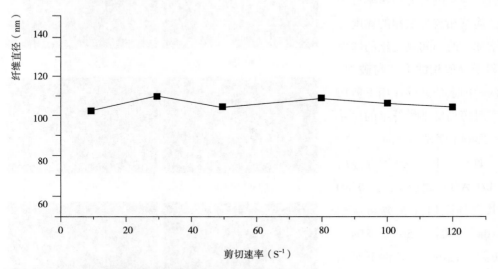

图3-19　纳米纤维平均直径随剪切速率的变化曲线[24]

3.3 海岛纺丝法生产纳米纤维设备介绍

海岛纺纳米纤维的制备方法与其他制备纳米纤维的方法相比，最大的优势在于其可以大规模、高效率地制备热塑性聚合物纳米纤维，满足工业化过程中的基本需求。传统的不定岛海岛纺丝是将连续相和分散相按一定比例混合均匀后经双螺杆挤出机共混造粒制成母粒后，将母粒投入单螺杆纺丝机中的单螺杆输送至喷丝组件处进行纺丝。定岛海岛纺丝的连续相和分散相分别经双组分纺丝机的两条单螺杆输送至经过特殊设计的喷丝组件处再由分配板分配后进行纺丝。由于传统的海岛纺丝尤其是定岛海岛纺丝需要用到经特殊设计的喷丝板，同时要对从喷丝板喷出的丝进行高速卷绕牵伸，对纺丝设备及纺丝工艺有较高要求。

新型不定岛海岛纺丝法制备纳米纤维的纺丝设备是将传统不定岛海岛纺丝法的双螺杆造粒与单螺杆输送两步法合并为一步，将连续相与分散相混合均匀后直接通过双螺杆纺丝机中的双螺杆输送至喷丝板处进行纺丝，用双螺杆对原料进行输送更加有利于分散相的均匀分散。由该不定岛海岛纺丝法制备纳米纤维不需要高速卷绕以及高倍率牵伸，因此采用低速卷绕机卷绕便能够实现纳米纤维的生产，这大大降低了海岛纤维的纺丝难度。经新型不定岛海岛纺丝设备得到两相共混的海岛纤维后，利用滚筒式循环萃取装置抽取海岛纤维中的连续相材料后即得到分散相纳米纤维。根据不定岛海岛纺丝法制备纳米纤维的工艺及所选用的"海–岛"体系原料物性的特点，纺丝生产线由双螺杆输送装置配合大孔径喷丝板、环吹风或侧吹风冷却系统及恒张力低速卷绕机搭建而成。如图3–20所示为不定岛海岛纺丝法生产纳米纤维的纺丝设备示意图。

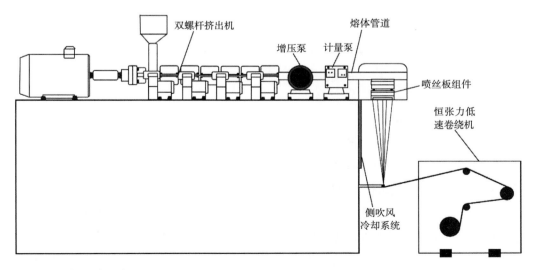

图3-20 纺丝设备示意图

3.3.1 双螺杆输送装置

纺丝原料输送装置是纺丝设备的重要组成部分之一，选用双螺杆挤出机作为原料的输送装置是由于双螺杆挤出机可以更好地对原料在熔融状态下进行混炼，从而使分散相材料能够更均匀地分散在连续相材料中。双螺杆挤出机的主要作用是对原料进行输送、熔融、混炼、挤出。挤出机内部螺杆可分为5个部分，包括：

①输送段：一般温度较低，主要作用是对原料进行预热并将原料在固体状态下向螺杆下一区域进行输送。

②熔融段：温度高于原料熔点，原料从输送段进入熔融段后通过热传递的作用由固体逐渐变为熔体，并在螺杆的剪切与摩擦的作用下充分熔融和初步均化。

③混炼段：在双螺杆的熔融段会间隔地设置捏合块或剪切元件，加大对熔融状态下的原料的剪切和混炼力度，使原料分散均匀，黏度相近。

④排气段：在熔融过程中，原料中的水分会汽化同时有大量小分子物质产生，排气段主要作用是将上述杂质排出挤出机腔体。

⑤均化段：均化段也称为计量段，在此处螺杆元件的导程逐渐变小，从而达到增压的目的，从而增强螺杆排料能力。在均化段，原料在较高的压力作用下可以进一步地混合均匀（图3-21）。

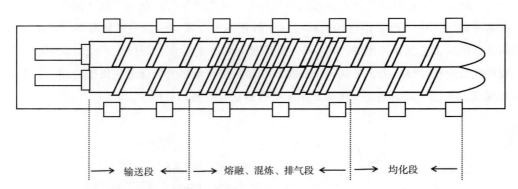

图3-21 双螺杆中螺杆分区结构示意图

3.3.2 纺丝组件

纺丝组件的作用主要是增大纺丝压力、过滤熔体中的杂质以及将熔体均匀分配到喷丝板的每个喷丝孔中，从而使原料在一定的压力下挤出形成具有良好表面形态的纤维。如图3-22所示为纺丝组件示意图，由图中可以看出纺丝组件主要包括压紧盖、座套、熔体过滤网、密封圈、流道分配板、熔体分配板以及喷丝板。压紧盖、座套及密封圈主要用于固定并压紧其他组件，防止熔体从组件缝隙漏出。熔体过滤网主要用于过滤熔体中的杂质，防止杂质堵塞喷丝孔以及影响纤维品质。流道分配板用于分配从不同熔体管道挤出的熔体并使其进入相应的流道。熔体分配板主要用于将熔体均匀分布并均匀分配到喷丝板的各个喷丝孔中，并保护喷丝板。常用的喷丝板上有很多形状相同的喷丝孔，这使流体经过喷丝孔后以相同的容量、相同的速度从喷丝孔处挤出而得到高均匀度、高品质的纤维，同时喷丝孔的形状决定了纤维最终的截面形状。选用大孔径喷丝板的原因是不定岛海岛纺丝法制备纳米纤维所用的共混体系的拉伸黏度较大，若使用喷丝板孔径太小，在纺丝过程中组件压力会急剧升高，并损坏纺丝设备。同时，喷丝板处的熔体黏度较大，在牵伸过程中海岛纤维极易断裂。因此采用大孔径的喷丝板能够减小纺丝过程中纺丝组件的压力并使收卷工作能够顺利进行。

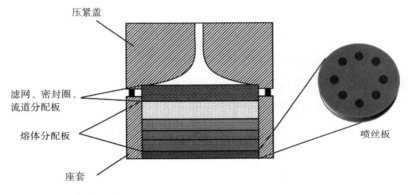

图3-22　纺丝组件示意图

3.3.3　循环萃取装置

滚筒式循环萃取装置主要用于抽取海岛纤维中的"海"相材料，同时对溶有"海"相材料的溶剂进行蒸馏提纯循环利用，并将"海"相材料析出后回收再利用。滚筒式循环萃取装置由蒸发罐、冷凝罐、储液罐及萃取装置构成。海岛纤维放入萃取装置后，通过水泵将储液罐内的溶剂抽入萃取装置内，在萃取装置的离心力作用下加快溶剂对"海"相材料的抽取速度。溶有"海"相材料的溶液进入蒸发罐，经加热处理使溶剂蒸发后到达冷凝罐中冷凝，"海"相材料由蒸发罐底部排出，从而达到溶剂与"海"相材料的循环利用。

3.4　海岛纺丝法生产纳米纤维的工艺流程

3.4.1　海岛纺丝法生产纳米纤维流程

利用海岛纺丝法生产纳米纤维主要流程可分为三个阶段：

3.4.1.1 原料干燥

某些连续相材料和热塑性高聚物表面都有大量羟基等亲水基团，在放置过程中易吸收空气中的水分而具有较高的回潮率，而在纺丝过程中，在高温环境中若原料水分过高会使某些聚合物降解影响纺丝工作的正常进行。因此纺丝前需对原料进行充分干燥处理，除去原料中的结合水，以免造成原料降解、降低萃取效率从而影响纳米纤维品质等问题。

3.4.1.2 纺丝收卷

将干燥好的原料按比例称量好，在高混机中进行机械共混，混合均匀后投入双螺杆输送装置中，两相共混材料在加热熔融状态下经双螺杆进一步剪切共混，使"岛"相材料更均匀地分散在"海"相材料中，然后共混体系原料在熔融状态下经过增压泵、计量泵、喷丝板组件挤出后，经过卷绕机卷绕牵伸、冷却定型，即得到两相共混的海岛纤维。

3.4.1.3 海岛纺纳米纤维的萃取

将制备好的海岛纤维放入滚筒式循环蒸馏萃取设备中，加入连续相的良溶剂对海岛纤维的连续相进行抽取，将其溶解分离，当连续相被完全除去后即可得到分散相纳米纤维。

3.4.2 海岛纺丝法制备纳米纤维实例

海岛纺丝法制备纳米纤维是通过低速率卷绕实现，相较于超细纤维制备工艺更简单，原料的选取范围也更广泛。本节以聚酰胺6（PA6）热塑性聚合物作为分散相，CAB为连续相为例，对PA6纳米纤维的制备工艺进行介绍。其工艺流程为：

纺前准备→纺丝阶段→卷绕阶段→萃取阶段

3.4.2.1 纺前准备

（1）原料干燥。由于CAB和PA6分子链上均有较多亲水基因，其回潮率较高，因此纺丝前需要对原料进行干燥处理，传统的海岛纺丝法对原料水分要求较高（30～100mg/kg），而制备纳米纤维的新型不定岛海岛纺丝法由于其设备及工艺特点，对原料水分要求较低（500～800mg/kg），用转鼓干燥箱干燥即可。设定干燥温度为90～110℃，干燥时间为4h～6h。

（2）纺丝组件组装预热。将海岛纺丝法制备纳米纤维所需纺丝组件进行组装，并在预热炉内进行预热。由于纺丝机在放流完毕后需要立即安装预热好的组件，在安装过程中，纺丝组件暴露在空气中会散失热量导致组件温度降低，因此组件预热温度需比纺丝温度略高，本实例将预热炉温度设为260℃～270℃，预热时间为8h～12h。

（3）纺丝机预热与放流。纺丝前需对纺丝机各区进行预热，预热时间5h～6h。在纺丝机预热过程中，随着温度的逐渐升高，纺丝机内残存的原料会发生碳化，为了防止残存原料碳化对纺丝造成影响，需要在纺丝机预热结束后加入聚丙烯（PP）进行放流，洗净纺丝机内杂质。纺丝机各区温度设置参数见表3–4。

表3-4　纺丝机各区温度

温区	螺杆一区	螺杆二区	螺杆三区	螺杆四区	螺杆五区	机头
温度（℃）	160	230	240	245	250	250
温区	增压泵前管道	增压泵体	增压泵后管道	计量泵	泵后管道	组件
温度（℃）	255	255	255	255	255	255

（4）安装纺丝组件。待放流完毕后，将预热好的纺丝组件安装到纺丝机上，并用热电偶对纺丝组件温度进行检测，当组件温度达到纺丝温度时进行纺丝。

3.4.2.2　纺丝阶段

纺前准备工作完毕后，将干燥好的CAB与PA6按比例混合均匀后投入喂料斗中，依次打开计量泵、增压泵、螺杆电机和喂料电机，同时观察增压泵压力与组件压力，并调整各组件运行速度。例如，在纺丝过程中出现增压泵压力过大的情况，可能是由于螺杆转速太快或增压泵转速太慢导致螺杆输送过来的原料不能及时被增压泵输送给计量泵，原料在增压泵前段堆积导致增压泵压力升高。遇此情况应适当降低喂料速度和螺杆转速或提高增压泵转速以减少增压泵前段堆积的原料降低增压泵压力；在纺丝过程中出现组件压力过大的情况，可能是由于纺丝机在饱和喂料的状态下，计量泵转速太快导致原料输送速度超过了组件排料速度，原料在组件处堆积导致组件压力升高，遇此情况应适当降低计量泵转速、增压泵转速、主机转速和喂料机转速以减少组件处堆积的原料降低组件压力。在实际生产过程中，使用不同"海"相和"岛"相体系与比例时，原料在熔融状态下的黏弹性会发生改变，因此利用海岛纺丝法制备纳米纤维时，应根据现场情况对纺丝工艺参数进行调整，使纺丝能够顺利进行。

3.4.2.3　卷绕阶段

由于本实验选用黏度较高的CAB作为连续相，其在拉伸过程中所受的应力较大，因此在卷绕过程中需采用恒张力低速卷绕机进行收卷，卷绕速度为50m/min～100m/min，卷绕速度过快会出现纤维因所受应力过大而断裂的现象，卷绕速度过慢会导致纤维条干过粗而无法充分冷却定型，从而使纤维与纤维之间产生粘连。由喷丝板喷出的纤维经低速卷绕机收卷后即得到海岛结构的复合纤维原丝。在卷绕阶段，由于复合纤维条干较粗，从喷丝板出丝后纤维内部热量较大、温度较高，短时间难以散去，因此纤维在集束之前需经侧吹风或环吹风冷却系统冷却定型，避免在卷绕过程中发生粘连或粘辊现象。

3.4.2.4　萃取阶段

萃取的作用主要是利用有机溶剂将CAB/PA6海岛纤维中的连续相CAB除去，并分离出PA6纳米纤维的过程。本实例所用萃取设备为滚筒式循环蒸馏萃取装置，由用于两相分离的工业洗脱机和一组用于回收丙酮的蒸馏冷凝蒸发、冷凝储存罐组成。首先将制备好的CAB/PA6海岛纤维放入装有丙酮溶液的滚筒式工业洗脱机，在工业洗脱机滚筒转动时的离心力作用下，加快CAB向丙酮中扩散的速度，从而加快丙酮对CAB的溶解速率，然后将溶有CAB的丙酮溶液排入蒸发罐中，在加热条件下蒸馏提纯丙酮至储液罐，并向剩余的溶液体系中加入水使CAB析出，实现丙酮和CAB的回收利用，降低生产成本。将CAB/PA6复合纤维中的CAB用丙酮完全除去后即得到PA6纳米纤维。

3.5　小结

　　海岛纺丝法制备纳米纤维是目前能够产业化生产热塑性聚合物纳米纤维的方法，具有生产效率高、环保、对大部分热塑性高聚物适用等特点。得益于海岛纺丝法制备纳米纤维的设备及工艺特点，大大降低了对生产设备的要求以及纺丝难度。通过调节分散相和连续相材料的黏度比、物料组分比以及纺丝过程中的牵伸倍率可以获得不同直径分布的纳米纤维，实现对纳米纤维尺寸的调控。此外，以海岛纺丝法生产的纳米纤维是呈现无定型分布形态，有利实现于对纳米纤维的后续加工及结构设计，从而获得理想的形状与结构，极大地拓展了纳米纤维的应用领域。

参考文献

[1] Zhang Y, Lim C T, Ramakrishna S. Recent development of polymer nanofibers for biomedical and biotechnological applications[J]. Journal of Materials Science Materials in Medicine, 2005, 16(10): 933-946.

[2] Huang Z M, Zhang Y Z, Kotaki M. A review on polymer nanofibers by electrospinning and their applications in nanocomposites[J]. Composites Science & Technology, 2003, 63(15): 2223-2253.

[3] Burger C, Hsiao B S, Chu B. NANOFIBROUS MATERIALS AND THEIR APPLICATIONS[J]. Annual Review of Materials Research, 2006, 36(1): 333-368.

[4] Subbiah T, Bhat G S, Tock R W. Electrospinning of nanofibers[J]. Journal of Applied Polymer Science, 2010, 96(2): 557-569.

[5] Chun F, Reneker, D. H. Beaded nanofibers formed during electrospinning[J]. Polymer, 1999, 40(16): 4585-4592.

[6] Qin X H, Wang S Y. Filtration properties of electrospinning nanofibers[J]. Journal of Donghua University, 2010, 102(2): 1285-1290.

[7] Kim S H, Nam Y S, Lee T S. Silk Fibroin Nanofiber. Electrospinning, Properties, and Structure[J]. Polymer Journal, 2003, 35(2): 185-190.

[8] Zussman E, Theron A, Yarin A L. Formation of nanofiber crossbars in electrospinning[J]. Applied Physics Letters, 2003, 82(6): 973-975.

[9] Beachley V, Wen X. Effect of electrospinning parameters on the nanofiber diameter and length[J]. Materials Science & Engineering C, 2009, 29(3): 663-668.

[10] Qian X M, Zheng X D, Zhang H. The Method of Producing Nanomaterials and Melt Blown Nonwovens Composites[J]. Advanced Materials Research, 2011, 150-151: 6.

[11] Ellison C J, Phatak A, Giles D W. Melt blown nanofibers: Fiber diameter distributions and onset of fiber breakup[J]. Polymer, 2007, 48(11): 3306-3316.

[12] Hassan M A, Yeom B Y, Wilkie. Fabrication of nanofiber meltblown membranes and their filtration properties[J]. Journal of Membrane Science, 2013, 427(1): 336-344.

[13] Che G, Lakshmi B B, Martin C R. Chemical Vapor Deposition Based Synthesis of Carbon Nanotubes and Nanofibers Using a Template Method[J]. Chemistry of Materials, 1998, 10(1): 260-267.

[14] Han J, Liu Y, Guo R. A novel templateless method to nanofibers of polyaniline derivatives with size control[J]. Journal of Polymer Science Part A Polymer Chemistry, 2010, 46(2): 740-746.

[15] Zheng M, Cao J, Ke X. One-step synthesis of new mesoporous carbon nanofibers through an easy

template method[J]. Carbon, 2007, 45(5): 1111-1113.

[16] Nakata K, Fujii K, Ohkoshi Y. Poly(ethylene terephthalate)Nanofibers Made by Sea–Island-Type Conjugated Melt Spinning and Laser-Heated Flow Drawing[J]. 2007, 28(6): 792-795.

[17] Liu R, Ning C, Yang W. Sea-island polyurethane/polycarbonate composite nanofiber fabricated through electrospinning[J]. Journal of Applied Polymer Science, 2010, 116(3): 1313-1321.

[18] 许志，顾建慧，范幼华，et al. PA6/LDPE不定岛纤维PA6岛相分布的研究[J]. 皮革科学与工程，2008，18（5）：18–21.

[19] Pan Z, Zhu M, Chen Y. The variation of fibrils' number in the sea-island fiber -low density polyethylene/polyamide 6[J]. Fibers & Polymers, 2010, 11(3): 494-499.

[20] Shields R J, Bhattacharyya D, Fakirov S. Fibrillar polymer–polymer composites: morphology, properties and applications[J]. Journal of Materials Science, 2008, 43(20): 6758-6770.

[21] Dong W, Gang S, Chiou B S. A High-Throughput, Controllable, and Environmentally Benign Fabrication Process of Thermoplastic Nanofibers[J]. Macromolecular Materials & Engineering, 2010, 292(4): 407-414.

[22] Dong W, Gang S. Formation and morphology of cellulose acetate butyrate(CAB)/polyolefin and CAB/polyester in situ microfibrillar and lamellar hybrid blends[J]. European Polymer Journal, 2007, 43(8): 3587-3596.

[23] Dong W, Gang S, Chiou B S. Fabrication of Tunable Submicro- or Nano-Structured Polyethylene Materials from Immiscible Blends with Cellulose Acetate Butyrate[J]. Macromolecular Materials & Engineering, 2010, 293(8): 657-665.

[24] 李沐芳. 聚酯纳米纤维及其集合体的制备与结构性能研究[D]. 上海：东华大学，2012.

[25] He J, Bu W, Zhang H. Factors influencing microstructure formation in polyblends containing liquid crystalline polymers[J]. Polymer Engineering & Science, 1995, 35(21): 1695–1704.

[26] Platé N A, Shibaev V P. Thermotropic liquid crystalline polymers-problems and trends[J]. Macromolecular Chemistry & Physics, 1984, 6(S19841): 3-27.

[27] Xue C H, Wang D, Xiang B. Controlled and high throughput fabrication of poly(trimethylene terephthalate)nanofibers via melt extrusion of immiscible blends[J]. Materials Chemistry & Physics, 2010, 124(1): 48-51.

[28] Arendt W. Vector-valued laplace transforms and cauchy problems[J]. Israel Journal of Mathematics, 1987, 59(3): 327-352.

[29] Norotte C, Marga F, Neagu A. Experimental evaluation of apparent tissue surface tension based on the exact solution of the Laplace equation[J]. Epl, 2008, 81(4): 46003.

[30] Guyon E, Prost J, Betrencourt C. Beware of surface tension![J]. European Journal of Physics, 1982, 3(3): 159.

[31] Gu H, Duits M H G, Mugele F. Interfacial tension measurements with microfluidic tapered channels[J]. Colloids & Surfaces A Physicochemical & Engineering Aspects, 2011, 389(1): 38-42.

[32] Hyde A, Phan C, Ingram G. Determining liquid–liquid interfacial tension from a submerged meniscus[J]. Colloids & Surfaces A Physicochemical & Engineering Aspects, 2014, 459(14): 267-273.

[33] Yuichishibata, Takehikoyanai, Osamuokamoto. Microscale Contacting of Two Immiscible Liquid Droplets to Measure Interfacial Tension[J]. Heat Transfer Engineering, 2013, 34(2-3): 113-119.

[34] Blaisdell B E. The Physical Properties of Interfaces of Large Radius of Curvature. III. Integration of LaPlace's Equation for the Equilibrium Meridian of a Fluid Drop of Axial Symmetry in a Gravitational Field. Approximate Analytic Integration for Sessile Drops of Large[J]. Studies in Applied Mathematics, 1940, 19(1-4): 228–245.

[35] Blaisdell B E. The Physical Properties of Fluid Interfaces of Large Radius of Curvature. I. Integration of LaPlace's Equation for the Equilibrium Meridian of a Fluid Drop of Axial Symmetry in a Gravitational Field. Numerical Integration and Tables for Sessile Drops of Mo[J]. Studies in Applied Mathematics, 1940, 19(1-4): 186-216.

[36] Dell'isola F, Rotoli G. Validity of Laplace formula and dependence of surface tension on curvature in second gradient fluids[J]. Mechanics Research Communications, 1995, 22(5): 485-490.

[37] Eugène M, Drobinski G, Teillac A. [Study of segmental ventricular contraction by the analysis of the radius of curvature][J]. Archives Des Maladies Du Coeur Et Des Vaisseaux, 1986, 79(10): 1413.

[38] Castellanos A J, Toro-Mendoza J, Garcia-Sucre M. Correction to the interfacial tension by curvature radius: differences between droplets and bubbles[J]. Journal of Physical Chemistry B, 2009, 113(17): 5891-6.

[39] Zhukhovitskii D I. Surface Tension of the Vapor–Liquid Interface with Finite Curvature[J]. Colloid Journal, 2003, 65(4): 440-453.

[40] Barua B, Saha M C. Investigation on jet stability, fiber diameter, and tensile properties of electrospun polyacrylonitrile nanofibrous yarns[J]. Journal of Applied Polymer Science, 2015, 132(18).

[41] Asphaug E, Ryan E V, Zuber M T. Asteroid Interiors[J]. Asteroids Ⅲ, 2002.

[42] Hsu L, Dietrich W E, Sklar L S. Field and Laboratory Observations of Bedrock Erosion by Granular Flows[J]. American Geophysical Union, 2006.

[43] Nyilas A, Shibata K, Specking W. Fracture and Tensile Properties of Boron Added Ni-Base Superalloy at 7 and 4.2 K, and the Effect of 13 Tesla Field[M].2000.

[44] Yanagisawa O, Lui T S. Effect of carbon content and ferrite grain size on the tensile flow stress of ferritic spheroidal graphite cast iron[J]. Metallurgical Transactions A, 1985, 16(4): 667-673.

第4章
纳米纤维
集合体
PART
4

纳米纤维集合体的结构是影响材料性能及用途的重要因素。从宏观角度来说，依据纳米纤维所形成的集合体的结构特征，可分为纳米纤维纱线、纳米纤维织物或纳米纤维膜、纳米纤维气凝胶。不同的宏观形状其制备方法亦有所不同，本章将分别介绍不同纳米纤维集合体的制备方法、结构与性能及其研究进展。

4.1 纳米纤维纱线

纳米纤维的直径最低可达到数纳米，其高比面积等特性已受到人们的广泛关注。而传统纺织用纤维的直径多为数微米以上，因此，纳米纤维制品可以解决很多传统纺织制品不能解决的问题。然而，单根的纳米纤维由于其直径较小，强度较低，在加工过程中易于损坏，不能直接用于针织、机织生产。因此，制备纳米纤维束或进一步对纳米纤维束进行加捻形成纳米纤维纱线就显得十分重要，可为纳米纤维纺织品的开发提供保障。纳米纤维束及纱线的制备方法有静电纺丝法及海岛纺丝法。

4.1.1 静电纺丝法制备纳米纤维纱线

传统的静电纺丝法所制备的纳米纤维材料为无规取向的非织造布，若要得到具有取向结构的纳米纤维束或纳米纤维纱线，通过调节并控制静电纺丝设备的接收装置即可实现，且制备的纳米纤维束及纱线的组成与结构、性能多样，在组织工程、抗菌、服用等领域均具有重要的用途[1-3]。

按照单根纤维的组成，常规纺织纤维分为单组分纤维及多组分纤维。单组分纤维是指由同一种高分子化合物组成的纤维，大多数常规纤维为单组分纤维。而由两种或两种以上高分子化合物组成的纤维称为多组分纤维。如各组分沿纤维轴向有规则地排列并形成连续界面的纤维，称为复合纤维[4-5]。此外，按照纤维横截面形状分类，纺织纤维分为常规纤维及异形截面纤维[4]。同样，纳米纤维的组成及截面形状等也是可调的，可通过改变纺丝液的组成、静电纺丝工艺、后处理工艺等实现多种形态纳米纤维的制备。参考纺织纤维的分类方法，将纳米纤维纱线分为单组分纳米纤维纱线、复合纳米纤维纱线、异形纳米纤维纱线。

4.1.1.1 单组分纳米纤维纱线

单组分纳米纤维纱线指的是由同一种聚合物组成纺丝液，通过调控纺丝装置、纺丝工艺等制备得到的纳米纤维纱线。Ravandi 等[6]对传统的静电纺丝装置进行了改进（图4-1），并采用该装置制得了取向的聚丙烯腈（PAN）纳米纤维束，研究了纺丝电压、纺丝液浓度等对纳米纤维取向结构的影响，且经后处理所得纳米纤维束的杨氏模量和断裂强度较高。此外，他们还对所制备的PAN纳米纤维纱线进行热拉伸，得到了不同拉伸比条件下的PAN纳米纤维束（图4-2）。研究结果表明，当热处理拉伸从0至

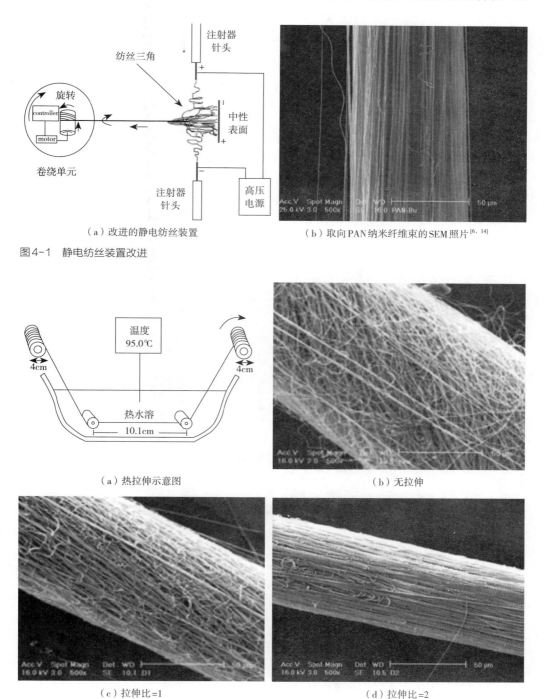

（a）改进的静电纺丝装置

（b）取向PAN纳米纤维束的SEM照片[6. 14]

图4-1 静电纺丝装置改进

（a）热拉伸示意图

（b）无拉伸

（c）拉伸比=1

（d）拉伸比=2

图4-2 PAN纳米纤维纱线热拉伸装置示意图及不同拉伸比例下所得纳米纤维束的SEM照片[14-15]

50%时，PAN纳米纤维束的毛细上升率（Capillary rise rate）随拉伸的增加而升高，而当热处理拉伸从50%至100%时，其毛细上升率随拉伸的增加而降低。覃等[7-8]采用类似的装置实现了对取向纳米纤维束的加捻进而得到纳米纤维纱线。此外，该装置还可用于多种聚合物纳米纤维的纺纱，如聚丙烯腈（PAN）、聚乙烯醇（PVA）、聚己内酯（PCL）等[9-11]，所制备的纳米纤维纱线可用于软组织支架等[12-13]。

　　锦纶66为常见的纺织纤维，也可利用锦纶66为原料制备纳米纤维纱线。Borhani等[16]采用静电纺丝法且以固相聚合锦纶66为原料，分别以甲酸及甲酸与氯仿的混合物为溶剂制备了锦纶66纳米纤维束（图4-3），并研究了溶剂组成对聚合物溶液黏度及纳米纤维形貌的影响。结果表明，使用混合溶剂制备的锦纶66纳米纤维的直径更均匀，这是因为添加氯仿有利于调整溶剂的挥发性。然而，溶液浓度高会使得纳米纤维的直径较大，可达1080nm，采用质量分数为10%的聚合物溶液（甲酸/氯仿=3/1）所制备的锦纶66纳米纤维束的强度和模量分别为120.16MPa、1216.27MPa。

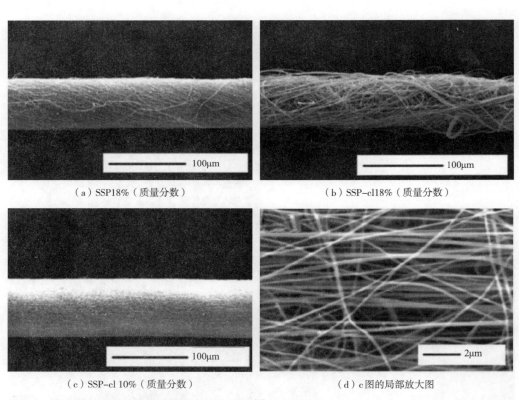

（a）SSP18%（质量分数）　　　　　　　（b）SSP-cl18%（质量分数）

（c）SSP-cl 10%（质量分数）　　　　　　（d）c图的局部放大图

图4-3　锦纶66纳米纤维及纳米纤维束的SEM照片[16]

　　Latifi等采用动态水浴作为静电纺丝设备的接收装置，在纺丝的同时从涡流上方将纳米纤维束收集并对其加捻进而得到连续的、具有取向结构的纳米纤维纱线（图4-4）。

该装置所适用的聚合物种类较多，且在制备纳米纤维纱线的过程中，可对装置的参数如接收距离、卷绕速率等进行调节进而得到不同直径、不同捻度的纳米纤维纱线，且所得纳米纤维纱线可满足编织或者刺绣的要求进而制备多种功能的纺织品。

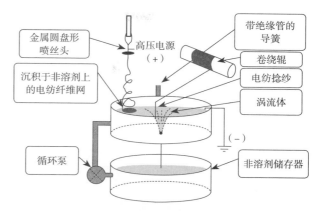

图4-4　动态水浴条件下制备纳米纤维纱线示意图[17]

4.1.1.2　复合纳米纤维纱线

复合纳米纤维纱线是指由多种聚合物或在聚合物中添加无机物所构成的纳米纤维纱线。Su等[18]采用改进的静电纺丝装置并通过调节流动速率、黏度系数等因素成功制备了组分单一的PAN纳米纤维纱线及PAN复合纳米纤维纱线（图4-5）。研究表明，采用该方法所制备的PAN纳米纤维纱线的强度为0.26cN/dtex，而采用常规纱线为核、纳米纤维为壳层所得到的复合纳米纤维纱线的强度最大可达到3.25cN/dtex，该强度足以满足纺织工业的要求。

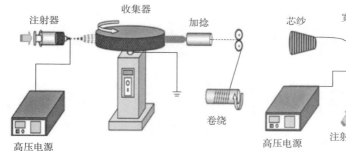

（a）单一纳米纤维纱线的制备装置

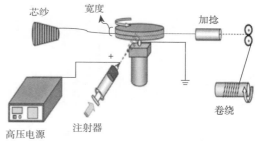

（b）复合纳米纤维纱线的制备装置

（c）复合纳米纤维纱线的SEM照片

（d）鞘层纳米纤维的SEM照片[18]

图4-5　PAN纳米纤维纱线及PAN复合纳米纤维纱线

Matsumoto等[19]采用静电纺丝法制备了氧化石墨烯/聚丙烯腈复合纳米纤维，后通过碳化作用得到了石墨烯/碳复合纳米纤维（图4-6）。研究表明，添加少量氧化石墨烯后，所得复合纳米纤维的机械性能可得到明显提高。此外，碳化作用不仅可提高复合纳米纤维的机械性能，也可提高其导电性能。当氧化石墨烯纳米带的用量为0.5%（质量分数）时，碳化后所得复合纳米纤维的电导率可达到165S/cm。

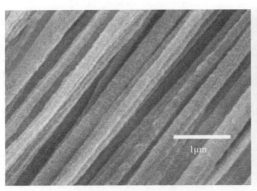 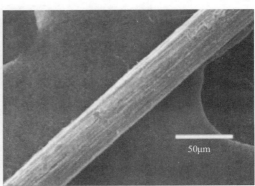

（a）含0.5%（质量分数）氧化石墨烯纳米带的聚丙烯腈　　（b）与（a）对应的复合纳米纤维束
　　　纳米纤维

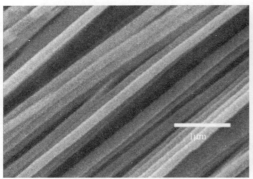 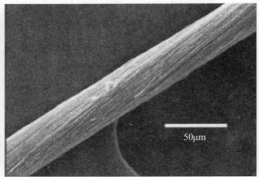

（c）含0.5%（质量分数）石墨烯的碳复合纳米纤维　　　　（d）与（c）对应的复合纳米纤维束

图4-6　复合纳米纤维束[19]

4.1.1.3　异形纳米纤维纱线

异形纳米纤维纱线是指纳米纤维纱线的截面为非圆形，如中空型、多孔型等[20-22]。Gharehaghaji等[23]首先采用静电纺丝法制备了以聚乙烯醇（PVA）长丝为核、以聚氨酯（PU）为壳层的复合纳米纤维纱线，后利用水将PVA溶解去除得到了中空PU弹性纳米纤维纱线（图4-7）。该纳米纤维纱线具有较高的韧性及优异的弹性，通过调节捻度等参数可对中空纳米纤维纱线的性能进行调控，在人造血管、防护服等方面将具有广泛的用途。

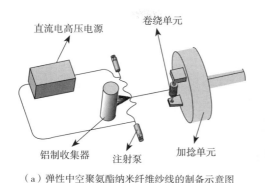

（a）弹性中空聚氨酯纳米纤维纱线的制备示意图

（b）中空聚氨酯纳米纤维纱线的SEM照片

图4-7　弹性中空聚氨酯（PU）纳米纤维纱线

　　由此可见，静电纺丝法在制备单组分纳米纤维纱线、复合纳米纤维纱线及异形截面纳米纤维纱线方面均具有较好的应用，利用该方法可对纳米纤维的组成与结构进行调控，实现纳米纤维性能的多样化，满足不同领域的应用需求。

4.1.2　海岛纺丝法制备纳米纤维纱线

　　Sun等[24]以热塑性聚合物（Thermoplastics）为分散相、以醋酸纤维素酯（CAB）为基体，采用海岛纺丝法得到CAB/热塑性聚合物纤维，将CAB去除后成功制备了系列热塑性聚合物纳米纤维纱线，该方法适用于制备聚酯、聚烯烃、聚酰胺以及热塑性均聚物及共聚物等聚合物纳米纤维（图4-8），且已采用上述方法制备了等规聚丙烯（iPP）纳米纤维纱线（图4-9）。此外，Sun等还对成型过程中的影响因素进行了研究，如剪切

图4-8　熔融挤出相分离法制备热塑性聚合物纳米纤维纱线示意图[24]

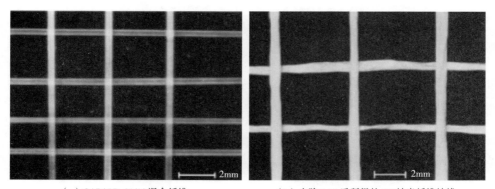

（a）CAB/iPP=80/20混合纤维　　　　　　　（b）去除CAB后所得的iPP纳米纤维纱线

图4-9　等规聚丙烯（iPP）纳米纤维纱线的SEM图[24]

速率、分散相与基体的黏度比、界面张力分散相与连续相的配比等，这些因素对纳米纤维纱线的成型过程及其形貌产生重要影响。结果表明，所制备的纳米纤维的直径范围为100～550nm，且纳米纤维直径较为均匀。

此外，Xiao等[25]以聚对苯二甲酸丙二醇酯（PTT）为分散相、以醋酸纤维素酯（CAB）为基体，采用海岛纺丝法制备了PTT/CAB复合纤维。由于PTT与CAB不相容，在共混物的熔融挤出过程中，分散相PTT以轴向有序排列的纳米纤维集合体的形式分散于基体相CAB中，若将复合纤维浸泡于丙酮中，且不破坏共混试样的形态，当基体相被溶解去除后，纳米纤维集合体会继续保持其轴向有序排列的形态，如图4-10（a）所示。将基体相溶解后的试样从丙酮溶剂中取出后会获得有序排列的纳米纤维束，并可对此纳米纤维束进行简单的后加工，将其编织成结构各异的纳米纤维束制品［图4-10（b）］。此方法制备的有序纳米纤维束的表面形态和横截面可通过扫描电子显微镜进行观测，如图4-10（c）、图4-10（d）所示，其结果更加直观的验证了此纳米纤维束的有序结构。然而，由于此方法所得的纳米纤维束是由一系列轴向排列的短纳米纤维随机构成的，其力学性能有限。

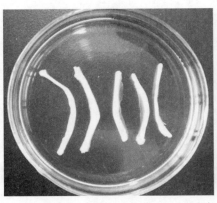

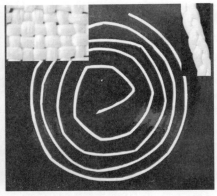

（a）PTT/CAB共混试样浸泡于丙酮后所得的有序纳米纤维束的形态图

（b）将纳米纤维束从丙酮中取出并进行简单后加工所得的纳米纤维制品

（c）纳米纤维束表面的SEM照片

（d）纳米纤维束横截面的SEM照片

图4-10　PTT/CAB纳米纤维[25]

Wang 等[26]制备了聚烯烃弹性体（POE）纳米纤维纱线，进而采用滚转工艺将POE纳米纤维纱线拉伸并浸入到采用乙醇和乙醚混合溶剂分散的银纳米线（AgNWs）悬浮液中，使AgNWs分散于POE纳米纤维束中从而制备了AgNWs/POE复合纳米纤维纱线，并将该复合纳米纤维纱线用于应变传感器中（图4-11）。研究表明，在溶剂混合物中，利用简单的摇动不断地将机械力施加于纳米纤维束上，联合效应导致了POE纳米纤维束从紧密包装的纤维束分散成分离的纤维，为AgNWs在纱线中的扩散和渗透提供了空间。此外，这种复合纱线结构的形成主要是由于纳米材料的界面张力以及干燥过程中弹性纳米复合纱线的毛细管压力造成的，使得AgNWs与POE纳米纤维之间有着强劲的相互作用。由于POE纳米纤维的缠绕，AgNWs一直被限域在纤维的有限空间中。结果表明，采用连续化滚绕方法时生产的该弹性纳米复合纱线具有优越的性能，这也为该应变传感器的大规模生产以及实际应用的潜在性提供了可能。

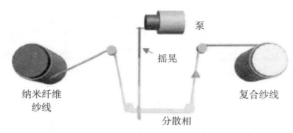

（a）聚烯烃弹性体（POE）纳米纤维纱线的制备过程

（b）POE纳米纤维纱线与银纳米线复合过程示意图

图4-11　聚烯烃弹性体（POE）纳米纤维纱线的制备过程及其与银纳米线复合过程示意图[26]

4.2　纳米纤维织物及纳米纤维膜

4.2.1　纳米纤维织物

单根纳米纤维的强度有限，将纳米纤维取向、集束后，其力学性能可得到显著提高，因此，科学家尝试将纳米纤维束进行编织，得到纳米纤维织物，且纳米纤维织物在组织工程领域具有较好的应用前景[27-29]。覃等[12]采用静电纺丝法制备了聚丙烯腈纳米纤维束并将其编织成网状织物，后将该织物用于细胞培养。从图4-12中可看出，将该织物用于细胞培养，21天之后细胞仍然可以很好地存活，存活率大于90%。因此，纳米纤维束及织物在人类纤维状组织的重建及更复杂组织微结构的建立方面具有潜在的应用价值。

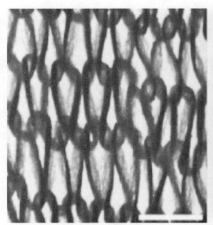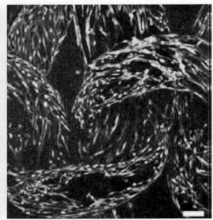

（a）纳米纤维织物的显微镜照片（scale bar=2mm）　（b）细胞培养21天之后的织物的荧光显微镜照片（scale bar=100μm）

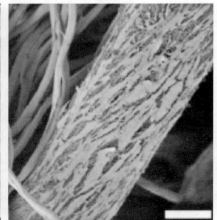

（c）细胞培养21天之后的织物的场发射扫描　　（d）c图的放大图（scale bar=100μm）
电镜照片（scale bar=500μm）

图4-12　纳米纤维织物及纤维图[12]

4.2.2　纳米纤维膜

聚合物纳米纤维膜是纳米纤维最常见也是最基本的聚集形式，这主要源于二维形式的膜最易于采用非织造材料的成型方式进行成型。具体而言，溶液静电纺丝、熔融静电纺丝等方法可以直接将经过电场拉伸形成的纳米纤维沉积于基材表面，形成堆积较蓬松、纤维间的孔径较大的纳米纤维膜，如图4-13（a）所示[30]；海岛法则是去除纳米纤维原丝中的海组分后，将纳米纤维束均匀分散于溶剂，通过调控分子间作用力实现纳米纤维解缠结及稳定分散，形成纳米纤维浆料，然后借助涂覆、浸渍或印刷等方法实现纳米纤维的多样化应用。其中，若将纳米纤维悬浮液涂覆于基材表面可获得无规沉积的纳米纤维膜，该堆积较致密，纤维间的孔径较小，如图4-13（b）所示[31]。

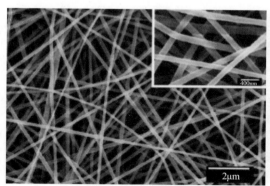

（a）静电纺聚合物纳米纤维膜[30]   （b）海岛纺聚合物纳米纤维膜[31]

图4-13　纳米纤维膜

　　由于具有高孔隙率、高比表面积、高柔韧性及二维形态，聚合物纳米纤维膜在物质的输运及分离方面显示出较大的优势。首先，纳米纤维膜可以利用其形成的微孔结构实现对颗粒物的尺寸阻挡，应用与过滤分离领域，例如空气过滤、水过滤及电池隔膜等；其次，纳米纤维膜可以通过其表面的电荷及化学官能团与特定物质产生物理化学作用，进而实现吸附分离，例如，用于吸附分离及亲和分离的功能性纳米纤维膜；最后，纳米纤维膜可以提供多孔通道，实现物质（或生物体）在纤维膜表面的负载以及在孔内的输运，例如，可作为电池的电极材料及细胞生长支架等加以应用。

　　Mao等[32]采用静电纺丝的方法制备出由PVA与TEOS组成的凝胶纳米纤维材料，为了提高纳米纤维滤材的热稳定性，采用高温矿化处理该纳米纤维材料，最终得到SiO_2纳米纤维滤材，该滤材具有75μm左右的厚度和蓬松的组织结构（图4-14），实现了对高温空气颗粒污染物的高效拦截。Wang等[33]采用静电纺丝的方法制备出PEI掺杂PVA纳米纤维滤膜材料，借助PEI中的氨基对金属离子进行配位与静电吸附结合，实现了纳米纤维表面对二价铜离子的亲和吸附分离，并且该亲和分离膜材料能够在酸性溶液中实现金属离子的洗脱与再生（图4-15），体现了二维纳米纤维膜材料在亲和分离方面的成功应用。

　　Tao等[34]采用海岛纺丝法制备了PVA-co-PE纳米纤维，以此为主体制备出表面生长有高密度聚吡咯纳米纤维的复合纳米纤维膜，将该柔性膜能够作为微生物燃料电池的

图4-14　由PVA/TEOS复合纳米纤维碳化而成的二氧化硅纳米纤维膜及空气过滤应用[32]

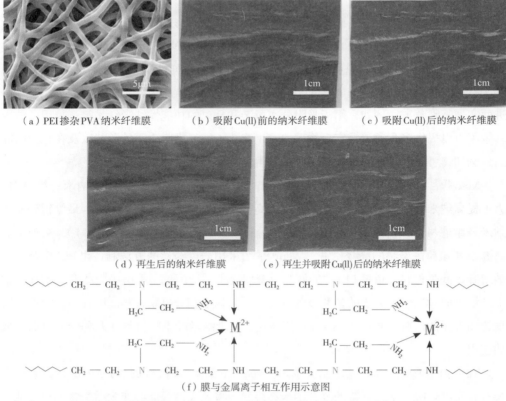

（a）PEI掺杂PVA纳米纤维膜　　（b）吸附Cu(Ⅱ)前的纳米纤维膜　　（c）吸附Cu(Ⅱ)后的纳米纤维膜

（d）再生后的纳米纤维膜　　（e）再生并吸附Cu(Ⅱ)后的纳米纤维膜

（f）膜与金属离子相互作用示意图

图4-15　PEI掺杂PVA纳米纤维膜及其对Cu（Ⅱ）的吸附效果以及作用示意图[33]

正极材料，有助于提高大肠杆菌的生长密度和产电性能（图4-16）。

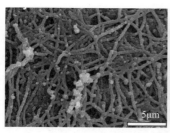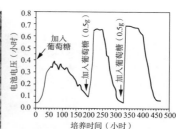

（a）聚吡咯改性纳米纤维阳极材料形貌　（b）聚吡咯改性纳米纤维阳极材料表　（c）含纳米纤维阳极材料电池的产电性
　　　　　　　　　　　　　　　　　　　　　面生长细菌后形貌　　　　　　　　　能

图4-16　聚吡咯纳米纤维改性PVA-*co*-PE纳米纤维涂层膜微生物燃料电池及其产电性能[34]

4.3　聚合物纳米纤维气凝胶

气凝胶是一种低密度多孔材料，由美国斯坦福大学的Kistler于1931年首次制备，之后受到各国研究者广泛关注[35-37]。气凝胶的孔隙率高达80%～99.8%，比表面积可高达400～1000m²/g，密度低至3～600kg/m³[38-39]。气凝胶的特殊性能取决于其特殊的制备工艺。在气凝胶的制备过程中，首先将液体凝胶状样品低温冷冻，使凝胶中的液态介质变为固态，经过特殊的干燥过程，固态介质直接升华为气态，原始的骨架结构保持完整、不坍塌。产生的骨架结构具有纳米级孔隙，且孔隙率较高[40]。气凝胶拥有密低度、比表面积大、孔隙率高的特点，在广泛的应用前景，如隔热材料、隔音材料[41-45]。早期的气凝胶多为无机气凝胶，如ZrO₂[46]、Al₂O₃[47]等，其比表面积大，但力学性能较差。近年来，聚合物纳米纤维气凝胶逐渐发展起来[48]。相对于无机气凝胶，聚合物纳米纤维气凝胶力学性能优越，容易保持结构完整性。

4.3.1　纤维素纳米纤维气凝胶

纤维素大多从自然界中得到，具有可回收、可再生、可降解、环境有好的特点。例如木质素纳米纤维气凝胶中的木质素多从树木中提取，甲壳素气凝胶中的甲壳素多从虾蟹壳中提取，细菌纤维素气凝胶中的纤维素由微生物产生。

首次报道的纤维素纳米纤维气凝胶的密度大约0.02g/cm³，孔隙率达到98%，比表面积为66m²/g。虽然没有加交联剂，气凝胶的压缩应变仍可达到70%左右，这是由于气凝胶内纳米纤维自身的氢键形成了物理交联，增强了机械性能[49]。但是，纤维素纳米纤维气凝胶由于自身氢键较多，亲水性较强，在潮湿环境中稳定性差。纤维素纳米纤维气凝胶由纤维自由搭叠形成孔隙（图4-17），孔隙率高，但弹性回复性能较差。由于纤维素含大量含氧官能团，容易改性，改性后可极大改善弹性回复性能，纤维素纳米纤维气凝胶的各项性能见表4-1。

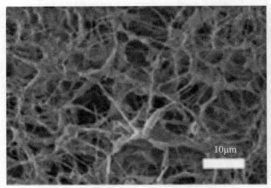

(a) 纤维素纳米纤维气凝胶微观结构   (b) 纤维素纳米纤维制备碳纤维气凝胶微观结构[50]

图4-17　纤维素纳米纤维气凝胶微观结构

表4-1　纤维素纳米纤维气凝胶的各项性能[45]

气凝胶种类	密度（mg/cm³）	孔隙率（%）	比表面积（m²/g）	杨氏模量（kPa）	压缩至一定应变时的应力（kPa）
氧化石墨烯/海泡石纳米棒/硼酸纤维素纳米纤维复合气凝胶[51]	7.5	99.5	—		25（20%）
液晶纤维素纳米纤维[52]	4~40	98.1~99.7	500~600	500~600	40~140（60%）
纤维素纳米纤维/碳纳米管复合气凝胶[53]	10~20	96~99.7	—		500~650（70%~90%）
聚乙烯醇/戊二醛纤维素纳米纤维气凝胶[54]	11~13	99	70~200		3800（80%）
纤维素纳米纤维气凝胶[55]	14~105	92.8~99	150~280	35~1800	
纤维素纳米纤维气凝胶[49]	20	98	70	160	200（70%）

细菌纤维素是在某种条件下由微生物合成的纤维素的统称。细菌纤维素具有较强的生物相容性，适应性和良好的生物可降解性。通过控制细菌的培养条件，所得细菌纤维素水凝胶的结晶度较高，网络结构较好。经冷冻干燥之后，气凝胶的网络结构较好，孔隙率可达到98%，弹性恢复性能可达到90%以上[56-58]。利用细菌纤维素制备的纳米纤维较细且均匀，网络结构可控，气凝胶力学性能较好。如图4-18及表4-2所示，为细菌

纤维素纳米纤维气凝胶的宏观、微观结构以及由细菌纤维素制备的碳纳米纤维气凝胶的宏观、微观结构和力学性能测试图。

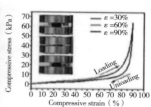

（a）细菌纤维素纳米纤维气凝胶宏观、微观结构

（b）细菌纤维素纳米纤维制备碳纳米纤维气凝胶的宏观、微观结构

（c）碳纳米纤维气凝胶不同压缩量下的应力应变曲线[59]

图4-18　细菌纤维素纳米纤维气凝胶宏观、微观结构及其力学性能

表4-2　细菌纤维素气凝胶性能[45]

气凝胶种类	密度（mg/cm³）	孔隙率（%）	比表面积（m²/g）	杨氏模量（kPa）	压缩至一定应变时的应力（kPa）
聚合物气凝胶[60]	2.7~9.1	—	2.7	—	0.2~1（50%）
细菌纤维素气凝胶[61]	4~6	99.7	—	—	94（90%）
聚酰亚胺气凝胶[62]	4.6~13.1	99.0~99.6	12.4	6	2300（80%）
细菌纤维素气凝胶[57]	6.7	99.6	160~180	—	12（70%）
细菌纤维素气凝胶[63]	8		200		
细菌纤维素气凝胶/四氧化三铁复合气凝胶[56]	15~300	93~99	—	150	40（60%）
甲壳素纳米晶须气凝胶[64]	43~113	92~97	58~261	7000~9000	150~200（30%~45%）
碳气凝胶[65]	48	—	24~289		
明胶/聚（乳酸）/透明质酸[66]	103	—	—	1389	1000（80%）

4.3.2　静电纺纳米纤维气凝胶

静电纺丝法制备的纳米纤维直径均匀，长度较长，力学性能较好。随着静电纺纳米纤维的高速发展，越来越多的聚合物可以在适当的条件下通过静电纺丝法形成纳米纤维。若用一定的溶剂溶解纳米纤维，后经过冷冻干燥，即可制备静电纺纳米纤维气凝胶。制备的静电纺纳米纤维气凝胶力学性能良好，且由于静电纺纳米纤维多为聚合物纳米纤维，所得的静电纺纳米纤维气凝胶易被改性，可被用于隔热、过滤、油水分离等诸多领域。

在制备静电纺纳米纤维时，通过对纺丝液的改性，可以得到不同的静电纺纳米纤维，进而得到不同的气凝胶，如聚合物纳米纤维气凝胶、无机—有机复合气凝胶等。Ding等[67]采用静电纺丝法制备的PAN/SiO₂气凝胶具有优异的弹性回复性能，且由于加入了SiO₂，该气凝胶疏水亲油，因此制备的静电纺纳米纤维气凝胶可用于油水分离。此外，由于静电纺丝法制备PAN纳米纤维工艺成熟，而PAN纳米纤维在一定条件下易制备出碳纳米纤维，因此，静电纺PAN纳米纤维气凝胶易制备出超轻、弹性回复性好的碳纳米纤维气凝胶。碳纳米纤维气凝胶在超级电容器，压力传感器等电学领域上有光明的应用前景。表4-3为不同静电纺纳米纤维气凝胶及其性能。

表4-3　静电纺纳米纤维气凝胶性能

气凝胶种类	密度 (mg/cm³)	孔隙率 (%)	比表面积 (m²/g)	杨氏模量 (kPa)	压缩至一定应变时的应力 (kPa)
纳米纤维气凝胶[68]	0.14	99.994	—	7~10	4.5（50%）
碳/硅复合气凝胶[69]	1.95~2.17	97	—	—	—
聚乙烯醇气凝胶[70]	4.1~48.2	96.88~99.72	—	12.64~92.27	25（80%）
聚酰亚胺纳米纤维气凝胶[62]	4.6~13.1	99~99.6	12.4	6.4	—
石墨烯/碳纳米纤维气凝胶[71]	4.8~5.9	—	—	—	4.5（50%）
聚丙烯腈纳米纤维气凝胶[72]	9.6	99.992	—	—	30（80%）

Adlhart等[70]采用静电纺丝法制备纳米纤维及纳米纤维气凝胶（图4-19），他们首先将聚合物溶解在相应的溶剂中制备成纺丝液，然后纺丝液经过针头挤出，在强电场力作用下拉伸，落至接收板上，当外界条件一定时，静电纺丝法制备的纳米纤维直径均匀。将制备的静电纺丝纳米纤维膜放入高速搅拌机中并用相应的溶剂分散后呈稳定的悬浮液，将悬浮液冷冻干燥，纳米纤维在冰晶生长过程中自身相互交联形成网状结构，冻干后形成结构蓬松的气凝胶。经过化学改性后的气凝胶具有疏水亲油的特性。从图中可以看出静电纺丝纳米纤维气凝胶密度很小，可以放在蒲公英上，且蒲公英并没有被压缩变型。在微观结构中，纳米纤维自交联成整齐排列的结构，相互纠缠，从而赋予纳米纤维气凝胶良好的力学性能，且纳米纤维形成的多边形结构使气凝胶的弹性恢复性能提高。

1. 静电纺丝　　2. 均质化　　3. 固体模板化及　　4. 原位热交联　　5. 化学后处理
　　　　　　　　　　　　　　　　冷冻干燥

（a）静电纺丝纳米纤维气凝胶制备过程

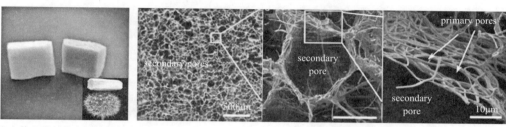

（b）静电纺丝纳米纤维气凝　　　　　（c）静电纺丝纳米纤维气凝胶微观结构
　　胶宏观形貌

图4-19　静电纺丝纳米纤维气凝胶制备过程及宏观、微观形态

4.3.3　海岛纺纳米纤维气凝胶

海岛纺纳米纤维气凝胶是将海岛纺纳米纤维在一定条件下分散于溶剂中，经冷冻干燥制备而成。该气凝胶的制备方法简单，力学性能好，孔隙率达到99%，密度为可达到7mg/cm^3，隔热率为0.033～0.044W/（m·k），对NaCl粒子的过滤效率可达到99.2%且压降仅为64Pa[73]，可以用在隔热、过滤、油水分离等诸多领域。

气凝胶材料的宏观结构如图4-20（a）所示，从图中可以看出气凝胶材料为白色圆柱体，且改性后的气凝胶颜色与外形并没有改变。图4-20（c）~（h）展示了气凝胶的微观结构，从图中可明显看出气凝胶的网状结构随着交联剂的增加逐渐明显，当PVA用量为PVA–*co*–PE的1%时，气凝胶内部会出现明显的叶子的结构。交联剂PVA片如同叶子，纳米纤维像叶子上的茎。当没有交联剂以及交联剂含量很少时，气凝胶内部由纳米纤维本身依靠氢键作用相互缠结形成网络结构，这种网络结构易被破坏。而引入交联剂后纳米纤维与PVA之间依靠氢键作用形成叶茎结构。但PVA自身容易在气凝胶孔径中自交联，因此，交联剂PVA含量不易过大，一般选择范围为0.4%～0.6%。在图4-20（i）~（j）中可以看出，改性后的纳米纤维气凝胶微观结构并没有发生太大变化，但经过甲基三氯硅烷处理后的纳米纤维上形成直径为50～200nm的纳米粒子。这些纳米粒子对气凝胶的亲水疏油以及力学性能有很大的帮助。

（a）不同交联剂含量纳米纤维气凝胶宏观光学照片 　　　（b）气凝胶放于叶子上

（c）不含交联剂的纳米纤维　（d）交联剂为0.2%的纳米　（e）交联剂为0.4%的纳米　（f）交联剂为0.6%的纳米
　　气凝胶SEM照片　　　　　纤维气凝胶SEM照片　　　纤维气凝胶SEM照片　　　纤维气凝胶SEM照片

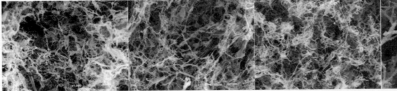

（g）交联剂为0.8%的纳米　（h）交联剂为1.0%的纳米　（i）改性后纳米纤维气凝胶　（j）改性后纳米纤维气凝胶
　　纤维气凝胶SEM照片　　　纤维气凝胶SEM照片　　　低倍数SEM微观图片　　　高倍数SEM微观图片

图4-20　纳米纤维气凝胶的宏观、微观结构图

　　气凝胶材料的表观密度如图4-21（a）所示，可以发现随着交联剂PVA含量从0%增加到1.0%的增加气凝胶的表观密度从6.56mg/cm³增大到24.08mg/cm³。此外，气凝胶的孔隙率从99.4%减少到97.8%。同时，图4-21（a）中可以看出，当PVA用量为PVA-*co*-PE的0.4%时，所得NFA3的密度为8.38mg/cm³，而对NFA3改性后的HNFA密度增加到11.1mg/cm³，但保持了99%的孔隙率。如图4-21（b）所示，为改性前后气凝胶的红外谱图，从图中明显看出改性后的纳米纤维气凝胶的羟基的减少以及C—Si和Si—O键的增加。

　　气凝胶的力学性能决定气凝胶的应用。如图4-22（a）所示为不同PVA含量的气凝胶的应力应变曲线，从图中可以明显看出气凝胶在低应变时的弹性形变和高应变时的塑性形变。当PVA含量从0%增大到0.6%时，气凝胶的弹性形变逐渐增加，但PVA含量为0.8%~1.0%时，弹性形变降低。如图4-22（b）所示，对应的杨氏模量中也可以看出，当PVA含量为0.6%时杨氏模量最小，仅为0.89Pa。说明纳米纤维气凝胶的刚度在PVA含量在0%增加到0.6%时逐渐减小，但在PVA含量增大到0.8%和1.0%后刚度明显增大。

　　HNFA优异的弹性回复性能可以从图4-22（c）中看出，在压缩应力应变曲线中可以看出，当气凝胶被压缩至应变为20%、40%、60%、80%时，都可以回复至初始位置。

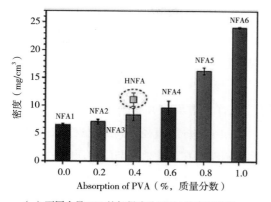

（a）不同含量PVA的气凝胶及HNFA的表观密度

（b）不同含量PVA的气凝胶及HNFA的红外谱图[73]

图4-21　气凝胶材料的表观密度

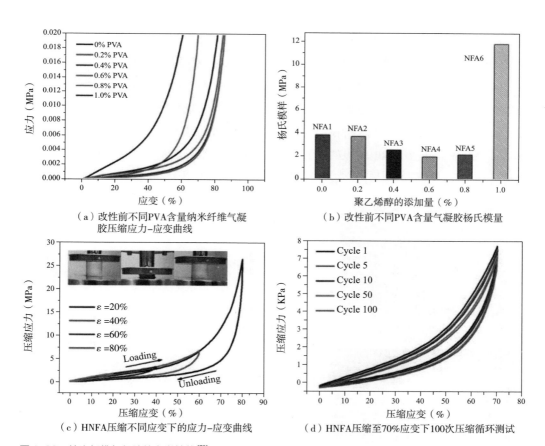

（a）改性前不同PVA含量纳米纤维气凝
胶压缩应力–应变曲线

（b）改性前不同PVA含量气凝胶杨氏模量

（c）HNFA压缩不同应变下的应力–应变曲线

（d）HNFA压缩至70%应变下100次压缩循环测试

图4-22　纳米纤维气凝胶的力学性能[73]

宏观照片直观地反映出气凝胶压缩80%后，撤掉应力可以完全回弹。如图4-22（d）所示为压缩应变为70%时100次压缩的循环曲线，从图中可以看出，第1次压缩应力应变曲线与第100次压缩循环应力应变曲线相比滞后很少，说明经过100次循环实验后，气凝胶仍基本保持初始形态和回弹性。

Liu等[74]将纳米纤维气凝胶材料应用于空气净化方面，并获得了较佳的性能。目前，在空气过滤用材料方面，纳米纤维材料因其超细的纤维直径、高的比表面积及大的孔隙率，能够阻挡更多的PM2.5等颗粒物，然而依然存在过滤效率与阻力压降之间的矛盾问题，普通的纳米纤维滤材的结构对于空气过滤来说依然略显致密，纳米纤维滤材的孔隙率及孔径等结构参数对空气过滤性能有重要的影响。该研究小组将PVA-*co*-PE纳米纤维制备成均匀的悬浮液，再通过冷冻干燥的方法，获得具有不同孔隙率的纳米纤维气凝胶材料，结果显示随着纳米纤维气凝胶材料孔隙率的提高，滤材对PM0.3的颗粒的过滤效率可以达到99.999%，阻力压降为178.6Pa；当孔隙率为95.8%时，纳米纤维气凝胶材料的品质因数达到最佳（1.110mm/H$_2$O）（图4-23）。主要原因在于：当纳米纤维的总量固定时，气凝胶中纳米纤维的分散程度能够决定孔隙率及气凝胶厚度，孔隙率高，气流阻力越小，同时气凝胶厚度越大，过滤路径越长，越容易拦截更多的颗粒，孔隙率与厚度的共同作用可以实现过滤效率与阻力压降的平衡。此外滤材的过滤性能在经过湿度、高温及低温处理后依然保持很稳定的数值，相比较传统非织造布及静电纺丝纳米纤维滤材全部或部分依赖静电驻极的过滤方式，本材料具有较大的优势。该研究为纳米纤维材料在空气过滤分离领域的高效应用提供了可借鉴的思路。

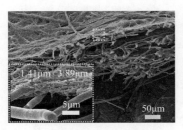

（a）PVA-*co*-PE纳米纤维涂层材料

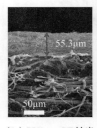

（b）PVA-*co*-PE纳米
纤维气凝胶材料1

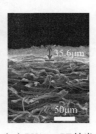

（c）PVA-*co*-PE纳米
纤维气凝胶材料2

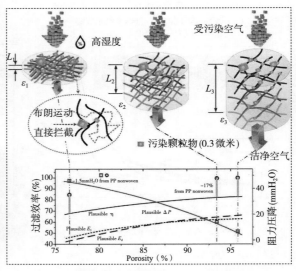

（d）不同厚度及孔隙率的纳米纤维材料空滤性能

图4-23　具有不同厚度及孔隙率的PVA-*co*-PE纳米纤维气凝胶材料及其空气过滤性能[74]

4.4 小结

海岛纺丝法及静电纺丝法在制备纳米纤维纱线、纳米纤维织物或纳米纤维膜、纳米纤维气凝胶方面均发挥了极其重要的作用，不同结构的纳米纤维聚集体亦有其独特的性能及用途。静电纺丝法在制备纳米纤维聚集体方面具有系列优点，如操作简单，具有通用性，许多聚合物都可以进行溶液或熔融纺丝，且该方法在制备取向纳米纤维纱线方面具有极大的优势。然而，静电纺丝法目前还无法实现纳米纤维的批量化生产，这限制了其在某些领域的应用。海岛纺丝法的突出优点为可实现热塑性聚合物纳米纤维的批量化生产，生产过程简单、生产效率高、生产成本低，且通过简易后处理即可得到纳米纤维纱线，这为大批量制备纳米纤维聚集体以及拓展纳米纤维的应用领域提供了可靠保证。

参考文献

[1] Abbasipour M, Khajavi R, Abbasipour M. Nanofiber Bundles and Yarns Production by Electrospinning: A Review[J]. Advances in Polymer Technology, 2014, 32(3): 1158-1168.

[2] Cai Y Z, Zhang G R, Wang L L, et al. Novel biodegradable three-dimensional macroporous scaffold using aligned electrospun nanofibrous yarns for bone tissue engineering[J]. Journal of Biomedical Materials Research Part A, 2012, 100A(5): 1187-1194.

[3] Penchev H, Paneva D, Manolova N, et al. Hybrid nanofibrous yarns based on N -carboxyethylchitosan and silver nanoparticles with antibacterial activity prepared by self-bundling electrospinning[J]. Carbohydrate Research, 2010, 345(16): 2374-2380.

[4] 李光. 高分子材料加工工艺学[M]. 北京：中国纺织出版社，2010.

[5] 华东纺织工学院. 化学纤维工艺学[M]. 北京：中国财政经济出版社，1961.

[6] Jalili R, Morshed M, Ravandi S A H. Fundamental parameters affecting electrospinning of PAN nanofibers as uniaxially aligned fibers[J]. Journal of Applied Polymer Science, 2006, 101(6): 4350-4357.

[7] Wu S H, Qin X H. Uniaxially aligned polyacrylonitrile nanofiber yarns prepared by a novel modified electrospinning method[J]. Materials Letters, 2013, 106(9): 204-207.

[8] 吴韶华，张彩丹，覃小红，等. 静电纺取向纳米纤维束及纳米纤维纱线的研究进展[J]. 高分子材料科学与工程，2014，30（6）：182-186.

[9] Wu S, Zhang Y, Liu P, et al. Polyacrylonitrile nanofiber yarns and fabrics produced using a novel electrospinning method combined with traditional textile techniques[J]. Textile Research Journal, 2016, 86(16): 1716-1727.

[10] Wu S, Liu P, Zhang Y, et al. Flexible and conductive nanofiber-structured single yarn sensor for smart wearable devices[J]. Sensors and Actuators B: Chemical, 2017, 252: 697-705.

[11] 张悦，吴韶华，张弘楠，等. PAN/SWCNTs复合纳米纤维纱线的制备及其性能[J]. 东华大学学报（自然科学版），2016，42（3）：313-317.

[12] Wu S, Duan B, Liu P, et al. Fabrication of Aligned Nanofiber Polymer Yarn Networks for Anisotropic Soft Tissue Scaffolds[J]. ACS Applied Materials & Interfaces, 2016, 8(26): 16950-16960.

[13] Wei L, Qin X. Nanofiber bundles and nanofiber yarn device and their mechanical properties: A review[J]. Textile Research Journal, 2016, 86(17): 1885-1898.

[14] Jad M S M, Ravandi S A H, Sanatgar R H. Wicking phenomenon in polyacrylonitrile nanofiber yarn[J]. Fibers & Polymers, 2011, 12(6): 801-807.

[15] Hosseini Ravandi S, Hassanabadi E, Tavanai H, et al. Mechanical properties and morphology of hot drawn polyacrylonitrile nanofibrous yarn[J]. Journal of Applied Polymer Science, 2012, 124(6): 5002-5009.

[16] Sanatgar R H, Borhani S, Ravandi S A H, et al. The influence of solvent type and polymer concentration on the physical properties of solid state polymerized PA66 nanofiber yarn[J]. Journal of Applied Polymer Science, 2012, 126(3): 1112-1120.

[17] Yousefzadeh M, Latifi M, Teo W E, et al. Producing continuous twisted yarn from well-aligned nanofibers by water vortex[J]. Polymer Engineering & Science, 2011, 51(2): 323-329.

[18] Su, Ching-Iuan, Ting-Chang, et al. Yarn Formation of Nanofibers Prepared Using Electrospinning[J]. Fibers & Polymers, 2013, 14(4): 542-549.

[19] Matsumoto H, Imaizumi S, Konosu Y, et al. Electrospun composite nanofiber yarns containing oriented graphene nanoribbons[J]. ACS Applied Matersals & Interfaces, 2013, 5(13): 6225-6231.

[20] Li D, Xia Y. Direct fabrication of composite and ceramic hollow nanofibers by electrospinning[J]. Nano Letters, 2004, 4(5): 933-938.

[21] Chen H, Wang N, Di J, et al. Nanowire-in-microtube structured core/shell fibers via multifluidic coaxial electrospinning[J]. Langmuir, 2010, 26(13): 11291-11296.

[22] Zhao Y, Cao X, Jiang L. Bio-mimic multichannel microtubes by a facile method[J]. Journal of the American Chemical Society, 2007, 129(4): 764-765.

[23] Najafi S, Gharehaghaji A, Etrati S. Fabrication and characterization of elastic hollow nanofibrous PU yarn[J]. Materials & Design, 2016, 99: 328-334.

[24] Wang D, Sun G, Chiou B S. A high-throughput, controllable, and environmentally benign fabrication process of thermoplastic nanofibers[J]. Macromolecular Materials and Engineering, 2007, 292(4): 407-414.

[25] Li M, Ru X, Gang S. Preparation of polyester nanofibers and nanofiber yarns from polyester/cellulose acetate butyrate immiscible polymer blends[J]. Journal of Applied Polymer Science, 2012, 124(1): 28-36.

[26] Zhong W, Liu C, Xiang C, et al. Continuously Producible Ultrasensitive Wearable Strain Sensor Assembled with Three-Dimensional Interpenetrating Ag Nanowires/Polyolefin Elastomer Nanofibrous Composite Yarn[J]. ACS applied materials & interfaces, 2017, 9(48): 42058-42066.

[27] Xie J, Ma B, Michael P L. Fabrication of Novel 3D Nanofiber Scaffolds with Anisotropic Property and Regular Pores and Their Potential Applications[J]. Advanced Healthcare Materials, 2012, 1(5): 674-678.

[28] Czaplewski S K, Tsung-Lin T, Duenwald-Kuehl S E, et al. Tenogenic differentiation of human induced pluripotent stem cell-derived mesenchymal stem cells dictated by properties of braided submicron fibrous scaffolds[J]. Biomaterials, 2014, 35(25): 6907-6917.

[29] Joseph J, Nair S V, Menon D. Integrating Substrateless Electrospinning with Textile Technology for Creating Biodegradable Three-Dimensional Structures[J]. Nano Letters, 2015, 15(8): 5420.

[30] Cao X, Huang M, Ding B, et al. Desalination-Robust polyacrylonitrile nanofibrous membrane reinforced with jute cellulose[J]. Journal of Membrane Science, 2013, 316: 120-126.

[31] Liu K, Cheng P, Kong C, et al. A Readily Accessible Functional Nanofibrous Membrane for High-Capacity Immobilization of Ag Nanoparticles and Ultrafast Catalysis Application[J]. Advanced Materials Interfaces, 2018.

[32] Mao X, Si Y, Chen Y, et al. Silica nanofibrous membranes with robust flexibility and thermal stability for high-efficiency fine particulate filtration[J]. RSC Advances, 2012, 2(32): 12216.

[33] Wang X, Min M, Liu Z, et al. Poly(ethyleneimine)nanofibrous affinity membrane fabricated via one step wet-electrospinning from poly(vinyl alcohol)-doped poly(ethyleneimine)solution system and its application[J]. Journal of Membrane Science, 2011, 379(1-2): 191-199.

[34] Tao Y, Liu Q, Chen J, et al. Hierarchically Three-Dimensional Nanofiber Based Textile with High Conductivity and Biocompatibility As a Microbial Fuel Cell Anode[J]. Environmental Science & Technology, 2016, 50(14): 7889-95.

[35] Guyer R L, Jr K D. Molecule of the year. Diamond: glittering prize for materials science[J]. Science, 1990, 250(4988), 1640.

[36] 沈军，王珏，吴翔. 气凝胶———一种结构可控的新型功能材料 [J]. 材料科学与工程学报，1994，（3）：1–5.

[37] 陈峰. 木质素–RF有机气凝胶的制备及其性能研究[D]. 哈尔滨：东北林业大学，2011.

[38] 蒋伟阳，王珏，沈军，等. RF气凝胶的性能测试和应用研究 [J]. 同济大学学报（自然科学版），1997（2）：247–251.

[39] 石海峰，张兴祥，王学晨，等. 光热转换纤维的蓄热性能研究 [J]. 材料工程，2002（10）：19–22.

[40] 魏巍. 新型无机气凝胶的制备及其吸附/光催化性能研究[D]. 镇江：江苏大学，2014.

[41] Hüsing N, Schubert U. Aerogels—airy materials: chemistry, structure, and properties[J]. Angewandte Chemie International Edition, 1998, 37(1-2): 22-45.

[42] Pierre A C, Pajonk G M. Chemistry of aerogels and their applications[J]. Chemical Reviews, 2002, 102(11): 4243-4266.

[43] Ziegler C, Wolf A, Liu W, et al. Modern inorganic aerogels[J]. Angewandte Chemie International Edition, 2017, 56(43): 13200-13221.

[44] De France K J, Hoare T, Cranston E D. Review of hydrogels and aerogels containing nanocellulose[J]. Chemistry of Materials, 2017, 29(11): 4609-4631.

[45] Qian Z, Wang Z, Zhao N, et al. Aerogels Derived from Polymer Nanofibers and Their Applications[J]. Macromolecular Rapid Communications, 2018.

[46] Teichner S J, Nicolaon G A, Vicarini M A, et al. Inorganic oxide aerogels[J]. Advances in Colloid & Interface Science, 1976, 5(3): 245-273.

[47] Yoldas B E. Alumina Sol Preparation from Alkoxides[J]. American Ceramic Society Bulletin, 1975, 54(3): 289-290.

[48] Innerlohinger J, Weber H K, Kraft G. Aerocellulose: Aerogels and Aerogel-like Materials made from Cellulose[J]. Macromolecular Symposia, 2006, 244(1): 126-135.

[49] Pääkkö M, Vapaavuori J, Silvennoinen R, et al. Long and entangled native cellulose I nanofibers allow flexible aerogels and hierarchically porous templates for functionalities[J]. Soft Matter, 2008,

4(12): 2492-2499.

[50] Zhou S, Liu P, Wang M, et al. Sustainable, reusable, and superhydrophobic aerogels from microfibrillated cellulose for highly effective oil/water separation[J]. ACS Sustainable Chemistry & Engineering, 2016, 4(12): 6409-6416.

[51] Wicklein B, Kocjan A, Salazar-Alvarez G, et al. Thermally insulating and fire-retardant lightweight anisotropic foams based on nanocellulose and graphene oxide[J]. Nature nanotechnology, 2015, 10(3): 277.

[52] Kobayashi Y, Saito T, Isogai A. Aerogels with 3D ordered nanofiber skeletons of liquid-crystalline nanocellulose derivatives as tough and transparent insulators[J]. Angewandte Chemie International Edition, 2014, 53(39): 10394-10397.

[53] Wang M, Anoshkin I V, Nasibulin A G, et al. Modifying native nanocellulose aerogels with carbon nanotubes for mechanoresponsive conductivity and pressure sensing[J]. Advanced Materials, 2013, 25(17): 2428-2432.

[54] Zheng Q, Cai Z, Gong S. Green synthesis of polyvinyl alcohol(PVA)–cellulose nanofibril(CNF) hybrid aerogels and their use as superabsorbents[J]. Journal of Materials Chemistry A, 2014, 2(9): 3110-3118.

[55] Sehaqui H, Zhou Q, Berglund L A. High-porosity aerogels of high specific surface area prepared from nanofibrillated cellulose(NFC)[J]. Composites Science and Technology, 2011, 71(13): 1593-1599.

[56] Olsson R T, Samir M A, Salazar-Alvarez G, et al. Making flexible magnetic aerogels and stiff magnetic nanopaper using cellulose nanofibrils as templates[J]. Nature Nanotechnology, 2010, 5(8): 584.

[57] Sai H, Fu R, Xing L, et al. Surface modification of bacterial cellulose aerogels' web-like skeleton for oil/water separation[J]. ACS Applied Materials & Interfaces, 2015(7): 7373–7381.

[58] Maeda H, Nakajima M, Hagwara T, et al. Preparation and properties of bacterial cellulose aerogel[J]. Kobunshi Ronbunshu, 2006, 63(2): 135-137.

[59] Wu Z Y, Li C, Liang H W, et al. Ultralight, flexible, and fire-resistant carbon nanofiber aerogels from bacterial cellulose[J]. Angewandte Chemie International Edition, 2013, 52(10): 2925-2929.

[60] Duan G, Jiang S, Jérôme V, et al. Ultralight, Soft Polymer Sponges by Self-Assembly of Short Electrospun Fibers in Colloidal Dispersions[J]. Advanced Functional Materials, 2015, 25(19): 2850-2856.

[61] Wu Z Y, Li C, Liang H W, et al. Ultralight, flexible, and fire-resistant carbon nanofiber aerogels from bacterial cellulose[J]. Angewandte Chemie, 2013, 125(10): 2997-3001.

[62] Qian Z, Wang Z, Chen Y, et al. Superelastic and ultralight polyimide aerogels as thermal insulators and particulate air filters[J]. Journal of Materials Chemistry A, 2018, 6(3): 828-832.

[63] Liebner F, Haimer E, Wendland M, et al. Aerogels from Unaltered Bacterial Cellulose: Application of scCO$_2$ Drying for the Preparation of Shaped, Ultra-Lightweight Cellulosic Aerogels[J]. Macromolecular Bioscience, 2010, 10(4): 349-352.

[64] Heath L, Zhu L, Thielemans W. Chitin nanowhisker aerogels[J]. ChemSusChem, 2013, 6(3): 537-

544.

[65] Lai F, Huang Y, Zuo L, et al. Electrospun nanofiber-supported carbon aerogel as a versatile platform toward asymmetric supercapacitors[J]. Journal of Materials Chemistry A, 2016, 4(41): 15861-15869.

[66] Chen W, Chen S, Morsi Y, et al. Superabsorbent 3D scaffold based on electrospun nanofibers for cartilage tissue engineering[J]. ACS Applied Materials & Interfaces, 2016, 8(37): 24415-24425.

[67] Si Y, FuQ, Wang X, et. al. Superelastic and Superhydrophobic Nanofiber-Assembled Cellular Aerogels for Effective Separation of OilWater Emulsions[J]. ACS Nano, 2015, 9(4): 3791-3799.

[68] Si Y, Wang X, Yan C, et al. Ultralight Biomass-Derived Carbonaceous Nanofibrous Aerogels with Superelasticity and High Pressure-Sensitivity[J]. Advanced Materials, 2016, 28(43): 9512-9518.

[69] Tai M H, Tan B Y L, Juay J, et al. A Self-Assembled Superhydrophobic Electrospun Carbon–Silica Nanofiber Sponge for Selective Removal and Recovery of Oils and Organic Solvents[J]. Chemistry– A European Journal, 2015, 21(14): 5395-5402.

[70] Deuber F, Mousavi S, Federer L, et al. Amphiphilic nanofiber-based aerogels for selective liquid absorption from electrospun biopolymers[J]. Advanced Materials Interfaces, 2017, 4(12), 1700065.

[71] Huang Y, Lai F, Zhang L, et al. Elastic carbon aerogels reconstructed from electrospun nanofibers and graphene as three-dimensional networked matrix for efficient energy storage/conversion[J]. Scientific Reports, 2016, 6: 31541.

[72] Si Y, Yu J, Tang X, et al. Ultralight nanofibre-assembled cellular aerogels with superelasticity and multifunctionality[J]. Nature Communications, 2014, 5: 5802.

[73] Liu Q, Chen J, Mei T, et al. A facile route to the production of polymeric nanofibrous aerogels for environmentally sustainable applications[J]. Journal of Materials Chemistry A, 2018, 6(8): 3692-3704.

[74] Yi Z, Cheng P, Chen J, et al. PVA-co-PE Nanofibrous Filter Media with Tailored Three-Dimensional Structure for High Performance and Safe Aerosol Filtration via Suspension-Drying Procedure[J]. Industrial & Engineering Chemistry Research, 2018, 57(28): 9269-9280.

第5章
纳米纤维在分离净化领域的应用

PART
5

5.1 过滤分离

5.1.1 固液过滤分离

饮用水污染相关的问题是人类发展亟须解决的问题之一，随着社会的发展，饮用水污染问题越来越严重[1]。据报道，全球大约40%的人口（25亿）生活在淡水资源匮乏的地区，约12亿人口缺乏洁净的可饮用水[2]。相关研究预测，到2025年，全球面临可饮用水资源缺乏的人口将达到35亿[3]。过去几十年城镇化和工业化的快速发展使人们逐渐意识到这个之前被忽视的问题，并发展出诸多有效的技术方法加以解决。其中，过滤分离是一种能除去水中有害物质的简单高效且具有成本优势的技术手段[4]。该技术过程为：在过滤介质两侧压差的作用下，当液体通过过滤介质中的细微孔道时，特定的微粒物质及胶状物质被介质筛分阻截在其表面，而允许液体或其他物质透过，从而到达分离净化的目的。能够实现这一过程的过滤介质种类丰富，目前使用最多的是膜材料[5]，包括聚合物膜和无机膜，聚合物膜一般由醋酸纤维素、芳香族聚酰胺、聚醚砜、锦纶、聚氟聚合物等高分子材料制备而成，无机膜一般为陶瓷膜和金属膜。膜分离过程对环境要求低，绝大多数都是在常温进行，分离过程为物理过程，无相态变化，十分适合不能受热物质的分离。例如，在食品和生物医药制品（果汁、啤酒、蛋白质、酶、抗生素等）的净化提纯过程中，采用膜分离可以有效地避免产品受到热破坏，从而保障了分离效率及产品质量。

纳米纤维是指具有纳米尺度的一维线状材料，从广义上来说，其直径一般小于1000nm。作为新兴纤维材料，纳米纤维材料通常具有三维互穿网状结构，具有孔隙度高、比表面积高、柔韧性好、吸附性强等多重优点，这些优势使得纳米纤维十分适用于过滤分离领域[6-7]。由于通过海岛纺丝法[8]和静电纺丝法制备出来的纳米纤维的直径通常大于50nm，因此直接由纳米纤维作为分离层的滤膜孔径大多为微滤级别。进一步提高纳米纤维滤膜的过滤精度则需要对滤膜进行表面改性，在纳米纤维膜为支撑层的膜表面涂覆致密的聚合物分离层可得到纳米纤维基超滤膜，在膜表面进行界面聚合产生更为致密聚酰胺分离层则可得到纳米纤维基纳滤膜。基于纳米纤维的压力驱动膜分离，包括微滤、超滤、纳滤等应用下面将对其进行讨论。

过滤分离膜材料的种类较多，研究角度不同，其分类标准也不同。根据分离物的不同，过滤分离膜可以分为固液分离膜、气固分离膜、气液分离膜、液液分离膜、离子分离膜；根据膜孔径大小的不同，可以分为微滤（Microfiltration，MF）、超滤（Ultrafiltration，UF）、纳滤（Nanofiltration，NF）、反渗透（Reverse Osmosis，RO）；从膜结构上可以分为复合膜、多孔膜和纤维基膜；根据膜组件规格的不同可以分为卷式膜、中空纤维膜、板式膜、管式膜、囊式膜等[9]。按照分离膜孔径大小进行分类是膜行业最为常见的分类方法，具体如下：

5.1.1.1　微滤

微滤也称微孔膜过滤分离，以膜两侧压力差为驱动力，利用膜孔径大小与分离物大小的不同对其进行拦截分离，其过滤精度为0.1μm～15μm。微滤能够除去液体中微米到亚微米级别颗粒悬浮物（包括细菌等），在饮用水净化、工业废水处理、医用生物制药、食品加工等领域发挥着重要作用[10]。例如，Gopal and Aussawasathien等[11]通过静电纺丝法制备出能除去直径为0.1μm～10μm大小的聚苯乙烯微球的聚偏氟乙烯（PVDF）、聚砜（PSF）及锦纶6纳米纤维膜，直径分别为380nm，470nm和170nm，相对应膜的孔径大小分别为4.0μm～10.6μm，1.2μm～4.6μm，6.0μm～7.7μm。表明纳米纤维对聚苯乙烯微球的截留率可达95%，经过反冲洗后，膜的通量基本恢复，表现出良好的抗污性能。微观形貌分析表明，对于10μm的聚苯乙烯微球，纳米纤维膜起表面过滤作用，绝大多数微球被阻挡于膜表面，在错流过滤中容易脱离膜表面实现表面清洗。然而当使用直径大小为1μm的聚苯乙烯微球时，微球被阻挡在膜的表面，形成更为致密的滤饼，膜的截留率明显提升，通量急剧下降（图5-1）。当直径大小为0.1μm时，纳米纤维膜的孔径远大于聚苯乙烯微球，微球全部进入膜的内部，堵塞膜孔，因此表现出深层过滤的效果，此时膜通量下降后无法恢复（图5-1）。

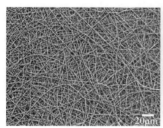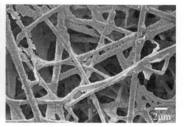

（a）静电纺纳米纤维膜　　　　（b）过滤聚苯乙烯微球后　　　　（c）反冲洗后

图5-1　静电纺PVDF纳米纤维膜及过滤1μmPS微球及反冲洗后的扫描电镜图[11]

Veleirinho等[12]通过静电纺制备出聚对苯二甲酸乙二酯（PET）纳米纤维，并用于对橙汁进行除杂澄清过滤，该静电纺纳米纤维膜表现出极好的除杂质效果和较高的通量，比传统的方法更加高效节能。Liu等[13]通过静电纺制备出聚乙烯醇（PVA）纳米纤维膜，再用戊二醛和丙酮化学交联纳米纤维膜，通过调节静电纺参数和PVA溶液的浓度，可以得到平均直径为100nm的PVA纳米纤维（图5-2）。该膜孔尺寸分布在0.21μm～0.3μm，纳米纤维有效分离层的厚度为10～100μm。由于该PVA纳米纤维滤膜具有非常高的孔隙率，因此表现出极高的纯水通量，其通量是同等孔径大小商业膜

Millpore GSWP 0.22μm滤膜的3～7倍。当纳米纤维有效分离层厚度为20μm时，纳米纤维膜对平均直径为0.2μm的聚羧酸盐微球的截留率可达98%。由于一般细菌微生物尺寸大于300nm，因此静电纺PVA纳米纤维滤膜在除菌过滤中具有广阔的应用前景。

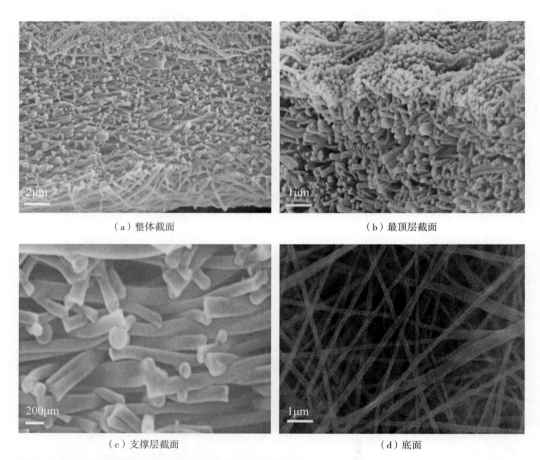

（a）整体截面   （b）最顶层截面

（c）支撑层截面   （d）底面

图5-2　静电纺纳米纤维微滤膜过滤PS微球后扫描电镜图

一般来说，纤维直径为100nm左右的静电纺纳米纤维滤膜可以有效地拦截300nm大小的颗粒物。当高孔隙率静电纺纳米纤维滤膜的有效分离层厚度最佳（通量和截留率均达到最大值），膜的孔径和纤维的孔径呈线性关系。Hongyang Ma等[14]通过一系列的研究确认了纤维直径大小对应膜孔径大小的关系并得出以下规律：平均膜孔径是平均纤维直径的3±1倍，膜最大孔径是纤维最大直径的10±2倍。静电纺纳米纤维微滤膜的孔径大小可以通过纳米纤维的直径进行调节，通过控制静电纺丝的参数则可以得到不同直径的纤维。因此，静电纺纳米纤维微滤膜孔径可控的特点使其能够适应不同的微滤过滤需求（图5-3）。

（a）超细纤维素米纤维投射纤维图，PAN纳
米纤维、PET非织造布表面形貌图

（b）复合膜截面形貌图

（c）纤维膜直径与孔径对应关系

图5-3　复合膜各层的表面、截面形貌及纳米纤维膜纤维直径与膜孔径的相关性[14]

　　尽管静电纺纳米纤维膜材料在液体分离过滤领域有较多的研究，具有强度不高及结构疏松的特点，在高强度液体过滤中结构不稳定，孔隙结构容易在水压作用或污染物冲击下发生变化，导致其过滤效果下降。在食品及医用生物制药领域中，微滤膜常用于除菌过滤，要求微滤膜对微生物细菌的去除率为100%，尽管静电纺纳米纤维滤膜对微生物细菌的去除率可达99.9%以上，但是依然有细菌透过滤膜，难以满足这些行业的除菌要求。Wang等[15]通过海岛纺丝法制备出热塑性乙烯—乙烯醇共聚物（PVA-*co*-PE）纳米纤维，纤维直径分布为50nm～300nm，用溶剂分散后涂覆在PP非织造布上得到纳米纤维微滤膜，该滤膜孔径大小为160nm～350nm，纳米纤维在PP非织造布上形成了一层致密的三维网状结构（图5-4）。

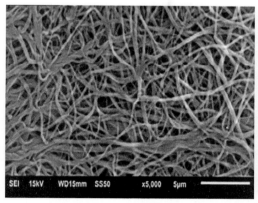

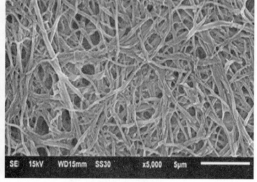

（a）纳米纤维

（b）纳米纤维膜

图5-4　PVA-*co*-PE纳米纤维

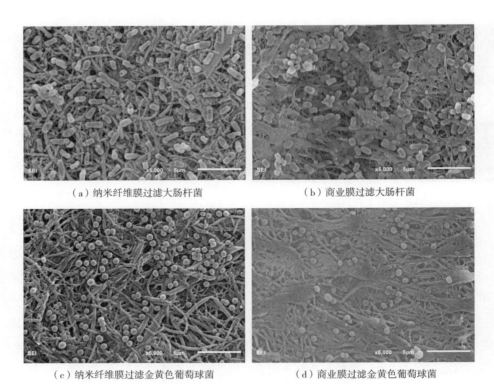

（a）纳米纤维膜过滤大肠杆菌　　　　　　　（b）商业膜过滤大肠杆菌

（c）纳米纤维膜过滤金黄色葡萄球菌　　　　　（d）商业膜过滤金黄色葡萄球菌

图5-5　PVA-*co*-PE纳米纤维膜和双向拉伸PVDF微滤膜过滤细菌后扫描电镜图[16]

另外，Wang等[16]通过调节醋酸丁酸纤维素酯（CAB）和PVA-*co*-PE的共混比，制备出更小直径的纳米纤维，分散并涂覆在PET非制造材料表面，干燥后得到平均孔径为0.1μm的纳米纤维复合滤膜。这种滤膜不仅具有较高的通量，而且对平均粒径为124nm的颜料颗粒的拦截率可达99%以上。除此之外，这种膜材料对革兰氏阴性菌大肠杆菌和革兰氏阳性菌金黄色葡萄球菌能够实现100%的拦截效率，而同级别（孔径大小0.1μm）的双向拉伸PVDF微滤膜的拦截率分别为99.1%和94%，无法达到完全过滤除菌的效果。与双向拉伸PVDF微滤膜相比，海岛纺PVA-*co*-PE纳米纤维膜不仅表现出优异的截留性能，而且具有更高的水通量和更好的通量稳定性。滤膜的过滤稳定性与其膜材料骨架结构的稳定性有关，海岛纺PVA-*co*-PE纳米纤维膜表层纤维堆积十分致密（厚度为2.2μm），因此纤维骨架结构受水压作用不易破坏；另一方面，海岛纺PVA-*co*-PE纳米纤维膜表面孔径较小，污染物易被表面截留，在错流作用下易被冲洗，能够实现更加稳定的产水率（图5-5）。而PVDF双向拉伸微滤膜有效分离层厚达20μm，膜表面纤维堆积较十分疏松且相互作用力弱，纤维骨架受水压作用容易破损变形；此外纳米级颗粒污染物易通过膜表面较大孔径而进入膜孔道内并将其堵塞，因此PVDF双向拉伸微滤膜表现出极不稳定过滤性能，其水通量随时间的变化下降严重。同时，根据

Hagen–Poiseuille孔隙流动模型[17]，膜的水渗透率与膜孔径大小的平方成正比，并与膜的孔隙率线性增加，但随着膜有效厚度的增加而减小式（5–1）。

$$L_{\text{p}} = \frac{r_{\text{p}}^2}{8\mu} \frac{\varepsilon_{\text{p}}}{l_{\text{p}}} \quad\quad\quad （5–1）$$

式中：L_{p}——液体透过系数；

$\quad\quad r_{\text{p}}$——过滤层有效孔径尺寸；

$\quad\quad \mu$——液体黏度；

$\quad\quad \varepsilon_{\text{p}}$——过滤层有效通孔孔隙率；

$\quad\quad l_{\text{p}}$——过滤层有效通孔长度。

由此可得，孔径分布大致相当的海岛纺PVA-*co*-PE纳米纤维滤膜和双向拉伸PVDF微滤膜表现出不同的过滤性能主要归因于它们有效分离层之间的厚度差。因此，海岛纺PVA-*co*-PE纳米纤维滤膜较短的孔道长度使得水渗透孔道时快些，从而获得较高的水通量。另一方面，海岛纺PVA-*co*-PE纳米纤维滤膜表面纤维堆积十分致密使其表面孔径较小，易于将纳米颗粒污染物拦截在表面，从而表现出更好的截留率（图5-6、图5-7）。

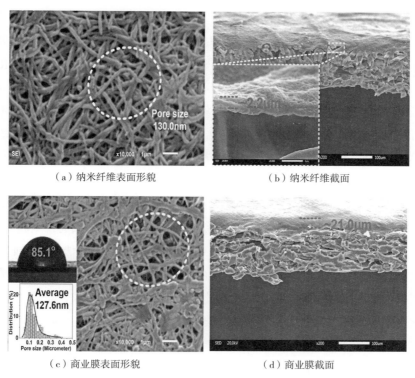

（a）纳米纤维表面形貌　　　　　　　（b）纳米纤维截面

（c）商业膜表面形貌　　　　　　　　（d）商业膜截面

图5-6　PVA-*co*-PE纳米纤维滤膜与双向拉伸PVDF商业膜表面及截面形貌对比[16]

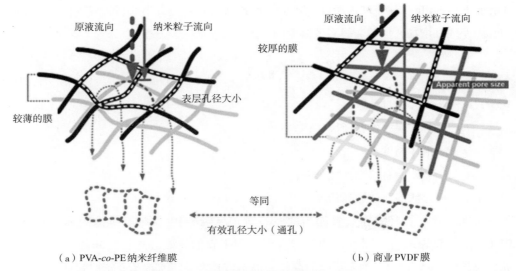

（a）PVA-*co*-PE纳米纤维膜 （b）商业PVDF膜

图5-7 PVA-*co*-PE纳米纤维膜与PVDF商业膜骨架结构对比示意图[16]

因此，相比现阶段的相转化法、双向拉伸法及静电纺丝法制得的微滤膜，海岛纺纳米纤维分散覆膜后制得的纳米纤维滤膜具有更薄的分离层和更大的纤维堆积密度，使孔隙率、孔径分布等孔隙参数都更加适应于液体过滤，在水处理领域中表现出显著的优势。

5.1.1.2 超滤

超滤膜的过滤精度在10nm~100nm。超滤的过滤原理与微滤相似，同样通过膜孔径大小拦截被分离物，也是以外力加压作用为驱动力。与微滤不同的是，超滤膜孔径大小一般为10nm~100nm，现有的技术手段难以将其准确测出，因此一般采用截留分子量间接反应其孔径大小。超滤膜能够去除胶体、大分子等相对分子质量为1000~100000的物质，运行压力为0.1MPa~0.7MPa，目前已广泛应用在食品、医用生物制药、超纯水制备等领域[18]。超滤膜按形态结构可分为对称膜和非对称膜。对称膜内外均有致密的分离层，而非对称膜只具有单层的分离层，另一边一般为支撑层。非对称膜中起分离作用的分离层相对较薄，通常厚度为0.1μm~1μm，孔径为5nm~20nm；另一层是起支撑作用的支撑层，厚度75μm~125μm，孔径约为0.4μm。分离层和支撑层通常是同一种材料，只是孔径大小不同。超滤膜的常用制备方法是L-S相转化法，该方法是制备非对称超滤的主要方法。可以说凡是能成薄膜的材料都可以采用相转化法制备出具有一定分离性能的超滤膜，该方法是目前商业上最常见的超滤膜采用的方法，例如，醋酸纤维超滤膜、聚砜超滤膜、芳香聚酰胺超滤膜、聚砜酰胺超滤膜等。

研究表明，相同截留率的情况下，以纳米纤维为基膜制备的超滤膜相比常规超滤膜具有更大通量，这是因为由纳米纤维层层堆垛而成的三维网状结构可以更加有效地支撑分离层；此外，纳米纤维骨架具有高孔隙率和互穿孔道结构，使得纳米纤维基超滤膜具有更好的液体渗透率。由于纳米纤维制备工艺条件的限制，纳米纤维直径难小于50nm，因此直接采用纳米纤维制备超滤膜十分困难，需要在纳米纤维膜表面制备超滤层得到非对称结构的复合膜。纳米纤维基超滤膜与上文提到的非对称膜区别在于：致密分离层通过溶液涂覆、界面聚合、原位聚合等方法在多孔支撑层上制备而成，其材料一般与支撑层的也不同（图5-8）。

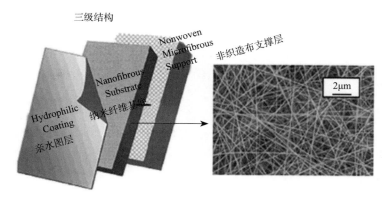

图5-8　层复合薄膜结构示意图及静电纺纳米纤维膜基材扫描电镜图[19]

Hsiao及其团队[19]制备出一种具有三层结构的纳米纤维复合膜，包括聚乙烯醇（PVA）亲水涂层、静电纺PVA纳米纤维支撑层和非织造布支撑层。该膜能有效地除去油水乳液中的50nm以下大小的油滴，实现高效的油水分离，并具有良好的抗污性能。该团队[20]还通过静电纺制备出直径仅为5nm~10nm的多糖超细纳米纤维（图5-9），该纳米纤维基超滤膜同样具有三层结构，包括超细纤维素纤维分离层，静电纺聚丙烯腈（PAN）纳米纤维中间层及非织造布支撑层。这类膜结构具有梯度孔径分布特点，孔径大小从几纳米到几微米，该膜对油水乳液的阻挡率可达99.5%，通量是常规超滤膜的10倍。

然而，由于静电纺纳米纤维结构较为疏松，在其表面涂覆高分子溶液时，溶液容易渗透到膜孔中，一方面容易导致表面致密层出现漏点，另一方面会堵塞纳米纤维膜内的互穿孔道从而降低膜的通量。因此需要通过改变涂覆工艺或使用更加致密的纳米纤维膜解决此问题。相比前者，后一种方法更加直接简单。例如，李沐芳等[21]采用表面结构更加致密PVA-co-PE纳米纤维膜为基材，将纤维素涂覆在PVA-co-PE纳米纤维表面制备纤维素超滤复合膜，其中纤维素层起截留作用。这种膜表面十分平整，膜结构致密，膜孔径均匀，因此在保持高截留率的同时具有较高的通量；此外，超亲水的特性使其具有良好的抗蛋白污染性能。此方法克服了涂层溶液容易渗透到膜孔中的缺陷，为制备复合超滤膜提供了新思路，在液体分离净化中有着广阔的应用前景（图5-10）。

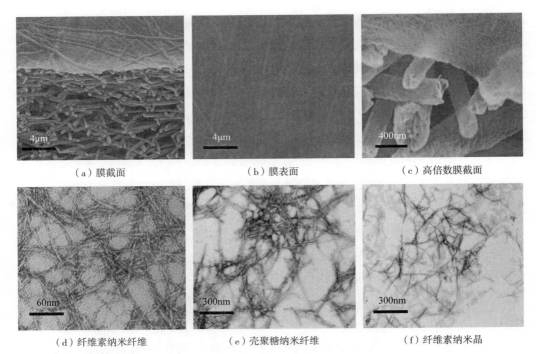

（a）膜截面　　　　　　　　　（b）膜表面　　　　　　　　　（c）高倍数膜截面

（d）纤维素纳米纤维　　　　　（e）壳聚糖纳米纤维　　　　　（f）纤维素纳米晶

图5-9　超细多糖纳米纤维膜表面形貌[20]

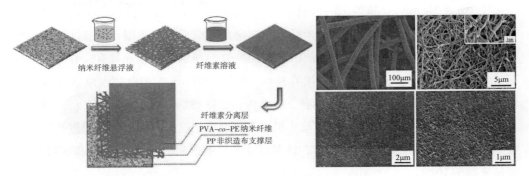

图5-10　纳米纤维基纤维素超滤复合膜制备示意图及其表面形貌扫描电镜图[21]

5.1.1.3　纳滤

纳滤是一种介于超滤和反渗透之间的新型膜分离技术[22]，其孔径大小只有几纳米，可除去二价及高价离子、相对分子质量高于200的有机小分子等物质，广泛应用于超纯水制备、食品、化工、生物医用、海水淡化等领域[23]。

纳滤膜的表层较反渗透膜疏松得多，较超滤膜又致密得多，因此合理调节膜表面的疏松程度以形成大量1nm级的表层微孔是制备纳滤膜的关键。目前工业化生产纳滤膜使用最多的是界面聚合法，该方法是将基膜放入单体的水相溶液中，吸附饱和后再放入溶有另一单体的油相接触反应，反应在两相界面之间进行，生成一层不溶于溶剂的聚合物纳滤分离层。为进一步发挥纳膜更好的性能，还需对其进行水解荷电化处理、表面等离子体处理、热处理等后处理。

除此之外，纳滤基材的选择也至关重要，目前商业化纳滤膜大都以聚砜超滤膜为基材，然后在其表面通过界面聚合制备聚酰胺纳滤分离层而得到纳滤膜，但是这种方式会产生大量的废水且能耗较高。有研究者发现，纳米纤维基膜材料可以替代通过相转化法制备的多孔膜，并且表现出更好的分离效果和更低的制造成本。Yoon等[24]以静电纺PAN纳米纤维作为中间支撑层，以哌嗪和联吡啶界面聚合形成的聚酰胺为分离层制备出静电纺PAN纳米纤维基纳滤膜（图5-11），测试结果表明该膜对硫酸镁溶液的脱盐率可达98%，且通量为常规纳滤膜的2.4倍。

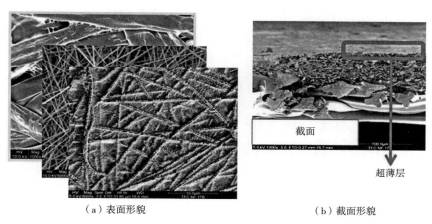

（a）表面形貌　　　　　　　　　　（b）截面形貌

图5-11　具有三层结构的复合薄膜及其截面扫描电镜图[25]

另外，研究者发现支撑层材料表面的亲疏水性是影响界面聚合成功与否的重要因素，当一个疏水的材料做界面聚合反应时，水相溶液无法完全浸润膜表面，从而无法与油相溶液反应生成均匀的聚酰胺层，而目前最成熟的几种静电纺纳米纤维PAN、PVDF等都是疏水的，无法有效地进行此反应。为了解决这一问题，Wang等[26]采用亲水性良好的PVA-co-PE纳米纤维作为中间支撑层，在其表面进行界面聚合反应，得到PVA-co-PE纳米纤维基纳滤膜（图5-12）。测试表明该复合膜对大部分二价离子具有良好的分离效果。该复合膜对于NaCl，Na$_2$SO$_4$，CaCl$_2$，CuCl$_2$，CuSO$_4$和甲基橙的截留率分别为87.9%，93.4%，92.0%，93.1%，95.8%和100%。

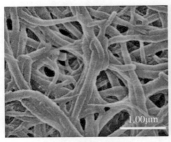
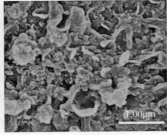
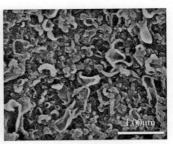

（a）纳米纤维膜 　　　　　　（b）界面聚合后 　　　　　　（c）纳米纤维基纳滤膜

图5-12　纳米纤维膜及纳米纤维基纳滤膜表面形貌扫描电镜图[26]

大多数纳滤膜都不耐极性较强的有机溶剂，如二甲亚砜（DMSO）、N,N—二甲基甲酰胺（DMF）、N,N—二甲基乙酰胺（DMAC）、醇类、醚类等，而有机溶剂的回收十分重要，为了解决这一难题，Lu等[27]在水合肼溶液中进行化学交联制备出有良好耐溶剂性能的改性聚丙烯腈（PAN）纳米纤维基膜，再通过界面聚合法制备得到聚酰胺选择层。在特殊膜结构的作用下，交联PAN纳米纤维基膜的机械强度要强于传统相转化法PAN膜20倍，且由于其低膜阻的特点提高了交联剂在膜内的传质分散，提高了对膜主体交联的均匀性，提高了PAN基膜在极性溶剂中的稳定性。在截留率相同的前提下，纳米纤维复合膜的纯水通量达到自制非对称复合膜的9倍，显示出纳米纤维膜低膜阻的特性（图5-13）。在DMSO中运行约50h仍然能够保持较好的稳定性，这表明该纳米纤维基纳滤膜在有机溶剂体系中具有良好的应用前景。

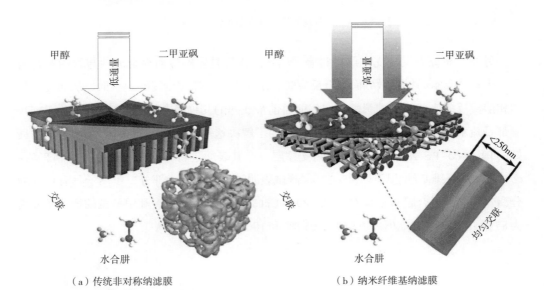

（a）传统非对称纳滤膜 　　　　　　　　　　（b）纳米纤维基纳滤膜

图5-13　传统非对称复合纳滤膜与纳米纤维基纳滤膜过滤示意图[27]

综上所述，在固液分离方面，纳米纤维膜因其高孔隙率、易加工特性具有显著的应用优势，并且发挥着重要作用。不仅可以作为过滤层（微滤）使用，也可以作为分离层（超滤及纳滤）的支撑材料使用。纳米纤维的堆垛结构对纳米纤维膜的孔径分布、厚度及孔隙率具有重要的影响，进而对过滤分离性能产生直接作用，因此选择合适的制备方法（如海岛法纤维覆膜）是提升纳米纤维材料固液分离效果的重要手段。

5.1.2　气固过滤分离

随着日益加速的城镇化及工业化进程，空气污染已经成为较水污染更为显著的世界性环境问题，越来越得到各国政府的重视[28]。其中PM2.5颗粒污染物（直径小于2.5μm的粒子）是最具有代表性的空气污染物，主要包括来自于机动车废气、工厂废气及农业灰尘等，对人体健康、气候及生态系统危害严重[29]。目前，多孔纤维材料因其优异的静电及其尺寸阻挡性能已经成为高效去除空气污染物的主要技术手段。其中，最常见的过滤材料是非织造材料，包括聚合物纤维熔喷材料、聚合物纤维纺粘材料及玻璃纤维滤材等。这类材料的纤维及孔径尺寸在微米级别，主要通过深层过滤实现，对小尺寸尤其是小于1μm的污染物颗粒的过滤效率较低，因此常用静电驻极提高极化纤维与有害物颗粒间的相互作用，进而对过滤效率进行有效补充，从而能够显著提升过滤效率，同时能够保持具有大孔径非织造材料的低压阻（50Pa以下）的优势[30]。

然而静电驻极非织造滤材急需解决以下两个关键的技术难题：①静电驻极在潮湿空气或者水汽作用下易于消退，难以长时间保存和高效率使用；②较大的孔径尽管可以保持较低的阻力压降，但是小于1μm的污染物颗粒通常不是被阻挡在滤材表面，而是分布于滤材内部的纤维表面而无法清除，一方面造成阻力压降增加，一方面使得滤材无法重复使用[31]。

针对以上问题，21世纪以来，尤其是近十年，世界各地研究小组在不断地开展基于纳米纤维滤材的研究。由于纳米纤维滤材具有纤维直径小（几十到几百纳米）、比表面积高、相互贯通的曲孔结构的特点。从而能够使滤材孔径小，能够阻挡更多的小尺寸颗粒污染物[32]；另一方面，滤材厚度低，空气动力学中属于Knudsen区，当空气流过纳米纤维时，在纤维表面处有滑流存在，流速不为零，因此，压降小，空气透过性好，不会明显降低流体的通量，克服了深层过滤导致的滤材性能再生及重复使用难的问题[33]。

采用纳米纤维滤材，可以实现对0.3μm颗粒过滤效率的大幅度提升（可以达到99.999%以上），然而与此同时阻力压降会快速增高（达到200Pa以上），这一数值对口罩等个体防护用滤材来说是不理想的性能指标。因此，进一步解决高效率与低压阻的矛盾依然是材料科学家的重要任务和挑战。针对此问题，通过多样手段优化纤维材料的结构是同时提高颗粒污染物捕获率与空气的透过率的有效途径[34]。

首先，通过表面改性可以显著提高纳米纤维与空气颗粒污染物间的相互作用力。例如，将 TiO_2 和 SiO_2 等纳米功能粒子及疏水或疏油的聚合物共混制备纳米纤维滤材[35-37]，能够增加纤维表面的粗糙度，降低纤维的表面能[37]（图5-14），但是依然存在高压阻及功能粒子导致的安全隐患。

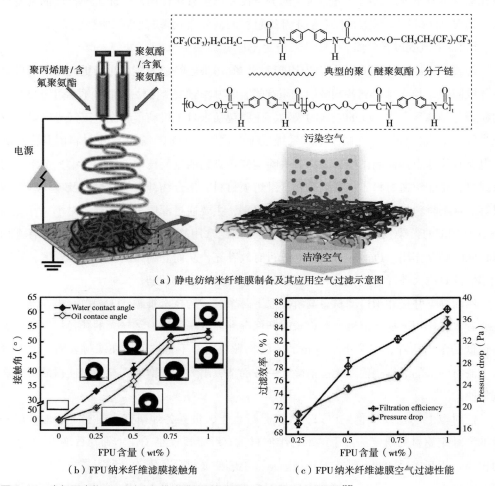

（a）静电纺纳米纤维膜制备及其应用空气过滤示意图

（b）FPU纳米纤维滤膜接触角

（c）FPU纳米纤维滤膜空气过滤性能

图5-14　含氟聚合物FPU纳米纤维滤膜的制备过程、亲水性及过滤性能[37]

此外，通过采用合适的纤维材料制备手段构筑纳米纤维的三维空间结构可以优化空气输运通道，进而平衡压阻和效率矛盾。纳米纤维滤材结构主要分为三种：第一种结构是过滤层为表面超薄纳米纤维层，在常规微米或纳米纤维滤材表面构筑超细的纳米纤维（小于50nm）网络（例如蜘蛛网结构），从而构筑出小孔超薄滤层[38]（图5-15）；第二种是由纳米纤维构成的大孔径滤材，这一类滤材的过滤层厚度在几十微米的范围（比纳米纤维涂层滤材的过滤层厚（几微米到十几微米），比常规的非织造滤材的过滤层薄（大于100μm）；这类材料主要依赖分布于三维空间中的纳米纤维形成的合适的孔径和曲孔通道提高颗粒污染物捕获效率，并降低空气通过阻力^[34]（图5-16）。第三种结构是将以上两种材料进行复合构筑三明治或多层膜结构，这种结构可以在滤材内部形成尺寸具有梯度特点的孔结构。例如，孔径在滤材厚度方向具有由大变小、由小变大等规律^[39]（图5-17），也可以显著降低阻力压降，提高过滤效率。

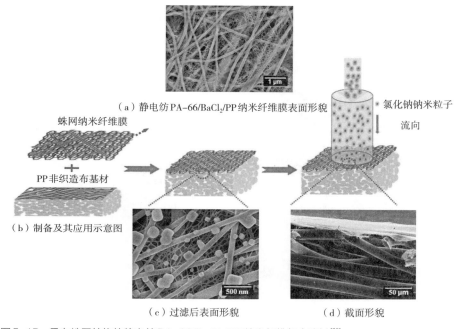

图5-15　具有蛛网结构的静电纺PA-66/BaCl₂/PP纳米纤维复合滤材^[38]

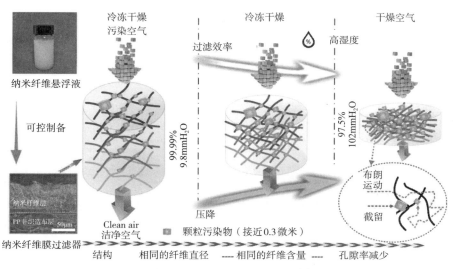

图5-16　PVA-*co*-PE纳米纤维气凝胶复合滤材的结构性能图^[34]

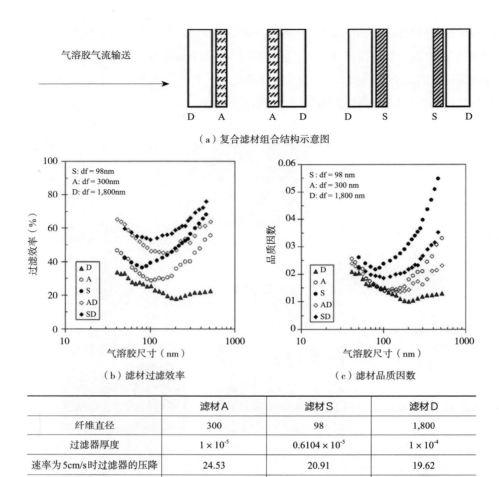

（a）复合滤材组合结构示意图

（b）滤材过滤效率

（c）滤材品质因数

	滤材A	滤材S	滤材D
纤维直径	300	98	1,800
过滤器厚度	1×10^{-5}	0.6104×10^{-5}	1×10^{-4}
速率为5cm/s时过滤器的压降	24.53	20.91	19.62
清洁过滤器填料密度	0.02403	0.006395	0.04845

（d）滤材结构与性能参数

图5-17 由具有不同纤维直径纳米纤维滤层组成的复合滤材空滤性能[39]

5.2 吸附/亲和分离

5.2.1 吸附

吸附[40]是指多组分相混合接触时，一相中的一个或多个组分通过作用力在另一相表面聚集的现象，其相互作用力主要有：London色散力、偶极子相互作用、四极子相互作用、静电力、氢键、酸碱π轨道相互作用等，以化学键为主的吸附结合称为化学吸附，在该吸附过程中吸附能较大，要脱吸附需要较高的温度或特定的脱吸附剂；通以物理键为主的吸附结合称为物理吸附，该吸附过程不会改变物质本来的性质，被吸附的物质容易洗脱，如活性炭等多孔吸附材料吸附气体后，只需加热，被吸附的气体即可脱离活性炭表面。

吸附也是一种有效除去水中污染物的有效手段，可以分离水中重金属离子，胶体、有机污染物等。用于吸附重金属离子的吸附剂有很多种，如树脂类吸附剂、沸石类吸附剂、硅藻土类吸附剂、壳聚糖等，但是这些材料由于吸附效率低下、吸附后难以回收等问题使其应用受到限制。与传统的吸附剂相比，纳米纤维膜具有比表面积大、孔隙率高等特点，其表面的官能团更加丰富，同时纳米纤维膜的界面与吸附官能团的相互作用对吸附效果有促进作用，而且使用方便也不会造成再次污染，因此而备受关注。

目前，具有吸附功能的纳米纤维膜的制备一般通过以下两种途径：一种是以纳米纤维支架结构为载体，在上面负载吸附剂；一种是对纳米纤维膜进行功能化表面改性使其具有吸附功能。Haider 等[41]采用静电纺丝的方法制备出纤维直径为235nm的壳聚糖纳米纤维膜，该膜经过碳酸钠溶液处理后表面出良好的稳定性和对金属离子的吸附性能，测试结果表明经过冷冻处理后的壳聚糖纳米纤维膜对Cu^{2+}和Pb^{2+}的最大平衡吸附量分别达到485.44mg/g和263.15mg/g。Pimolpun 等[42]采用静电纺制备出 PAN 纳米纤维，然后利用二亚乙基三胺进行胺基化改性。测试表明，在pH值为4的情况下，测定胺基化的PAN对Cu^{2+}、Ag^{+}、Fe^{2+}、Pb^{2+}的吸附能力最强，在5h时达到饱和，饱和吸附量分别为150.6mg/g、155.5mg/g、116.5mg/g和60.6mg/g，经过盐酸解吸附后，该膜还可以重复使用。

Wang 等[43]通过表面改性的方法对PVA–co–PE纳米纤维膜进行官能化，得到能够吸附各多种重金属离子的纳米纤维膜，具体步骤为先利用三聚氯氰活化PVA–co–PE 纳米纤维膜，再与亚氨基二乙酸接枝。从图中可以看到改性后膜仍保持了良好的纳米纤维形态，说明膜具有较好的化学稳定性。其吸附容量通过公式（5–2）计算：

$$Q_e = \frac{(C_0 - C_e) \times V}{m} \qquad (5-2)$$

式中：Q_e——平衡吸附后单位质量的纳米纤维所吸附的离子的浓度，mg/g；

C_0，C_e——吸附前后溶液中离子的浓度，mg/L；

V——离子溶液的体积，L；

m——纳米纤维膜的质量，g。

测试表明，膜对Cu^{2+}的饱和吸附容量可达102mg/g，吸附后可使用乙二胺四乙酸对膜进行脱吸附从而重复使用。膜对不同金属离子及重复使用性能如图所示，重复吸附三次后能保持较高的吸附容量，对不同金属离子的吸附能力为$Cu^{2+}>Co^{2+}>Zn^{2+}>Ni^{2+}>Mg^{2+}$（图5–18）。

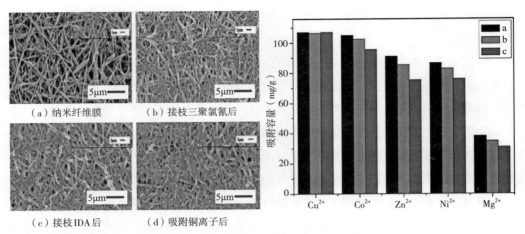

（a）纳米纤维膜　　　　（b）接枝三聚氯氰后

（c）接枝IDA后　　　　（d）吸附铜离子后

图5-18　官能化后膜样品表面形貌及接枝IDA后膜对不同金属离子的吸附容量[43]

另外，除了对重金属离子的吸附，Wang等[44]还制备出能吸附水中金属纳米颗粒的改性纳米纤维膜，具体是通过在PVA-co-PE纳米纤维膜表面先沉积一层聚多巴胺（PDA），再和聚乙烯亚胺（PEI）进行迈克尔加成反应，得到能高效吸附金属纳米粒子的PEI/PDA/NFM纳米纤维膜，其吸附容量通过式（5-3）计算：

$$Q_e = \frac{(C_0 - C_e) \times V}{m} \tag{5-3}$$

式中：Q_e——平衡吸附后单位质量的纳米纤维所吸附的金属纳米粒子的吸附容量，mg/g；

　　　C_0，C_e——吸附前后溶液中金属纳米粒子的浓度，mg/L，均由电感耦合等离子体质谱测得；

　　　V——吸附溶液的体积，L；

　　　m——纳米纤维膜的质量，g。

文中探讨了膜在不同pH值及银胶体溶液不同浓度下膜的吸附性能，随着银胶体溶液浓度的增大和pH值的增加，PEI/PDA/NFM的吸附能力增强。当银胶体溶液pH=9时，膜对银纳米颗粒的饱和吸附量可达727.8mg/g（图5-19）。

为进一步探究膜的吸附性能及其机理，还对膜的吸附进行了伪一阶动力学、伪二阶动力学、朗缪尔、弗雷德里奇拟合，拟合公式如下：

伪一阶动力学拟合：

$$In(q_e - q_t) = Inq_e - \frac{k_1}{2.303} \times t \tag{5-4}$$

式中：q_e，q_t——饱和及特定时间t纳米纤维膜对银纳米粒子的吸附量，mg/g；

　　　k_1（min^{-1}）——吸附银纳米颗粒的伪一级速率常数。

伪二阶动力学拟合：

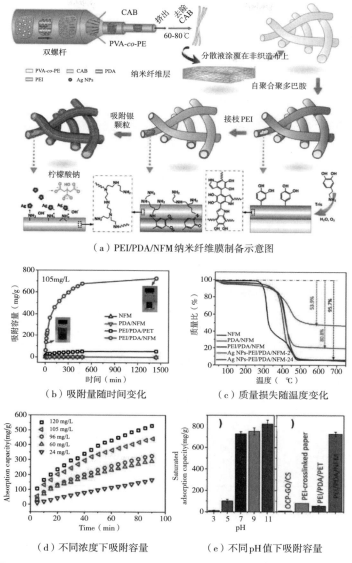

（a）PEI/PDA/NFM 纳米纤维膜制备示意图

（b）吸附量随时间变化

（c）质量损失随温度变化

（d）不同浓度下吸附容量

（e）不同pH值下吸附容量

图5-19　PEI/PDA/NFM制备示意图及其吸附银纳米颗粒性能

$$\frac{t}{q_t} = \frac{t}{q_e} + \frac{1}{k_2 \times q_e^2} \tag{5-5}$$

式中：q_e，q_t——饱和及特定时间t纳米纤维膜对银纳米粒子的吸附量，mg/g；

k_2（$\min^{-1}$）——吸附银纳米颗粒的伪二级速率常数。

朗缪尔拟合：

$$\frac{1}{Q_e} = \frac{1}{Q_m} + \frac{1}{K_L Q_m C_e} \tag{5-6}$$

$$R_L = \frac{1}{1 + K_L \times C_e} \tag{5-7}$$

式中：Q_e——纳米纤维膜对银纳米粒子的吸附量，mg/g；

Q_m——单层覆盖的最大吸附量，mg/g；

K_L——朗缪尔吸附常数；

R_L——分离因子；

C_e——纳米银胶体的初始浓度。

弗雷德里奇拟合：

$$\ln Q_e = 1/n \ln C_e + \ln K_F \tag{5-8}$$

式中：K_F——吸附强度；

n——弗雷德里奇常数。

接枝聚乙烯亚胺后纳米纤维膜吸附银胶体溶液的伪一阶和伪二阶动力学参数见表5-1，朗缪尔和弗雷德里奇参数见表5-2。

表5-1 接枝聚乙烯亚胺后纳米纤维膜吸附银胶体溶液的伪一阶和伪二阶动力学参数[44]

膜样品	实验吸附量（毫克/克）	伪一阶			伪二阶		
		饱和吸附量（毫克/克）	伪一级速率常数（每分钟）	确定系数	饱和吸附量（毫克/克）	伪二级速率常数（毫克/克·分钟）	确定系数
接枝聚乙烯亚胺后的基材	53.325	36.976	0.010893	0.9743	54.377	0.018622	0.9959
接枝聚乙烯亚胺后的纳米纤维膜	727.835	608.691	0.011907	0.9929	763.359	0.004182	0.9967

表5-2 接枝聚乙烯亚胺后纳米纤维膜吸附银胶体溶液的朗缪尔和弗雷德里奇参数[44]

膜样品	朗缪尔				弗雷德里奇		
	单层覆盖的最大吸附量（毫克/克）	朗缪尔吸附常数	分离因子	确定系数	吸附强度	弗雷德里奇常数	确定系数
接枝聚乙烯亚胺后的纳米纤维膜	980.392	0.006385	0.567	0.9342	10.442145	0.789	0.8907

除了对水中重金属的吸附，Wang等[45]制备出能迅速吸附水中有机污染物的疏水亲油PVA-*co*-PE纳米纤维气凝胶，实验过程为在PVA-*co*-PE纳米纤维分散液中加入聚乙烯醇溶液，然后通过冷冻干燥的制备出聚乙烯交联的PVA-*co*-PE纳米纤维气凝胶，在

甲基三氯硅烷的气氛下与其进行化学交联，得到了高强度的疏水亲油PVA-co-PE纳米纤维气凝胶，其密度低至8.3mg/cm³，孔隙率高达99.4%，经过测试，该气凝胶等高效吸附各种有机污染物，其吸附容量可达自身体积的2500%~5329%（图5-20）。

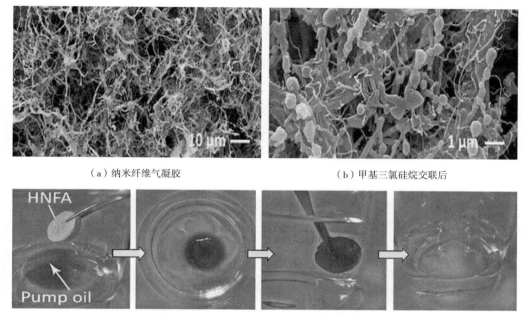

（a）纳米纤维气凝胶　　　　　　　　　　　　（b）甲基三氯硅烷交联后

（c）交联后纳米纤维气凝胶吸附有机污染物示意图

图5-20　纳米纤维气凝胶内部形态及其吸附有机污染物示意图[45]

5.2.2　亲和

随着医用生物制药工程的高速发展，蛋白质、酶、核酸等生物大分子纯化分离技术显得愈发重要[28]。无论是通过人工手段制取还是天然存在的生物大分子，在初期都是由多种物质组成的混合物，无法直接应用，必须经过分离、纯化等提纯手段提取出一种或几种真正有用的物质，并将那些无用甚至有害的物质加以去除才能使用。亲和分离是一种通过生物大分子之间的特异性结合作用的分离提纯方法[29]，利用亲和作用纯化生物大分子的生化分离技术称为亲和分离技术，它是基于固定相的配基与生物分子间的特殊生物亲和能力的不同来进行相互分离的。20世纪80年代末，人们将膜分离技术和亲和色谱紧密结合，在继承了亲和色谱技术高选择性、高产物活性等特点的同时，具有分离速度快、易放大等亲和色谱所不具备的优势[32]。

一般来说，膜分离技术是利用孔径大小和被分离物分子大小不同通过尺寸筛分实现的。微滤膜孔径一般远大于生物大分子，无法有效对其进行分离，采用超滤技术分离生物大分子时，由于超滤膜孔径较小，与生物大分子大小相当，因此被分离混合物之间的相对分子质量要相差10倍以上才能有效分开，使用局限性较大且分离效率低下。而亲和膜却不受膜孔径大小和生物大分子相对分子质量大小的限制，合适的基膜接枝上合适的配基就能实现高效的亲和分离。目前，商业化亲和膜能纯化和提取白蛋白、牛血清蛋白、内毒素、单克隆抗体、干扰素和溶菌酶等生物医药制品。

亲和膜与生物分子的作用是固定在膜上的配基与生物分子之间的特异性作用力。其制备过程一般如下，首先通过适当的化学反应，在作用载体的膜表面接上可反应的官能团（氨基、羧基、巯基等）和一定长度的间隔臂（一般应是大于三个碳原子的化合物），再选用一个能吸附目标生物大分子的亲和配基与膜表面间隔臂结合，即可得到具有亲和吸附生物大分子功能的亲和膜[46]。将亲和膜加工成膜组件（平板、折叠、囊氏等）后装入到膜分离系统中，即可用来分离和纯化生物大分子。待分离混合液通过亲和膜时，目标生物大分子与亲和配基产生亲和作用被特异性吸附在膜上，非目标生物大分子等其余杂质则通过亲和膜从而与目标生物大分子分离开来。将膜清洗干净后，用缓冲液将膜表面亲和吸附的生物分子洗脱下来，得到目标生物大分子的纯净产物[47]。表5-3是亲和膜分离生物大分子的应用实例[48]。

表5-3 亲和膜分离生物大分子的应用实例

亲和膜配基	可分离生物大分子
肝素	疏水蛋白质
单克隆抗体	牛血清蛋白、干扰素、白细胞介素受体
胶原	疏水蛋白质
胰蛋白酶	胰蛋白酶抑制剂
抑胃霉素A	胃蛋白酶、凝乳酶
苯丙氨酸	牛血清白蛋白
色氨酸	牛血清白蛋白
组氨酸	内毒素
赖氨酸	血纤维蛋白溶酶
生物模拟染料	牛血清白蛋白、人血清白蛋白、溶菌酶、甲酸脱氢酶、苹果酸脱氢酶、碱性磷酸酯酶
Cu^{2+}	氨基酸、牛血清蛋白、γ-球蛋白

理想的亲和膜载体需要满足以下条件[49]：

①膜表面具有丰富的化学基团（如—OH，—NH$_2$，—SH，—COOH等）或其表面

极易活化，以便后续反应（接枝间隔臂和亲和配基）。

②高比表面积和足够多的膜孔，比表面积越高，膜表面可用的化学基团也越多，另外，足够多的膜孔便于非分离目标生物大分子快速通过膜孔，以获得高的分离产量。

③膜具有足够的机械强度，在生物大分子分离过程中，为了提高分离效率，需要加压操作，膜如果不具备一定的强度，长期使用会致使膜变形，从而缩短使用寿命。

④耐酸、耐碱、耐高浓度盐的缓冲液和有机溶剂，一方面膜在活化阶段时，一般都在酸性或碱性条件下反应，另一方面膜在解离洗脱目标生物大分子时，需要用高浓度的盐和有机试剂。近年来开发的乙酰化醋酸纤维、聚乙烯醇、聚砜、尼龙等膜材料能制备出性能较好的亲和膜，但是仍然无法满足上述要求。

为解决这一难题，Wang等[34]通过优化PVA-co-PE纳米纤维膜的制备工艺制备出结构、孔径、孔隙率可控的纳米纤维复合膜，该膜具有极高的比表面积和孔隙率，表面具有大量的羟基，容易表面活化改性（图5-21）。另外，该膜也具有较好的化学稳定性，耐酸碱。该膜符合亲和膜载体的要求，是一种理想的亲和膜材料载体。王雯雯等进一步对膜进行化学改性制备出能亲和吸附胆红素的纳米纤维亲和膜，具体过程为先分别用氢氧化钠和三聚氯氰活化PVA-co-PE纳米纤维膜，然后由二乙烯三胺进行功能化，得到胺基功能化的纳米纤维亲和膜。研究了膜对胆红素的吸附性能，结果表明，在初始胆红素浓度为200mg/L时，纳米纤维亲和膜对胆红素的吸附能力可达85mg/g，而在初始胆红素浓度大于400mg/L时，吸附能力可提高到110mg/g，动态吸附性能良好。

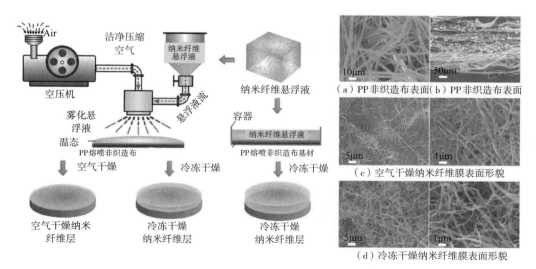

图5-21 不同工艺制备的不同结构的纳米纤维膜示意图及其表面形貌扫描电镜图

5.3　催化

纳米纤维长径比大，容易成膜或凝胶材料，具有高的孔隙率及三维空间中大量的互穿通孔结构，是一种优异的催化载体。将纳米金属或金属氧化物颗粒或前驱体进行纺丝，或通过物理化学将其负载于纳米纤维表面，一方面不仅能够提高金属或金属氧化物颗粒等催化剂的负载密度（或提高纳米纤维／线形态的金属或金属氧化物的表面暴露比例），增加其活性位点，而且制备得到的纳米纤维膜或纳米纤维凝胶催化材料能够为物质提供高速的传输通道，实现反应底物活性、充分接触与反应产物的高效输出，进而将物质分离净化[50]。另一方面，纳米纤维材料与所负载的催化剂之间能够产生协同作用，使得催化剂的催化机理发生一定的改变，对催化过程产生积极的影响，主要是能够有效提高催化性能。例如，由于直径方向的尺寸限度，纳米纤维形态的 TiO_2 的光生电子空穴对向表面迁移的途径和时间较块状催化剂大大缩短，光催化性能得以显著提升[51]。除此之外，纳米纤维材料能够解决催化剂尤其是纳米级颗粒催化剂的回收问题，以上这些优点已经成为近年来纳米纤维在催化领域广泛研究的关键所在。

目前，已经广泛研究并报道的催化用纳米纤维材料主要包括以下三大类：

（1）聚合物纳米纤维材料。这类是最常见的纳米纤维材料，采用静电纺聚合物溶液或海岛纺热塑性聚合物溶体（最常见的是可量产的 PVA–co–PE）等方式制备得到，然后采用后处理的方法在纳米纤维表面以氢键、配位键或静电作用结复合材料内部为柔性聚合物纳米纤维，表面为金属纳米催化剂，因此柔性好。另一种方法是将金属盐前驱体与聚合物溶液混合纺丝，再进行还原制得，主要缺点是金属颗粒的表面负载率较低。该类材料主要应用于化学催化方面。

（2）TiO_2 或 ZnO 等具有半导体特点的纳米纤维。这类材料主要是将 TiO_2 或 ZnO 等前驱体溶液经过静电纺丝的方法制备出纳米纤维材料[52]，进行矿化处理得到以氧化物颗粒为主要组分的纳米纤维材料，最终所得到的氧化物颗粒催化剂分布在整个纳米纤维中。通过添加特殊的黏合剂和特殊的工艺控制，能够提高这类材料的综合力学性能。该类材料主要应用于光催化领域。

（3）碳纳米纤维、聚苯胺纳米纤维等导电纳米纤维材料。通过采用静电纺丝方法将聚丙烯腈或纤维素衍生聚合物制备成纳米纤维，然后通过高温碳化方式得到碳纳米纤维束、膜或凝胶材料[20, 53]；通过控制聚苯胺溶液聚合整个过程的均匀形核程度，制备得到聚苯胺纳米纤维材料[54]。这类材料与第一类相似，也需要通过后处理的方式或者在静电纺丝时将金属盐溶液加入再进行碳化还原实现催化剂的负载。由于纤维本身具有导电性，因此，通常在电化学催化方面应用较多。

纳米纤维基催化材料主要应用在水体污染物处理，具体而言包括有机污染物降解、重金属离子吸附还原，主要有化学催化、光催化及电化学催化三种应用方式。

5.3.1 化学催化

过渡金属、贵金属及其合金纳米材料能对有机物污染物进行氧化及还原进而实现高效催化。尽管纳米材料的小尺寸为化学催化提供高化学活性的表面，但是存在易团聚、重复性低及难回收的应用问题。采用由纳米纤维构筑的骨架材料对以上金属基纳米催化剂进行负载是目前一种能够解决以上问题的有效途径。

对亚甲基蓝及对硝基酚等有机污染物进行催化降解的研究主要集中在还原催化反应方面。在该方面，纳米纤维材料负载型催化剂有聚合物纳米纤维基和碳纤维基两大类。

在海岛纺纳米纤维负载型催化剂方面，本研究组做了较多的工作。将PVA-*co*-PE纳米纤维的分散液涂覆在特定的基材上，获得超薄纳米纤维自支撑涂层膜或含有非织造布基材的复合纳米纤维膜，然后对其进行多种类型的后处理，最后将金属纳米颗粒固定在纳米纤维表面（图5-22）。PVA-*co*-PE含有大量的羟基，有助于骨架材料的功能改性和金属颗粒的负载。例如，采用以NaH$_2$PO$_4$为还原剂的镍浴对纳米纤维膜进行化学镀处理，得到了表面负载有非晶态镍磷纳米合金颗粒的纳米纤维膜催化材料[50]。研究表明，当纳米纤维

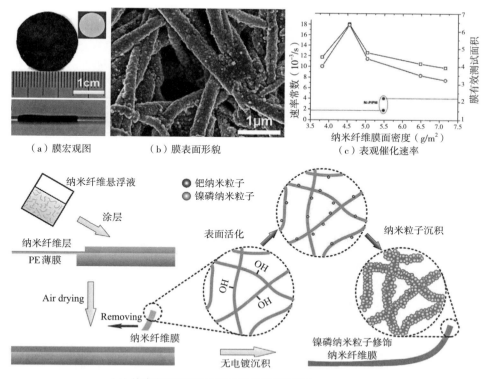

（a）膜宏观图　　　（b）膜表面形貌　　　（c）表观催化速率

（d）镍磷纳米粒子修饰纳米纤维膜制备示意图

图5-22　PVA-*co*-PE纳米纤维负载纳米镍磷催化材料制备及其表面征应用（用于有机物降解）[50]

涂层的克重为4.55g/m²时,合金颗粒的负载量为25%(质量分数)时,催化材料对对硝基酚表现出最优的表观催化活性26.80×10⁻³s⁻¹和优异的TOF值2.59×10⁻³mol/mol/s。这主要是因为纳米纤维涂层在此克重条件下,其孔径尺寸居中,且暴露在外的表面纳米纤维数量居中,既有利于合金颗粒在纳米纤维涂层内部的沉积,又不阻碍合金颗粒在纳米纤维表层的沉积量。从而使得纳米纤维组成的三维骨架结构能够最优地调节催化颗粒与反应底物的接触概率和接触次数。本研究首次深入地分析了纳米纤维材料的骨架结构在负载型催化剂中的作用,为聚合物纳米纤维表面负载催化剂材料的研究提供了新的思路。

基于以上研究,本研究组提出了通过聚多巴胺(PDA)同时强化纳米纤维骨架结构的稳定性和高效负载银纳米颗粒的方法(图5-23)。在PVA-*co*-PE纳米纤维膜表面进行多巴胺的原位聚合,再利用聚多巴胺的儿茶酚基实现对银氨溶液中的银离子进行原位还原,得到了Ag颗粒尺寸在20nm以上的Ag/PDA/NFM催化材料,此外,在其表面进行纳米Pt颗粒的真空物理气相沉积得到了,Ag-Pt双金属负载型催化剂。由于PDA通常用于材料的中间改性层,起到连接基体与表层官能团的黏合剂作用。基于此特点,在PVA-*co*-PE纳米纤维膜表面开展了PDA和聚乙酰亚胺(PEI)的逐层聚合(接枝的),然后将此材料用于吸附排放于环境中的纳米银胶体颗粒,纳米纤维层的饱和吸附量可以达到

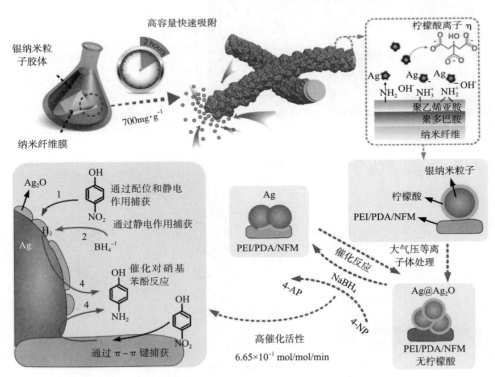

图5-23 PVA-*co*-PE纳米纤维负载纳米银催化材料(用于有机物降解)[26]

700mg/g以上，并研究了该复合材料的催化性能。结果显示，经过等离子体表面处理可以使Ag-PEI/PDA/NFM表面生成超薄的Ag$_2$O层，并使Ag纳米颗粒内部生成较多的缺陷，从而使其催化活性较未处理的高出两个数量级。而且发现在对对硝基酚催化还原后，催化膜材料的形貌及性能能够重新恢复到原始Ag-PEI/PDA/NFM的状态，再次经过等离子体表面处理可以重复活化催化剂，进而实现纳米纤维膜催化材料的高效多次循环利用。

碳纳米纤维具有还原性能，能够为金属纳米颗粒的形成提供优异的载体。2011年，中国科技大学俞书宏教授团队利用碳纳米纤维膜的高比表面积特性吸附银离子，然后在高温处理过程中借助碳材料的还原出纳米银颗粒[20]（图5-24）。再如可将FeCl$_3$与PAN制成混合溶液经过静电纺丝、碳化及活化处理制备得到碳纤维原位还原负载的铁纳米颗

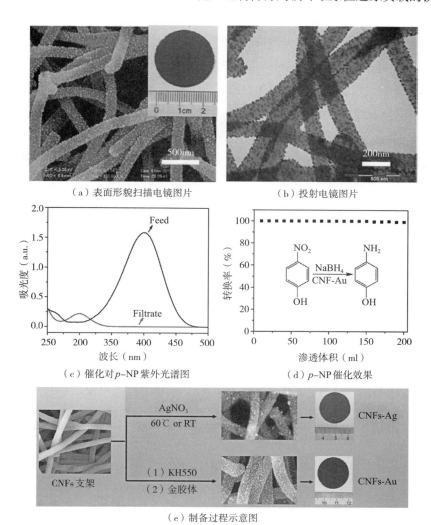

（a）表面形貌扫描电镜图片　　　　　　（b）投射电镜图片

（c）催化对 *p*-NP 紫外光谱图　　　　　（d） *p*-NP 催化效果

（e）制备过程示意图

图5-24　碳纳米纤维原位还原及表面偶联负载金属颗粒材料（用于有机物降解）[20]：制备过程示意图、表面形貌及催化性能

粒催化材料，其高的比表面积和表面活性对亚甲基蓝的氧化降解起到了积极的作用[55]。此外，借助碳纳米纤维表面的羧基与硅烷偶联剂KH550的硅烷基相互作用，将KH550接枝到碳纳米纤维表面，再通过KH550另一端的氨基与12nm的金胶体颗粒实现配位结合，得到碳纳米纤维膜负载金纳米颗粒催化材料，能够高效催化还原10000倍于该材料体积的对硝基酚溶液[20]。

纳米纤维材料负载型催化剂的化学催化还可以扩展到重金属离子的去毒领域，具体来讲，就是利用催化剂将危害性大的高价重金属离子还原成危害性小的低价重金属离子或重金属单质进行回收，达到环境净化的目的。例如，将PEI与PVA共混进行静电纺丝，采用戊二醛对其进行交联强化处理，再利用PEI对K_2PdCl_4中的阴离子进行静电作用螯合，最后利用硼氢化钠对其还原得到负载有纳米Pd颗粒的PVA纳米纤维材料（图5-25）。研究了此催化材料对四价Cr离子在甲酸的作用下还原成三价离子反应中的催化作用，其催化性能是常规材料的三倍以上，并表现出优异的重复使用性。这些主要源自于纳米纤维材料的高孔隙率和高比表面积、Pd纳米颗粒的均匀分布及膜材料高的强度（即结构稳定性）等因素[56]。

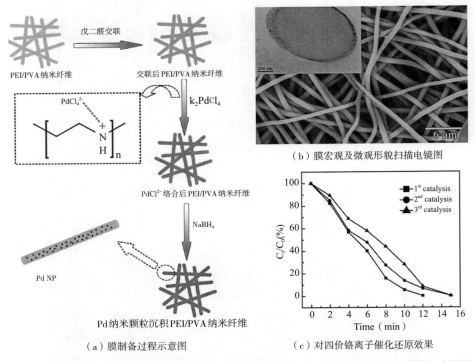

图5-25　PVA纳米纤维负载金属颗粒材料（用于重金属离子还原降解）制备过程示意图、表面形貌及催化性能[56]

5.3.2 光催化

半导体金属氧化物（MO_x）通常用作光致氧化还原降解有毒和有害物质，例如，TiO_2，ZnO，Fe_2O_3、CeO_2，WO_3 和 Mn_2O_3 等是最为常见的光催化材料[57]。这些材料在能量大于材料禁带宽度的光辐射下能够促使价带中的一个电子跃迁到导带，从而会在价带留下一个空穴。这样的电子—空穴对能够以公式（5-9）[57]中的方式对污染物进行光催化氧化或还原反应，进而达到降解污染物的目的。

$$
\begin{cases}
MO_x + h\nu \longrightarrow e_{CB}^- + h_{VB}^+ \\
H_2O \leftrightarrow OH^- + H^+ \\
h_{VB}^+ + OH_{aq}^- \longrightarrow OH_{ads}^{*-} \\
e_{CB}^- + O_2 \longrightarrow O_2^{*-} \\
h_{VB}^+ + Pollutant \longrightarrow Pollutant^* \\
Pollutant^* + \left(O_2^{*-}, OH^{*-}\right) \longrightarrow Degraded\ products
\end{cases}
\quad （5-9）
$$

式中：　　e_{CB}^-——从价带跃迁到导带的电子；

　　　　　h_{VB}^+——电子跃迁后产生的价带空穴；

OH_{ads}^{*-} 及 O_2^{*-}——光催化过程产生的活性自由基。

除金属氧化物之外，一些具有半导体特点的金属盐，例如 Bi_2MoO_6 和 Bi_2WO_6 及聚合物（C_3N_4）等也是以上面的方式进行光催化过程的[58]。

近年来，通过将以上光催化材料设计成纳米线、纳米管或纳米纤维的形态可以有效地提升光催化材料的催化降解性能。究其原因主要有以下几点：光生自由基的寿命只有几十个纳秒左右，因此高效利用光生电子—空穴对，使其在产生作用前不会复合消失十分重要；研究表明由一维材料组成的多孔、高比表面积及高结晶度的结构有助于电子或空穴的快速传递，显著降低电子和空穴的复合概率，达到以上促进光催化性能的目的[57]。并且，纳米纤维多孔材料有助于反应底物的高效输运，提高反应底物与催化剂的相互作用效果[20]。

基于以上背景，本部分主要以最为常见的 TiO_2 为主要对象介绍氧化物纳米纤维材料在光催化降解污染物（有机及重金属离子）的相关制备和应用情况。

2008年，韩国 Doh 团队将 TiO_2 纳米纤维材料应用于有机染料分子的光催化降解[59]。具体而言，采用了 TiO_2 的前驱体四异丙醇钛与聚醋酸乙烯、乙酸及乙醇共混静电纺丝制备前驱体纳米纤维，然后经过烧结得到 TiO_2 纳米纤维，为了提高该纳米纤维材料的比表面积，在纳米纤维表面进行了溶胶凝胶沉积 TiO_2 纳米颗粒，最后获得了 TiO_2 复合纳米纤维材料，对染料分子的光催化降解性能是纯 TiO_2 纳米纤维材料及溶胶凝胶 TiO_2 纳米颗粒的至少5倍。

与此同时，华盛顿大学的夏幼南团队制备出了Pt纳米颗粒（纳米线）掺杂的TiO$_2$纳米纤维材料[60]。首先，将TiO$_2$的前驱体四异丙醇钛与聚乙烯吡咯烷酮、乙酸及乙醇共混静电纺丝制备前驱体纳米纤维，然后在510℃下进行烧结得到TiO$_2$纳米纤维材料，再将该纳米纤维材料放到乙烯醇、PVP、氯铂酸混合试剂反应干燥，获得表面修饰有Pt纳米颗粒的TiO$_2$纳米纤维材料，再以此为种子，在其表面生长Pt纳米线，最后便获得了Pt纳米颗粒（纳米线）掺杂TiO$_2$的纳米纤维材料（图5-26）。将此催化膜材料用于对甲基红染料的光催化降解，催化过程采用边过滤边催化的方式，Pt纳米颗粒及纳米线作为电子受体，它们的掺入不仅能够有效降低TiO$_2$的光生电子—空穴对的复合概率，而且能够提供更大的比表面积，为光催化材料的设计及应用提供了崭新的思路。

（a）Pt NPs掺杂TiO$_2$的纤维材料

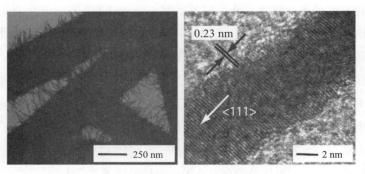

（b）Pt纳米线掺杂TiO$_2$的纤维材料

图5-26　Pt纳米颗粒掺杂TiO$_2$纳米纤维与Pt纳米纤维掺杂TiO$_2$纳米纤维不同放大倍数的投射电镜图[60]

2012年，南洋理工大学的Darren Delai Sun团队，通过在TiO$_2$纳米纤维表面沉积Ag纳米颗粒，实现了抗菌和光催化的双功能的纳米纤维材料[61]。采用上述的方法，将四异丙醇钛与聚乙烯吡咯烷酮、乙酸及乙醇共混静电纺丝并烧结制备得到TiO$_2$纳米纤维，再将其浸渍于乙烯醇、硝酸银及PVP的溶液内，实现表面纳米Ag颗粒的负载。该团队通过加入表面活性剂将此纳米纤维均匀分散，采用抄纸法制备得到膜材料（图5-27）。Ag纳米颗粒、TiO₂纳米纤维及其强韧的膜材料结构三者间协同作用，使得该复合纳米纤维材料具有以下优异功能：

①高的液体透过率和微滤特点；

②相比单独紫外线（76h）具有更加快速的杀菌功能（24h）；

③比纯TiO₂纳米纤维材料的污染物降解速率提高两倍，比P25的污染物降解速率提高四倍。

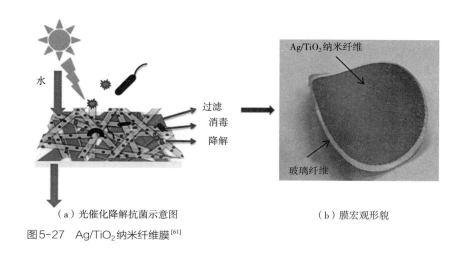

（a）光催化降解抗菌示意图　　　　　　　（b）膜宏观形貌

图5-27　Ag/TiO₂纳米纤维膜[61]

类似地，可采用液相原位生长的方法在PAN纳米纤维表面沉积TiO₂，为了提升其光生电子—空穴的抗复合能力，在负载TiO₂纳米颗粒的PAN纳米纤维表面进行多巴胺改性，用于将AgNO₃原位还原成Ag纳米颗粒，从而得到了内部为聚合物纳米纤维，表面负载有TiO₂和Ag异质结的纳米复合膜材料[62]（图5-28）。有效地降低了光生电子—空穴复合概率，显著地提升了催化降解亚甲基蓝染料的效率（1h内降解率为100%）。

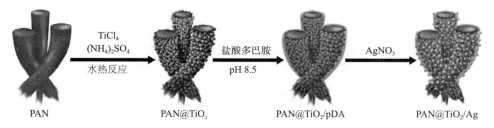

图5-28　PAN@TiO₂/Ag纳米纤维膜制备过程[62]

TiO₂/Ag复合纳米纤维材料综合的优异性能也吸引了研究者将其用于更加广阔的环境净化领域。中科院生态所潘纲团队将海藻与TiO₂/Ag纳米纤维材料相结合，借助海藻对重金属离子的吸附特性，提高了TiO_2/Ag复合纳米纤维材料对四价Cr离子的光催化还原性能[63]（图5-29）。

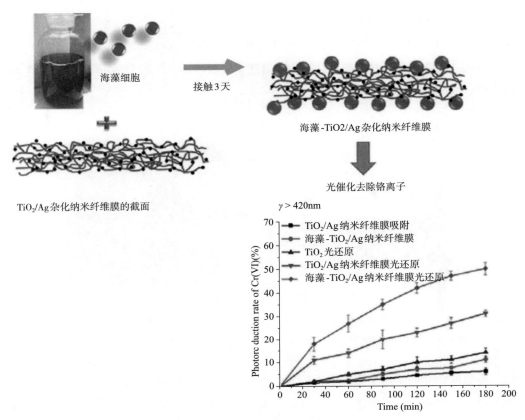

图5-29　海藻/TiO_2/Ag纳米纤维材料及对CrIV离子的光催化还原性能[63]

TiO_2纳米纤维的电子结构及光催化性能不仅可以通过设计金属—TiO_2异质结也可以通过设计氧化物—TiO_2来调节[57]。如图5-30所示，SnO_2与TiO_2是两种不同类型的光催化材料，前者是还原性光催化材料，后者则是氧化性光催化材料，将两者复合构筑异质结是较好的方案[64]。包括SnO_2—TiO_2在内的异质结性能需要在两者同时暴露的条件下才能达到最优效果，通常情况下的层状结构或皮芯结构，都难以实现以上目的。因此，将两者的纳米纤维以并列型结构设计出来，实现了异质结两组分在充分暴露于表面。该结构的纳米纤维基光催化材料的光催化降解性能是TiO_2纳米纤维光催化材料的两倍。

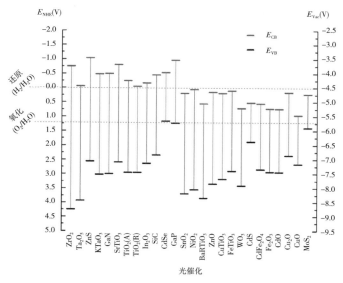

图5-30　不同光催化剂的导带及价带与标准氢电极电势及真空能级对比图[57]

    TiO$_2$纳米纤维不仅能够用于水体污染物的催化降解，而且还具有较好的气体催化降解性能。例如，中科院江雷团队将 TiO$_2$ 设计成不同数量内管的中空纳米纤维材料，实验发现中空管的数量为3时，TiO$_2$ 纳米纤维对气态乙醛分子的光催化降解性能相比更少中空管的 TiO$_2$ 纳米纤维更加优越[65]（图5-31）。其原因主要是中空管数量越多，管壁厚度越小，从而导致 TiO$_2$ 的比表面积增大，同时使电子—空穴传输到表面的路径更小，两者复合概率降低的缘故。

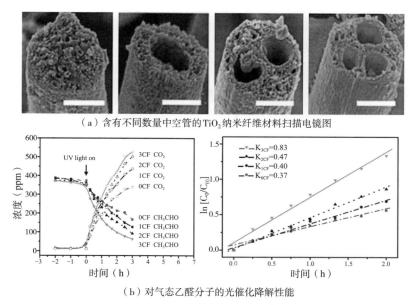

（a）含有不同数量中空管的 TiO$_2$ 纳米纤维材料扫描电镜图

（b）对气态乙醛分子的光催化降解性能

图5-31　中空管的 TiO$_2$ 纳米纤维材料表面形貌及其对气态乙醛分子的光催化降解性能[65]

5.4 膜蒸馏

膜蒸馏过程是在太阳光或人工热量的驱动下，在微孔膜的两侧形成温度梯度，使膜一侧的液体蒸汽分子从高蒸汽压一侧（液体）穿过膜孔进入到低蒸气压一侧，而液体由于表面张力的作用则不能通过膜孔，从而实现物质的分离。该技术可用于海水淡化、工业及生活污水净化。自1963年Bodell申请第一项膜蒸馏专利开始[66]，膜蒸馏技术不断在发展。20世纪80年代膜蒸馏技术渐成体系，在学术领域，膜蒸馏技术已经受到了越来越多的关注。概括来讲，膜蒸馏技术主要分为直接接触式膜蒸馏，气隙式膜蒸馏，气扫式膜蒸馏及真空式膜蒸馏四类[67]（图5-32）。

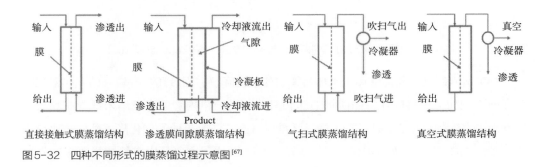

图5-32　四种不同形式的膜蒸馏过程示意图[67]

然而，迄今为止，膜蒸馏还未能真正实现商业化应用，这主要是因为膜蒸馏用膜的产水量低，全流程中膜性能退化严重。近年来将商用的疏水性微滤膜（PP，PVDF，PTFE）采用毛细或平板形式进行膜蒸馏过程的应用已经呈现较大的优势，但是依然存在产水量不够高及膜污染的问题。

相比而言，具有非织造形态的纳米纤维膜具有贯穿孔结构，孔径尺寸在几十纳米到几微米范围内可调，而且孔隙率大；纳米纤维表面化学结构可以通过采用含有不同官能团聚合物或纺丝成膜后进行表面处理的方式得以实现，为膜蒸馏技术提供了一种全新的材料体系。2008年，加拿大渥太华大学的C.Y.Feng等首先将静电纺纳米纤维膜材料应用于膜蒸馏过程（图5-33），研究者采用静电纺丝的方法制备出孔径在几微米的PVDF纳米纤维膜材料，该膜材料在60℃的温度梯度场下能够实现对NaCl浓度高达6%的盐水进行高效淡化，将盐水中NaCl的浓度降至280mg/kg，而且能够在一个月期间保持大于11kg/（$m^2 \cdot h$）产水能力[68]。

近十年来，采用纳米纤维膜开展膜蒸馏的研究日趋成为热点。主要研究集中在如何提高纳米纤维基膜蒸馏材料的通量，如何提高纳米纤维基膜蒸馏材料的使用耐久性方面。具体而言，需要考虑纳米纤维膜整流材料的厚度、孔隙率、平均孔径及孔径分布、

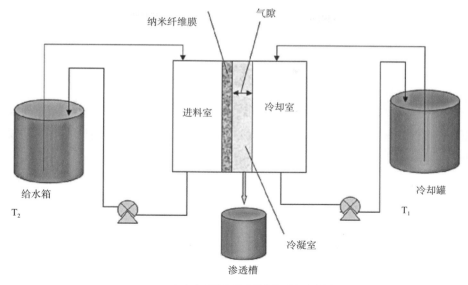

纳米纤维膜　　气隙

进料室　　冷却室

给水箱

T_2

冷却罐

T_1

冷凝室

渗透槽

（a）典型的气隙式膜蒸馏过程示意图

（b）PVDF纳米纤维电镜图片　　　　　　　（c）原子力电镜图片

图5-33　典型的气隙式膜蒸馏过程及膜片表面形貌[68]

迂曲度等物理结构及孔表面化学结构等主要因素。

　　一般而言，渗透流量要求膜厚度越小越好，但是产生温度梯度的热效率提高则要求膜厚度越大越好，前期研究认为最佳厚度应该为30μm～60μm；气体的扩散输运要求膜的孔隙率越大越好，但是利于导热的膜材料则要求其孔隙率越小越好，前期研究认为孔隙率为30%～85%；抗液体浸润性能要求膜的平均孔径越小越好，气体的扩散疏运则要求膜的平均孔径越大越好；迂曲度越大则不利于气体的输运，但是迂曲度对纳米纤维膜的贯穿孔结构的表述完整性依然有待研究。尽管由以上基本规律，但是截至目前还未有对膜蒸馏用纳米纤维基膜材料的物理结构的系统研究[67]。

　　近年来，对纳米纤维膜孔结构表面的亲疏液（最常见的是水）性能进行了较多的研究。

一般要求在对盐水进行淡化时，纳米纤维膜的内外孔表面应具有超疏水性，将碳纳米管等与PVDF或PTFE进行共混纺丝，在纳米纤维表面或纳米纤维膜表面构筑粗糙结构或降低表面能，能够提高表面的疏水性能（图5-34）[69-70]。当水中含有有机污染物时，纳米纤维膜的内外孔表面应具有不同的亲疏水性能，一般在保证内部孔表面疏水性前提下，在膜表面进行亲水改性能够提高膜蒸馏材料的抗污性能（图5-35）[71-72]。开采页岩气/油过程中液体分离更具挑战性，这类污水处理则需要具有憎液性的膜材料来实现膜蒸馏过程，主要通过在纳米纤维基膜材料表面构筑含氟的纳米颗粒得到油水双憎的功能（图5-36）[69-73]。

此外，膜蒸馏用纳米纤维膜材料还需要在制备时考虑其他因素，例如：纤维间的结合力[72]及膜材料的多层结构[74]以提高材料的机械性能和分离效率。

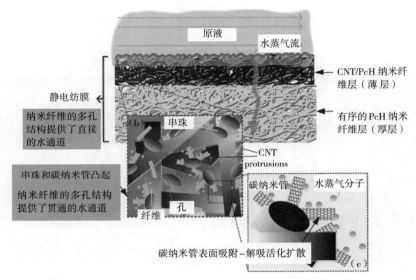

图5-34　碳纳米管改性偏氟乙烯-六氟丙烯共聚物纳米纤维膜蒸馏材料结构（直接接触式膜蒸馏）[69]

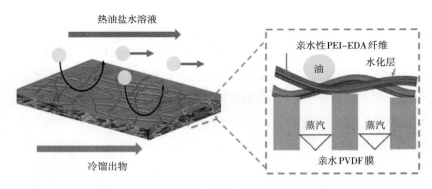

图5-35　具有表面高亲水性的PVDF/PEI-EDA纳米纤维膜蒸馏材料[72]

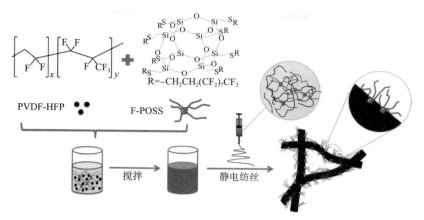

图5-36　具有疏液性能的F-POSS改性PVDF纳米纤维膜蒸馏材料[73]

　　膜蒸馏是一种绿色高效的液体分离技术，对于作为核心的膜材料的研究正处于快速发展阶段，纳米纤维膜材料天生的结构优势能够在未来膜蒸馏过程中发挥巨大作用，因此开展对纳米纤维基的膜蒸馏材料的物理和化学结构调控具有重要的现实意义。

5.5　小结

　　21世纪以来，纳米纤维材料发展迅速，由于其具有长径比大、比表面积高、孔隙率高且易加工等特点，在各领域表现出显著的应用优势。纳米纤维材料最主要的应用为二维膜或者三维凝胶体形式，使得易于在分离净化领域发挥优势。因此，科学家及工程师们发明了多样的制备方法，从纳米纤维材料的三维结构、纤维表面化学结构、复合结构等角度开展了分离净化应用，主要应用在过滤分离、吸附/亲和分离、催化剂膜蒸馏等方面。

　　以分离净化应用需求为导向，开展纳米纤维材料的结构的设计研究十分必要，且需要解决很多工程应用问题。例如，固液过滤要求纤维堆积结构致密，其中水过滤要求亲水性好，而气固过滤要求纤维堆积结构疏松、疏水性好，但是纳米纤维间结合力的增强是两种应用的性能提升的共同要求。在吸附和催化应用方面，纳米纤维表面或纤维膜表面的化学及金属（无机非金属）结构构筑十分重要，但是表面结构形成及应用过程对纳米纤维的空间结构又会产生影响。对如上系列问题的研究会丰富分离材料及技术的范畴，促进纳米纤维材料与过滤分离技术的交叉融合，最终将推动纳米纤维材料发展。未来，纳米纤维材料的分离净化应用理论及技术长期深入的研究具有重要的意义和广阔的前景。

参考文献

[1] Montgomery M A, Menachem E. Water and sanitation in developing countries: including health in the equation[J]. Environmental Science & Technology, 2007, 41(1): 17-24.

[2] Shannon M, Bohn P, Elimelech M. Science and technology for water purification in the coming decades[J]. 2008, 452(7185): 301-10.

[3] Sanders K T, Webber M. Evaluating the energy consumed for water use in the United States[J]. 2012, 114145224(7): 70-34034.

[4] Yao K, Habibian M, O'melia C. Water and waste water filtration: Concepts and applications[J]. 1971, 5(11): 1105-1112.

[5] 任建新. 膜分离技术及其应用[M]. 化学工业出版社, 2003.

[6] Wang X, Hsiao B. Electrospun nanofiber membranes[J]. 2016, 12: 62-81.

[7] Ma H, Chu B, Hsiao B. 15 – Functional nanofibers for water purification[J]. 2012, 64(7): 331-370.

[8] Dong W, Gang S, Chiou B. A High-Throughput, Controllable, and Environmentally Benign Fabrication Process of Thermoplastic Nanofibers[J]. 2010, 292(4): 407-414.

[9] Goulas A, Grandison A S. Applications of Membrane Separation[M]. Advanced Dairy Science and Technology, 2008.

[10] Wang J, Zhang Y. Present state of the application of the ultrafiltration membrane and microfiltration membrane to wastewater treatment and its development trend[J]. 2001, 21(3): 4-7.

[11] Gopal R, Kaur S, Ma Z. Electrospun nanofibrous filtration membrane[J]. 2006, 281(1): 581-586.

[12] Veleirinho B, Lopes-Da-Silva J. Application of electrospun poly(ethylene terephthalate)nanofiber mat to apple juice clarification[J]. 2009, 44(3): 353-356.

[13] Liu Y, Wang R, Ma H. High-flux microfiltration filters based on electrospun polyvinylalcohol nanofibrous membranes[J]. 2013, 54(2): 548-556.

[14] Ma H, Burger C, Hsiao B. Ultra-fine cellulose nanofibers: new nano-scale materials for water purification[J]. Journal of Materials Chemistry, 2011, 21(21).

[15] Li M, Xiao X, Dong W. High performance filtration nanofibrous membranes based on hydrophilic poly(vinyl alcohol- co -ethylene)copolymer[J]. 2013, 329(18): 50-56.

[16] Ke L, Pan C, Yuan W. Concurrent filtration and inactivation of bacteria using poly(vinylalcohol-co-ethylene)nanofibrous membrane facilely modified by chitosan and graphene oxide[J]. 2016, 4(2): 10.1039.C6EN00364H.

[17] Ghosh A, Hoek E. Impacts of support membrane structure and chemistry on polyamide–polysulfone interfacial composite membranes[J]. 2009, 336(1): 140-148.

[18] Ulbricht M J P. Advanced functional polymer membranes[J]. 2006, 47(7): 2217-2262.

[19] Yoon K, Hsiao B, Chu B. High flux ultrafiltration nanofibrous membranes based on polyacrylonitrile electrospun scaffolds and crosslinked polyvinyl alcohol coating[J]. 2009, 338(1): 145-152.

[20] Ma H, Burger C, Hsiao B. Ultra-fine cellulose nanofibers: new nano-scale materials for water purification[J]. Journal of Materials Chemistry, 2011, 21(21): 7507.

[21] Li M, Wu Z, Luo M. Highly hydrophilic and anti-fouling cellulose thin film composite membrane based on the hierarchical poly(vinyl alcohol-co-ethylene)nanofiber substrate[J]. 2015, 22(4): 2717-2727.

[22] Pieter V, Gevers L E M, Vankelecom I. Chemical Society Reviews. Solvent resistant nanofiltration: separating on a molecular level[J]. 2008, 37(2): 365-405.

[23] Yi H, Li G, Hua W . Application of nanofiltration membrane separation technology to wastewater treatment[J]. 2003, 23(8): 1-4.

[24] Yoon, Kyunghwan, Hsiao . High flux nanofiltration membranes based on interfacially polymerized polyamide barrier layer on polyacrylonitrile nanofibrous scaffolds[J]. 2009, 326(2): 484-492.

[25] Subramanian S, Seeram J. New directions in nanofiltration applications — Are nanofibers the right materials as membranes in desalination? [J]. Desalination 2013, 308(1): 198-208.

[26] Li R, Li M, Zheng L. A thin film composite membrane supported by a hydrophilic poly(vinyl alcohol-co-ethylene)nanofiber membrane: Preparation, characterization, and application in nanofiltration[J]. 2018, 135(19): 46261.

[27] Lu T D, Chen B Z, Wang J. Electrospun nanofiber substrates that enhance polar solvent separation from organic compounds in thin-film composites[J]. 2018, 6(31): 10.1039.C8TA04504F-.

[28] Lelieveld J, Evans J S, Fnais M. The contribution of outdoor air pollution sources to premature mortality on a global scale[J]. Nature, 2015, 525: 367-371.

[29] Lee E S, Fung C, Zhu Y. Evaluation of a high efficiency cabin air(HECA)filtration system for reducing particulate pollutants inside school buses[J]. Environ. Sci. Technol., 2015, 49: 3358-3365.

[30] Barhate R S, Ramakrishna S. Nanofibrous filtering media: Filtration problems and solutions from tiny materials[J]. J. Membrane Sci., 2007, 296: 1-8.

[31] Thakur R, Das D, Das A. Electret Air Filters[J]. Sep. Purif. Rev., 2013, 42: 87-129.

[32] Hung C-H, Leung W W-F. Filtration of nano-aerosol using nanofiber filter under low Peclet number and transitional flow regime[J]. Sep. Purif. Technol., 2011, 79: 34-42.

[33] Thavasi V, Singh G, Ramakrishna S. Electrospun nanofibers in energy and environmental applications[J]. Energ. Environ. Sci., 2008, 1: 205-221.

[34] Yi Z, Cheng P, Chen J. PVA-co-PE Nanofibrous Filter Media with Tailored Three-Dimensional Structure for High Performance and Safe Aerosol Filtration via Suspension-Drying Procedure[J]. Industrial & Engineering Chemistry Research, 2018, 57(28): 9269-9280.

[35] Wanga N, Si Y, Wang N. Multilevel structured polyacrylonitrile/silica nanofibrous membranes for high-performance air filtration[J]. Sep.Purif. Technol., 2014, 126: 44-51.

[36] Liu K, Xiao Z, Ma P. Large scale poly(vinyl alcohol-co-ethylene)/TiO$_2$ hybrid nanofibrous filters with efficient fine particle filtration and repetitive-use performance[J]. RSC Adv., 2015, 5: 87924-

87931.

[37] Wang N, Zhu Z, Sheng J. Superamphiphobic nanofibrous membranes for effective filtration of fine particles[J]. J. Colloid Interf. Sci., 2014, 428: 41-48.

[38] Wang N, Wang X, Ding B. Tunable fabrication of three-dimensional polyamide-66 nano-fiber/nets for high efficiency fine particulate filtration[J]. J. Mater. Chem., 2012, 22: 1445-1452.

[39] Leung W W-F, Hung C-H. Skin effect in nanofiber filtration of submicron aerosols[J]. Sep. Purif. Technol., 2012, 92: 174-180.

[40] Kreuzer H J, Payne S H. Theories of the adsorption-desorption kinetics on homogeneous surfaces[J]. Studies in Surface Science & Catalysis, 1997, 104: 153-200.

[41] Haider, Sajjad, Park. Preparation of the electrospun chitosan nanofibers and their applications to the adsorption of Cu(II)and Pb(II)ions from an aqueous solution[J]. Journal of Membrane Science, 2009, 328(1): 90-96.

[42] Pimolpun K, Pitt S. Preparation and adsorption behavior of aminated electrospun polyacrylonitrile nanofiber mats for heavy metal ion removal[J]. Acs Applied Materials & Interfaces, 2010, 2(12): 3619.

[43] Lu Y, Wu Z, Li M. Hydrophilic PVA-co-PE nanofiber membrane functionalized with iminodiacetic acid by solid-phase synthesis for heavy metal ions removal[J]. Reactive and Functional Polymers, 2014, 82: 98-102.

[44] Liu K, Cheng P, Kong C. A Readily Accessible Functional Nanofibrous Membrane for High-Capacity Immobilization of Ag Nanoparticles and Ultrafast Catalysis Application[J]. Advanced Materials Interfaces, 2019, 6(5).

[45] Liu Q, Chen J, Mei T. A facile route to the production of polymeric nanofibrous aerogels for environmentally sustainable applications[J]. Journal of Materials Chemistry A, 2018, 6(8): 3692-3704.

[46] Zou H, Luo Q, Zhou D. Affinity membrane chromatography for the analysis and purification of proteins[J]. Journal of Biochemical & Biophysical Methods, 2001, 49(1): 199-240.

[47] 商振华，周良模. 膜亲和色谱的现状、发展和应用[J]. 化学进展，1995（1）：47–59.

[48] 刘冬. 生物分离技术[M]. 北京：高等教育出版社，2007.

[49] 余艺华，白姝，孙彦. 亲和膜色谱[J]. 离子交换与吸附，1998,（5）：466–473.

[50] Liu K, Wang Y, Chen P. Noncrystalline nickel phosphide decorated poly(vinyl alcohol-co-ethylene) nanofibrous membrane for catalytic hydrogenation of p-nitrophenol[J]. Applied Catalysis B: Environmental, 2016, 196: 223-231.

[51] Wu J, Wang N, Zhao Y. Electrospinning of multilevel structured functional micro-/nanofibers and their applications[J]. Journal of Materials Chemistry A, 2013, 1(25): 7290.

[52] Sahay R, Kumar P S, Sridhar R. Electrospun composite nanofibers and their multifaceted applications[J]. Journal of Materials Chemistry, 2012, 22(26): 12953.

[53] Li F, Dong Y, Kang W. Enhanced removal of azo dye using modified PAN nanofibrous membrane Fe complexes with adsorption/visible-driven photocatalysis bifunctional roles[J]. Applied Surface Science, 2017, 404: 206-215.

[54] Li D, Huang J, Kaner R B. Polyaniline Nanofibers: A Unique Polymer Nanostructure for Versatile Applications[J]. ACCOUNTS OF CHEMICAL RESEARCH, 2009, 42: 135-145.

[55] Zhu Z, Xu Y, Qi B. Adsorption-intensified degradation of organic pollutants over bifunctional α -Fe@carbon nanofibres[J]. Environ. Sci.: Nano, 2017, 4: 302-306.

[56] Huang Y, Ma H, Wang S. Efficient catalytic reduction of hexavalent chromium using palladium nanoparticle-immobilized electrospun polymer nanofibers[J]. ACS Appl Mater Interfaces, 2012, 4(6): 3054-61.

[57] Kumar P S, Sundaramurthy J, Sundarrajan S. Hierarchical electrospun nanofibers for energy harvesting, production and environmental remediation[J]. Energy Environ. Sci., 2017, 7: 3192-3222.

[58] Li S, Shen X, Liu J. Synthesis of Ta_3N_5/Bi_2MoO_6 core–shell fiber-shaped heterojunctions as efficient and easily recyclable photocatalysts[J]. Environmental Science: Nano, 2017, 4(5): 1155-1167.

[59] Doh S J, Kim C, Lee S G. Development of photocatalytic TiO_2 nanofibers by electrospinning and its application to degradation of dye pollutants[J]. J Hazard Mater, 2008, 154(1-3): 118-27.

[60] Formo E, Lee E, Campbell D. Functionalization of Electrospun TiO_2 Nanofibers with Pt Nanoparticles and Nanowires for Catalytic Applications[J]. Nano Letter, 2008, 8: 668-672.

[61] Liu L, Liu Z, Bai H. Concurrent filtration and solar photocatalytic disinfection/degradation using high-performance Ag/TiO_2 nanofiber membrane[J]. Water Res, 2012, 46(4): 1101-12.

[62] Shi Y, Yang D, Li Y. Fabrication of PAN@TiO_2 /Ag nanofibrous membrane with high visible light response and satisfactory recyclability for dye photocatalytic degradation[J]. Applied Surface Science, 2017, 426: 622-629.

[63] Wang L, Zhang C, Gao F. Algae decorated TiO_2 /Ag hybrid nanofiber membrane with enhanced photocatalytic activity for Cr(VI)removal under visible light[J]. Chemical Engineering Journal, 2017, 314: 622-630.

[64] Miller D J, Dreyer D R, Bielawski C W. Surface Modification of Water Purification Membranes[J]. Angew Chem Int Ed Engl, 2017, 56(17): 4662-4711.

[65] Zhao T, Liu Z, Nakata K. Multichannel TiO2 hollow fibers with enhanced photocatalytic activity[J]. Journal of Materials Chemistry, 2010, 20(24): 5095.

[66] Bodell B. Silicon rubber vapour diffusion in saline water distillation. In: Patent US, editor.1963.

[67] El-Bourawi M S, Ding Z, Ma R. A framework for better understanding membrane distillation separation process[J]. Journal of Membrane Science, 2006, 285(1-2): 4-29.

[68] Feng C, Khulbe K C, Matsuura T. Production of drinking water from saline water by air-gap membrane distillation using polyvinylidene fluoride nanofiber membrane[J]. Journal of Membrane Science, 2008, 311(1-2): 1-6.

[69] Tijing L D, Woo Y C, Shim W-G. Superhydrophobic nanofiber membrane containing carbon nanotubes for high-performance direct contact membrane distillation[J]. Journal of Membrane Science, 2016, 502: 158-170.

[70] An A K, Guo J, Lee E-J. PDMS/PVDF hybrid electrospun membrane with superhydrophobic property and drop impact dynamics for dyeing wastewater treatment using membrane distillation[J]. Journal of Membrane Science, 2017, 525: 57-67.

[71] Wang K, Hou D, Wang J. Hydrophilic surface coating on hydrophobic PTFE membrane for robust anti-oil-fouling membrane distillation[J]. Applied Surface Science, 2018, 450: 57-65.

[72] Wang K, Hou D, Qi P. Development of a composite membrane with underwater-oleophobic fibrous surface for robust anti-oil-fouling membrane distillation[J]. J Colloid Interface Sci, 2019, 537: 375-383.

[73] Lu C, Su C, Cao H. F-POSS based Omniphobic Membrane for Robust Membrane Distillation[J]. Materials Letters, 2018, 228: 85-88.

[74] Woo Y C, Tijing L D, Park M J. Electrospun dual-layer nonwoven membrane for desalination by air gap membrane distillation[J]. Desalination, 2017, 403: 187-198.

第6章
纳米纤维在生物医用领域的应用

PART
6

6.1 纳米纤维在抗菌领域的应用

纳米纤维相比普通纺织材料具有高比表面积、高孔隙率和易于功能改性等优点，在分离净化、生物医用及食品包装等多领域具有很好的应用潜能。纳米纤维的高比面积也使细菌易附着于表面，成为细菌生长和传播的良载体。细菌在纳米纤维材料表面的滋生对材料的性能有着较大甚至毁灭性的影响，因此抗菌纳米纤维的研究吸引了学术界和产业界的广泛关注。2004年发表了首篇抗菌纳米纤维论文，2005年申请了首个关于抗菌纳米纤维专利。由此纳米纤维抗菌的研究论文及专利申请量逐年增加，并且涵盖了多个领域。本章节从纳米纤维抗菌方法、制备方式和应用几个方面进行了总结。

6.1.1 纳米纤维的抗菌剂

目前抗菌纳米纤维的抗菌剂主要为无机抗菌剂、有机抗菌剂、有机–无机杂化抗菌剂以及光动力学抗菌剂等几种。有机抗菌剂包括负载抗生素或天然产物提取物、利用天然抗菌高分子制备抗菌纳米纤维、卤胺抗菌等。无机抗菌剂主要是金属离子/粒子及其氧化物。有机无机杂化剂通过发挥协同抗菌作用，提高抗菌效果。光动力学抗菌剂在光照作用下产生活性氧杀灭细菌。

6.1.1.1 无机抗菌剂

目前已证实具有抗菌能力的无机抗菌剂主要是银、铜、锌、钛、汞、铅等金属离子及其粒子和氧化物。抗菌纳米纤维所使用的无机抗菌剂主要涉及银、铜、锌和钛，其中银的使用最广泛且抗菌效果最为明显。石墨烯用做纳米纤维抗菌剂也有少量报道。由于汞、铅元素较高的毒性，在抗菌纳米纤维中并未被使用。

金属单质纳米粒子/离子可以负载于纳米纤维表面或嵌入纳米纤维内起到抗菌的作用。同种金属的抗菌性与负载剂量相关，抗菌性随剂量的增加而提高。Kharaghani等制备了分别负载有2447mg/kg、4898mg/kg和11262mg/kg、粒径在10～50nm银纳米粒子的聚丙烯腈纳米纤维，同等条件下银纳米粒子的负载量越大抗菌性越高[1]（图6-1）。异种金属的抗菌性与其和细菌蛋白的配位能力正相关。Gouda等制备铜、锌、铁纳米粒子功能化纤维素，三种金属二价离子的Irving–Williams序列为$Fe^{2+}<Zn^{2+}<Cu^{2+}$。纳米纤维抗菌能力序列为铜纳米粒子>锌纳米粒子>铁纳米粒子，与其Irving–Williams序列一致[2]。与银相比，铜价格低廉且抗菌效果良好，是目前较为理想的无机抗菌剂。铜可以以离子、氧化物和铜颗粒物的状态与纳米纤维相结合并起到抗菌作用。Cu^{2+}的d_{10}空轨道可以和纤维上含有孤对电子的氧、氮等元素络合进而被负载于纳米纤维表面，实现纳米纤维的抗菌功能化。纳米纤维的抗菌作用丧失后，可以通过和Cu^{2+}重新络合使恢复期抗菌性能[3-4]。铜单质构成的纳米纤维接触细菌后通过破坏细菌的细胞壁结构起到抗菌作用；相对于Cu^{2+}，铜单质构成的纳米纤维的抗菌作用较弱。将铜单质纳米纤维分散于高密度聚乙烯中，添加量在0.5%时无明显的抑菌作用，添加量达到5%时24h抑菌率也仅约50%[5]。

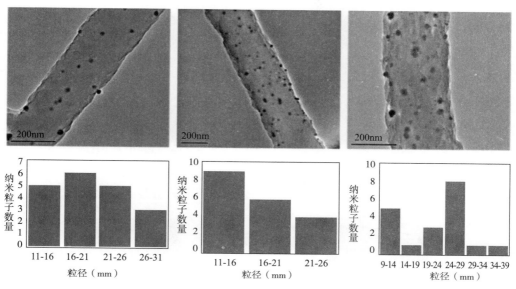

图6-1　PAN/AgNPs纳米纤维扫描电镜及银纳米粒子粒径分布[1]

除金属粒子/离子外，金属氧化物也能够通过释放金属离子或产生活性自由基发挥抗菌作用。CuO纳米粒子及其释放出的Cu^{2+}可以与细菌细胞壁上的巯基相结合，进而破坏细菌壁的正常结构，引起细菌死亡；也有可能通过产生活性氧起到抗菌作用[6]（图6-2、图6-3）。ZnO改性PCL纳米纤维未降解时仅含有微弱的抑菌能力，经过30天的降解后，纳米纤维抑菌率可达99%，这源于纳米纤维降解后更有利于ZnO释放Zn^{2+}进行抗菌[7]。TiO_2在紫外光照比无紫外光照条件下，对非耐药菌和耐药菌都具有更高的抗菌活性；这是因为紫外光照条件下TiO_2光催化作用，使其具有更高的抗菌活性[8]。氧化石墨烯作为非传统的金属氧化物，通过对细菌膜结构的破坏和氧化应激，也可产生一定的抗菌作用。与银和铜相比，石墨烯改性纳米纤维的抗菌活性较弱，然而，在纳米纤维制备过程中将石墨烯与其他抗菌剂联用，能够通过协同作用提高纳米纤维的抗菌活性[9]。

无机抗菌剂的单独应用可以赋予纳米纤维良好的抗菌性，将多种无机抗菌剂联用或无机抗菌剂与自身不具备抗菌活性材料复合使用，可以通过协同抗菌作用达到更好的抗菌效果。同种无机抗菌剂的不同结构也影响其抗菌性。Sedghi等研究表明Ni–ZnO/rGO/Ag多组分抗菌剂联用改性锦纶6纳米纤维的抗菌活性明显优于无银改性纳米纤维[10]。Chen等发现ZnO的形态对聚丙烯腈–ZnO/Ag纳米纤维抗菌活性有较大影响；与花朵型和松果型ZnO相比较，海胆型因其最高的比表面积而展示了最高的抗菌能力[11]。Huang等在纤维素基材表面负载TiO₂/银纳米粒子/多孔碳多组分复合涂层起到了协同抗菌作用，对大肠杆菌和金黄色葡萄球菌的抑菌率分别达到了99.7%和83.1%[12]（图6-4）。

无机抗菌剂功能化纳米纤维普遍具有较高的抗菌活性，抗菌能力除受元素种类的影响外，还受到元素价态、纳米粒子的结构等因素的影响。抗菌剂—抗菌剂及抗菌剂—非抗菌剂的联用能够通过协同作用增加抗菌能力。

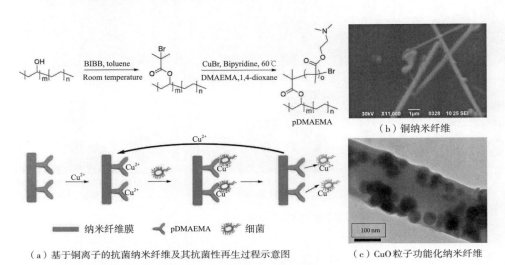

（a）基于铜离子的抗菌纳米纤维及其抗菌性再生过程示意图
（b）铜纳米纤维
（c）CuO粒子功能化纳米纤维

图6-2　铜离子、铜纳米纤维及氧化铜用于实现纳米纤维抗菌功能化[4-6]

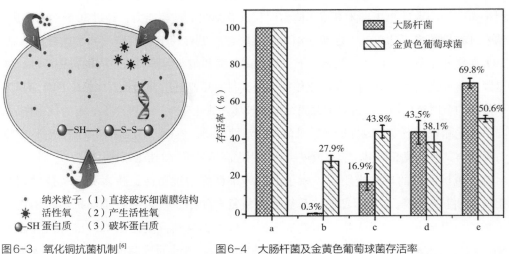

图6-3　氧化铜抗菌机制[6]

图6-4　大肠杆菌及金黄色葡萄球菌存活率
a—阴性对照；b—AgNPs–TiO₂–C复合物；c—AgNPs–TiO₂；
d—TiO₂–C；e—TiO₂[12]

6.1.1.2　有机抗菌剂

有机抗菌剂种类繁多，包括抗生素、中草药等天然产物及其提取物、壳聚糖及合成阳离子聚合物、抗菌多肽、溶菌酶和卤胺等都可以用于制备抗菌纳米纤维。

（1）抗生素。将抗生素用于抗菌纳米纤维的制备，纳米纤维的抗菌机理与所用抗生素相同。纳米纤维负载抗生素，可以通过缓释作用提高纳米纤维抗菌能力的长效性；多种抗生素联用，可以提高抑菌率并拓宽抗菌谱。崔等制备的聚乳酸－羟基乙酸共聚物（PLGA）载盐酸四环素纳米纤维膜可实现27天以上体外长效释放，长效抑制了金黄色葡萄球菌生长[13]。Jang等制备的PCL/PEG/万古霉素复合纳米纤维毡14天后依然能够抑制耐甲氧西林金黄色葡萄球菌的生长和生物被膜生成[14]（图6-5）。Unnithan等制备的含盐酸环丙沙星的聚氨酯/葡聚糖纳米纤维毡对金黄色葡萄球菌、芽孢杆菌等革兰氏阳性菌抑菌圈达到15mm～20mm，对大肠杆菌、鼠伤寒沙门氏菌和创伤弧菌等革兰氏阴性菌抑菌圈达到20mm[15]。Arbade等制备的聚己内酯抗菌纳米纤维对氯霉素的缓释时间可达到20天[16]。Zupančič制备了同时负载有甲硝唑和盐酸环丙沙星的PCL纳米纤维发挥协同抗菌作用，获得了更高效广谱的抗菌效果[17]。

除抗生素与成纤聚合物理包埋实现抗生素负载外；也可以预先制备脂质体等抗生素载药系统，再与成纤聚合物共价反应或物理包埋实现抗生素负载；或与成纤聚合物发生化学反应，抗生素以前药形式负载在纳米纤维上。Monteiro等通过共价键将载硫酸庆大霉素脂质体接枝在壳聚糖纳米纤维表面，实现抗生素缓释[18]。周应学等先制备β-环糊精载布洛芬悬浊液，再通过静电纺丝得到含有布洛芬的聚乳酸纳米纤维[19]。Parwe使盐酸环丙沙星与聚乳酸末端羧基反应实现抗生素负载，体外释放动力学实验证明药物释放行为具有pH值依赖行为[20]（图6-6）。

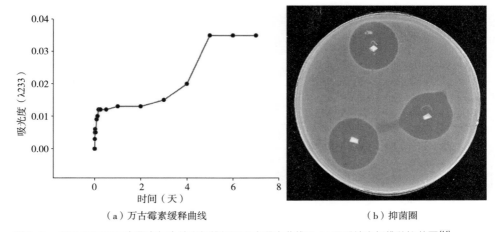

（a）万古霉素缓释曲线　　　　　　　　　（b）抑菌圈

图6-5　PCL/PEG/万古霉素复合纳米纤维缓释万古霉素曲线及14天后纳米纤维毡抑菌圈[14]

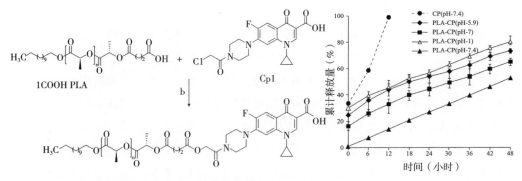

图6-6　环丙沙星共价负载PLA及其在不同环境下释放动力学[20]

（2）中草药等天然产物及其提取物。壳聚糖表面含有丰富的—NH₂，质子化后，可以与细菌表面的负电荷相互作用破坏细胞壁的合成与溶解平衡，扰乱细菌正常的生理活动，从而起到抗菌作用。作为一种常用的天然抗菌高分子，壳聚糖及改性壳聚糖用于纳米纤维的制备也展现了高抗菌活性。Zarayneh制备了纤维素纳米纤维（CNF）、壳聚糖纳米纤维（ChNF）及纤维素–壳聚糖复合纳米纤维（CNF/ChNF），ChNF抗菌能力具有浓度依赖性，CNF/ChNF展现了协同抗菌能力[21]（图6-7）。Wu等将5～50μm的壳聚糖粉末与聚羟基脂肪酸酯混合制备抗菌纳米纤维，抗菌性能也具有浓度依赖性[22]（图6-8）。壳聚糖纳米纤维的物理形态结构对其抗菌性能也有影响，Chen等研究表明大肠杆菌能够进入枝化纳米纤维内部的孔洞，体现出较高的抑菌率（73.1%）；而平面的纳米纤维膜抑菌率仅有17.1%[23]。Uygun等使用等离子体技术表面改性壳聚糖使表面电荷增加，其抗革兰氏阳性菌能力增强[24]。

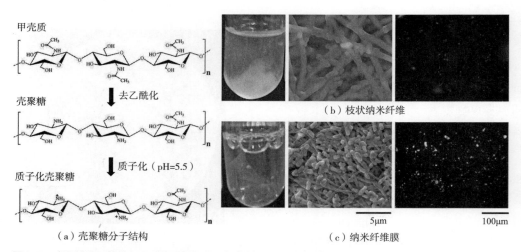

图6-7　壳聚糖分子结构及不同物理结构壳聚糖纳米纤维抗菌能力[21-23]

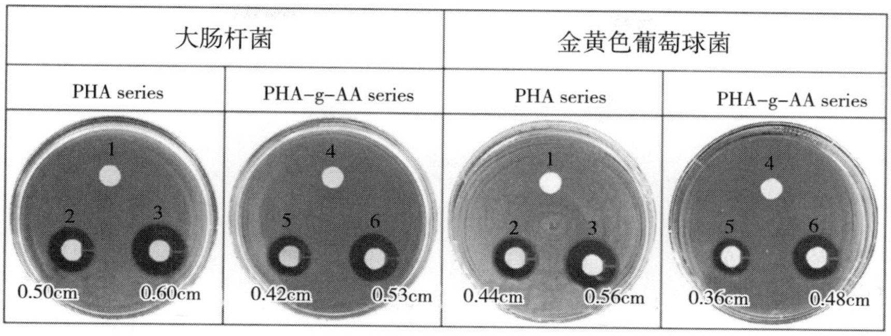

大肠杆菌				金黄色葡萄球菌			
PHA series		PHA-g-AA series		PHA series		PHA-g-AA series	
0.50cm	0.60cm	0.42cm	0.53cm	0.44cm	0.56cm	0.36cm	0.48cm

图6-8　壳聚糖粉末功能化聚羟基脂肪酸酯纳米纤维抑菌圈[22]

1—PHA；2—PHA/CSP 3%（质量分数）；3—PHA/CSP 6%（质量分数）；4—PHA-g-AA；5—PHA-g-AA/CSP 3%（质量分数）；6—PHA-g-AA/CSP 6%（质量分数）

多种中草药等天然产物及其提取物也可以赋予纳米纤维良好的抗菌能力。肉桂醛/聚乳酸复合纳米纤维膜对大肠杆菌、金黄色葡萄球菌和枯草芽孢杆菌都展现了肉桂醛浓度依赖的抑菌性能，抑菌性能甚至优于传统无机抗菌剂 $CuSO_4$ 功能化的复合纳米纤维膜。在含有相同剂量的抗菌剂时（质量分数为3%），$CuSO_4$ 复合纳米纤维膜对各模型细菌的生长抑制率分别为55.45%、30.51%、21.35%，显著低于肉桂醛功能化的复合纳米纤维膜92.43%、94.65%、86.78%的抑菌率。其抑菌原理为包载于纳米纤维中的肉桂醛缓慢释放，破坏细菌的细胞壁结构后，渗入细菌内部，破坏细菌细胞器而起到杀菌作用[25]。含圆柏提取物的PVA纳米纤维对金黄色葡萄球菌和克雷白氏肺炎杆菌都展现了良好的抑菌性，其中对金黄色葡萄球菌抑制性能优于克雷白氏肺炎杆菌。圆柏提取物中的 $\alpha-$ 蒎烯、$\beta-$ 水芹烯、$\alpha-$ 乙酸松油酯和柏木脑等成分起到了主要的抗菌作用[26]。Tsai将预制备的黄酮类水飞蓟素和玉米蛋白复合纳米粒子吸附在细菌纤维素纳米纤维膜表面；通过对水飞蓟素的缓释作用，纳米纤维膜对革兰氏阳性的金黄色葡萄球菌具有较高的抑菌活性（62.1%±1.9%），而对革兰氏阴性的大肠杆菌（21.6%±2.8%）、铜绿假单胞杆菌（28.2%±4.9%）抑菌作用较弱[27]。Ipek等使用环糊精包载百里香氛，再制备功能化玉米蛋白纳米纤维，能有效抑制肉类制品表面细菌滋生[28]（图6-9）。普洱茶、丹参酮、儿茶酚、槲皮素、黄蓍胶、柠檬烯和抗坏血酸棕榈酸酯等天然产物或其提取物也被用于制备各种抗菌纳米纤维[29-35]。

整体而言，小分子天然提取物对革兰氏阳性菌的抑制率高于革兰氏阴性菌，并且水飞蓟素、抗坏血酸棕榈酸酯、槲皮素起到抗菌作用的同时还具有抗氧化性。

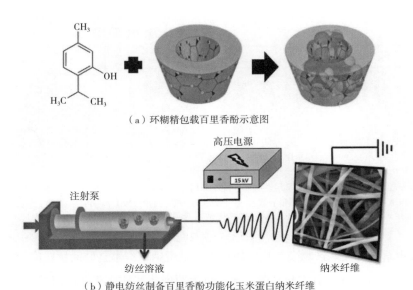

（a）环糊精包载百里香酚示意图

（b）静电纺丝制备百里香酚功能化玉米蛋白纳米纤维

图6-9　静电纺制备百里香氛功能化抗菌玉米蛋白纳米纤维示意图[28]

（3）溶菌酶—抗菌多肽。抗菌肽具有广谱高效抗菌活性，且不易引起细菌耐药性。杆菌肽通过干扰细菌细胞壁的合成抑制革兰氏阳性菌的生长。短杆菌肽S能够抑制革兰氏阳性菌、革兰氏阴性菌甚至真菌的生长，但是短杆菌肽S高溶血性的存在使其并不具有实用性（图6-10）。基于空间结构的互补性，将杆菌肽和短杆菌肽S自组装成纳米纤

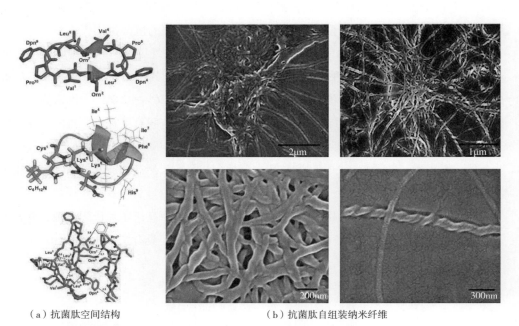

（a）抗菌肽空间结构　　　　　　（b）抗菌肽自组装纳米纤维

图6-10　杆菌肽及短杆菌肽S空间结构图及其自组装纳米纤维[38]

维展现出了良好的抗菌活性和低毒性[36]。邝绍苗等通过固相合成技术合成抗菌多肽，并将其接枝到二醋酸纤维素上，成功制备了改性二醋酸纤维素纳米纤维，对大肠杆菌和金黄色葡萄球菌抑菌率分别为98.4%和98.7%[37]。Deng等使用带正电荷的溶菌酶改性有机纤维素纳米纤维和无机硅酸盐纳米纤维，对金黄色葡萄球菌和大肠杆菌都展示了良好的抗菌活性[38-40]。Park等使用溶菌酶改性壳聚糖纳米纤维，也显示了增强的抗菌活性[41]。

（4）卤胺抗菌。卤胺前驱体化合物（N—H）与次氯酸盐反应后被氯胺化（N—Cl），氯胺化合物上的氯原子带正电具有强氧化性为活性氯。强氧化性的氯原子，释放到细菌体内后，使细胞内生物代谢受到影响，实现杀菌目的。卤胺化合物失去抗菌功能后，又变成卤胺化合物前驱体，再次氯漂后可重新获得抗菌活性。Ren等基于卤胺抗菌基制制备了聚酯抗菌纳米纤维膜及聚丙烯腈抗菌纳米纤维，在5min内即对金黄色葡萄球菌和大肠杆菌展示了高效的抑菌能力[42-43]。卤胺类抗菌剂除对细菌具有生长抑制能力外，对真菌也具有明显的抑制能力。Dutta等制备的卤胺改性几丁质纳米纤维对链格孢菌和指状青霉的生长抑制率都达到80%以上[44]。孙等制备的N-卤胺聚乙烯—聚乙烯醇抗菌纳米纤维对细菌接触灭杀率达到99.9999%[45]。卤胺抗菌机理除应用于改性有机纳米纤维外，还可以改性无机纳米纤维。丁等制备了氯胺化无机纳米纤维，能够实现动态抗菌效果，在水滤过过程中水体细菌含量即可降至低于100CFU/mL[46]（图6-11）。

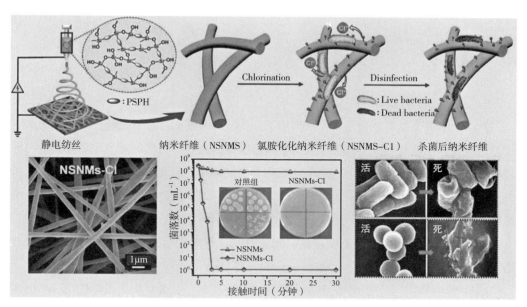

图6-11　氯胺化无机抗菌纳米纤维[46]

6.1.1.3　有机无机杂化抗菌剂

多种无机抗菌剂或有机抗菌剂联用具有明显的抗菌性增强效果，有机–无机抗菌剂的杂化也可以发挥协同抗菌作用，达到更优的抗菌效果。Dubey等以PEG功能化氧化石墨烯为模板制备PEG/GO-AgNP复合物，再沉积姜黄素，复合物改性纳米纤维的抗菌性明显增强[47]（图6-12）。除物质组成外，纳米材料的抗菌性也与其表面结构密切相关，氧化石墨烯在纳米纤维表面提供了高的比表面积也有助于提高最终的抗菌效果。Cai等制备了Fe_3O_4纳米粒子杂化的壳聚糖/明胶纳米纤维，随Fe_3O_4纳米粒子含量的增加抗菌性明显增强[48]。Song等制备了$AgNO_3$和双氯苯双胍己烷改性的壳聚糖/PEO复合纳米纤维，5%wt$AgNO_3$抗菌纳米纤维添加60μg双氯胍己烷后抑菌圈从16mm增加到23mm[49]。

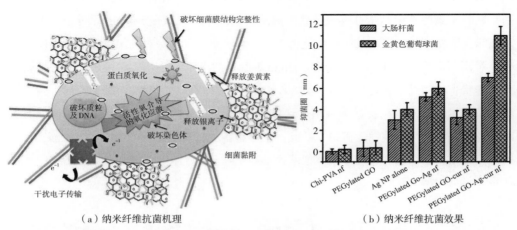

（a）纳米纤维抗菌机理　　　　　（b）纳米纤维抗菌效果

图6-12　PEG/GO-AgNP-姜黄素纳米复合物改性纳米纤维抗菌机理及效果图[47]

6.1.1.4　光动力学抗菌

光动力学抗菌基本原理是：光照作用下，光敏剂吸收能量从基态跃迁到高能量的三线态，三线态光敏剂与分子氧反应产生单线态氧等活性氧。活性氧对微生物表面蛋白等造成不可逆转的损伤，从而杀灭细菌。光动力学抗菌相对于其他抗菌机制的优势在于：

（1）抗菌谱广：光动力学抗菌对客体微生物没有选择性，可以杀灭细菌、真菌、病毒等各种微生物；

（2）毒副作用低：单线态氧存在时间约10^{-6}s，仅对约1μm范围内的客体生物具有伤害作用。

（3）无耐药性：光动力学抗菌是一种物理抗菌机制，对微生物的破坏作用时不可逆转的。在光照作用下，产生NO等自由基杀灭细菌依然可纳入光动力学抗菌的范围[50]。

将光敏剂固载于纳米纤维表面或包载于纳米纤维内都可赋予其光动力学抗菌能力。张等在p（MMA-*co*-MAA）表面吸附离子光敏剂亚甲基蓝（MB）和5，10，15，20-四（4-*N*-甲基吡啶基）卟啉锌（锌卟啉），对金黄色葡萄球菌抑制率可达到99.99%[51]。

Wang等将蒽醌-2-磺酸钠盐吸附在PVA-*co*-PE纳米纤维膜表面经365nm光照1h，对大肠杆菌也显示良好的细菌生长抑制能力[52]。Henke等在聚苯乙烯纳米纤维表面负载卟啉类光敏剂光照20min即可显著抑制大肠杆菌生长[53]。Si等通过对光敏剂的设计与选择，可使光敏剂存在较为稳定的中间态而实现光存储及可复生的光动力学抗菌[54]（图6-13）。

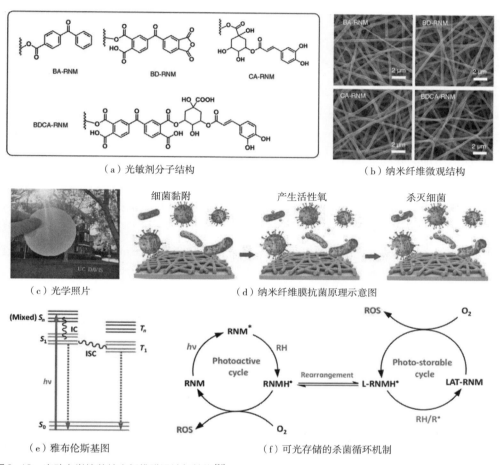

（a）光敏剂分子结构　　　　　　　　（b）纳米纤维微观结构

（c）光学照片　　　　　　　　　（d）纳米纤维膜抗菌原理示意图

（e）雅布伦斯基图　　　　　　　（f）可光存储的杀菌循环机制

图6-13　光动力学抗菌纳米纤维膜设计与结构[54]

6.1.2　抗菌纳米纤维的制备方法

抗菌纳米纤维的制备方法多种多样，但都具有相同的目的，即将抗菌剂嵌入纳米纤维内部或负载于表面赋予纳米纤维抗菌能力。各种纳米纤维制备方法可以分为两大类：

（1）直接成纤法：预先制备抗菌成纤聚合物或成纤聚合物与抗菌剂的复合体系，再纺丝成纤制备抗菌纳米纤维，可称为直接成纤法。

（2）后功能化法：先得到无抗菌性或抗菌性较弱的纳米纤维，再通过表面改性增强其抗菌活性，可称为后功能化法。

6.1.2.1 直接成纤法

目前已有报道文献中绝大部分直接成纤法制备的抗菌纳米纤维都是基于静电纺丝法，少部分使用海岛纺丝法、溶液喷射纺丝法和沉淀分离聚合法。

通过静电纺丝制备抗菌纳米纤维首先是配制成纤聚合物与抗菌剂的混合溶液，然后通过静电纺丝得到各种规格的抗菌纳米纤维。成纤聚合物可以是天然高分子、合成高分子、天然及合成高分子混合物，甚至无机物。抗菌剂可以是有机物、无机物、有机无机混合或杂化结构等各种形式。静电纺丝法制备抗菌纤维具有原料来源广、工艺可控性好、可重复性好、可操作性好、纤维尺度可控性好等诸多优势，但是也存在制备效率低、工业化难度大等缺点。因此，静电纺丝法制备抗菌纤维是非常理想的理论研究的工具，但以目前技术条件不适用大规模的工业化生产。静电纺丝制备抗菌纳米纤维又有单轴和双轴之分，也有单喷头和双喷头之分。

所谓单轴法静电纺丝制备抗菌纳米纤维，即将抗菌纳米纤维所有组成物配成混合溶液，将混合溶液经单轴静电纺丝制得抗菌纳米纤维。Gouda 先配制了含有铜铁锌等多种金属纳米粒子的羧甲基纤维素溶液，经静电纺丝制备了直径范围在 150nm ~ 200nm 的抗菌纳米纤维，纳米纤维形态均一、表面光滑；纳米粒子均匀分散在纳米纤维中，未出现聚集，也未影响纳米纤维形态[2]。Haider 预先配制含 0.5%wt CuO 纳米粒子的 PLGA 溶液，CuO 纳米粒子能够均匀的嵌入 PLGA 纳米纤维内起到抗菌的作用[6]。Felice 等通过静电纺丝制备了 PLA–羟基磷灰石–ZnO 纳米粒子的复合抗菌纳米纤维[7]。通过类似的方法也可以实现含抗生素、天然产物为抗菌剂的抗菌纳米纤维的制备[15, 26]。

单轴法需要预混配制纺丝液再纺丝；双轴法纺丝液不需要预混，将不同种成纤溶液在同一喷头中混合后纺丝成纤。Wu 等通过双轴喂料法制备聚羟基脂肪酸酯、壳聚糖粉末复合抗菌纳米纤维，两种聚合物由不同推进泵推进，在喷丝头处混合成纤（图6–14）。聚羟基脂肪酸酯经丙烯酸改性后与壳聚糖粉末具有更好的相容性和黏附性[22]。无论单轴还是双轴喂料，经单喷头静电纺丝得到抗菌纳米纤维膜中的纤维是相同的。双喷头纺丝可以通过同时步纤维成型，制得的抗菌纳米纤维膜内含有两种不同组成的纤维（图6–15）。Tijing 等采用双喷丝头法制备了银纳米粒子–聚环氧乙烷（Ag–PEO）/聚氨酯（PU）双组分杂化抗菌纳米纤维。Ag–PEO 溶液喷丝头与 PU 溶液喷丝头夹角为 80°，同时纺丝将纤维沉积在同一接收器上得到 Ag–PEO 纳米纤维（800nm ± 290nm）与 PU 纳米纤维（194nm ± 40nm）梯度结构复合纳米纤维毡[55]。

静电纺丝外，其他抗菌纳米纤维制备技术有海岛纺丝法纳米纤维制备技术、溶液喷射纺丝技术和沉淀分离聚合技术等。

Wang 等将 2，4–二氨基 6–二烯丙基氨基 –1，3，5–三嗪（CDAM）与 PVA–*co*–PE 聚合物混合，并加入过氧化二异丙苯（DCP）为引发剂，混合体系在熔融共挤出过程中

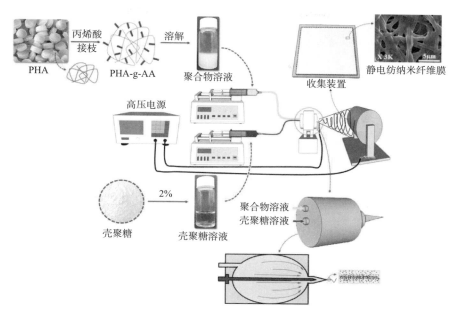

图6-14　双轴喂料法制备复合抗菌纳米纤维[22]

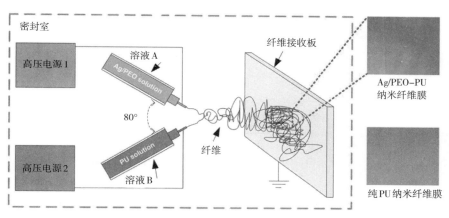

图6-15　双喷丝头法制备抗菌纳米纤维[55]

发生自由基接枝反应，完成CDAM在PVA-*co*-PE上表面改性。最后，以改性后聚合物通过海岛纺丝法纳米纤维制备技术得到抗菌纳米纤维膜。相比静电纺丝制备技术，海岛纺丝法纳米纤维制备技术已实现了工业化规模制备纳米纤维，但是该方法仅适用于热塑性聚合物，具有成纤聚合物来源受限的缺点[56]（图6-16）。

　　Zhuang等发明了溶液射流成型法制备纳米纤维[57]（图6-17）。将壳聚糖、聚乳酸与PEG配制三氟乙酸纺丝液，然后纺丝液以10mL/h的速率输送到直径为0.5mm的喷丝孔，然后利用压力为0.1MPa高速喷射气流牵伸细化纺丝溶液细流，进入温度为60℃的纺丝箱内，溶剂快速挥发后在采用25%的戊二醛水蒸汽交联纺制的纳米纤维[58]。纳米纤维

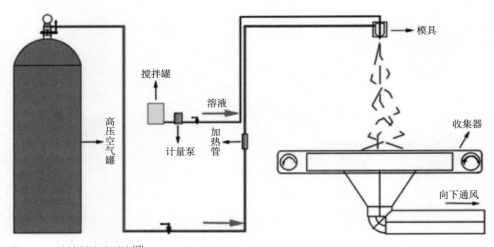

图6-16 海岛纺丝法制备热塑性聚合物抗菌纳米纤维化学反应过程图[56]

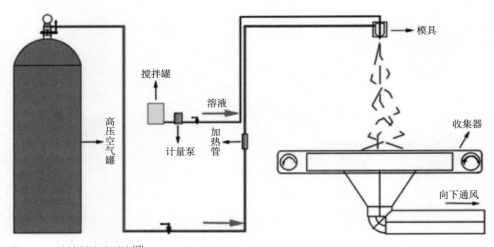

图6-17 溶液射流成型法[57]

内含有天然抗菌高分子壳聚糖，所以纳米纤维膜具有一定的抗菌作用。

Kong等通过自由基分散聚合一步制备了负载银抗菌纳米纤维[59-60]（图6-18）。制备过程为：0.05%的PVA水溶液与$AgNO_3$溶液混合均匀后加入自由基引发剂（偶氮二异丁腈），然后再加入甲基丙烯酸甲酯，最后60℃下剧烈搅拌24h，聚合完成后沉淀24h可以得到含银抗菌纳米纤维。Poyraz在24h种子聚合反应后再经80℃过夜真空干燥得到银纳米粒子–聚苯胺复合纳米纤维[61]。

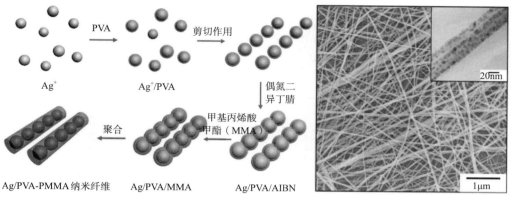

图6-18　自由基分散聚合制备纳米纤维[59, 60]

6.1.2.2　后功能化法

后功能法制备抗菌纳米纤维即在无抗菌性或弱抗菌性纳米纤维膜表面进行抗菌功能化改性，赋予纳米纤维抗菌性。相关方法主要有：表面还原沉积抗菌纳米粒子、表面化学接枝改性及表面层层自组装等。

表面沉积抗菌纳米粒子主要适用于无机抗菌剂在纳米纤维表面的负载，也可用于表面接枝改性脂质体等有机抗菌剂。Yang等向细菌纤维素纳米纤维水分散体系内加入硝酸银，然后该混合溶液于120℃孵化2h使银离子与纤维素纳米纤维复合；最后剧烈搅拌条件下，于混合体系内加入硼氢化钠，在纳米纤维表面原位还原得到银纳米粒子，制得抗菌细菌纤维素纳米纤维[62]（图6-19）。Zhang等先将PLA纳米纤维用氧等离子处理4min然后使多巴胺杂化石墨烯溶液直接沉积在PLA纳米纤维表面，获得石墨烯功能化的抗菌纳米纤维[9]。Yang与Zhang都对抗菌纤维的抗菌性能进行了研究，而未研究抗菌剂在纤维表面的稳定性，以及纳米纤维的长效抗菌性。Monteiro等预先制备负载有硫酸庆大霉素的脂质体，然后通过共价键将脂质体固载于壳聚糖纳米纤维表面，制得了有机脂质体功能化的抗菌纳米纤维[18]。Liu等通过静电纺丝制备了含有茶多酚的聚苯乙烯纳米纤维膜，将纳米纤维浸渍于硝酸银溶液中可以在无外加还原剂与稳定剂、无须辐射与加热等操作条件下，由茶多酚原位还原制备银纳米粒子功能化抗菌聚苯乙烯纤维[63]（图6-20）。邓等还通过电喷雾法将溶菌素累托石复合溶液沉积在醋酸纤维素纳米纤维表面，赋予其抗菌性[40]。通过酶交联聚集制备溶菌素表面改性的壳聚糖纳米纤维膜，溶菌素在膜表面的固化可以有效提高其抗菌稳定性和耐久性[41]。溶菌素表面固化抗菌纳米纤维膜室温存储80天后依然可以保持初始活性的75.4%，同等条件下自由状态的溶菌素全部失活。抗菌纳米纤维在连续使用100个循环后仍然保持有超过76%的抗菌活性。重复使用10个循环后，纳米纤维膜对金黄色葡萄球菌、芽孢杆菌、弗累克斯讷氏杆菌和铜绿假单胞杆菌的抑菌活性分别仍达到82.4%、79.8%、83.4%和84.1%。

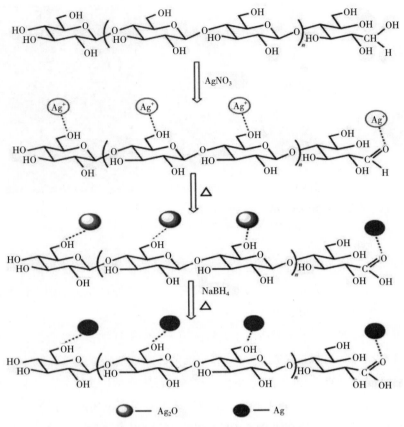

图6-19　原位还原银纳米粒子抗菌纤维素纳米纤维制备过程[62]

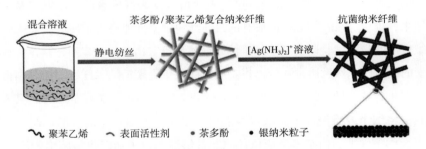

图6-20　茶多酚原位还原银纳米粒子制备聚苯乙烯抗菌纳米纤维[63]

　　为实现二氧化钛与纳米纤维素纤维的交联，以丁烷四羧酸（0.002mol）为间隔基、次磷酸钠为催化剂（0.002mol），将纤维素纳米纤维水相悬浮液于70℃下处理2h后，将改性后纤维素纳米纤维与单独二氧化钛溶胶或混合有四环素或磷霉素钠的混合溶液分别于40℃、70℃反应2h得到抗菌纤维素纳米纤维[64]（图6-21）。无抗生素复合仅单独二氧化钛改性的纳米纤维在紫外光照下也可以起到抗菌作用。

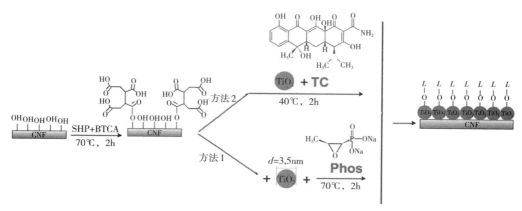

图6-21 二氧化钛表面功能化纤维素纳米纤维[64]

　　抗菌纳米粒子改性纳米纤维的过程中，还可以通过超声辅助分散的方式使抗菌剂在纳米纤维表面更均匀的分散。Shi等将PEG表面接枝聚氨酯纳米纤维置于超声分散的银纳米粒子乙醇分散液中；再经超声处理30min，实现银纳米粒子在纳米纤维表面的固载；最后，使用水和乙醇彻底清洗并干燥后即得到抗菌聚氨酯纳米纤维[65]。Annur等先制备含Ag⁺的壳聚糖纳米纤维，然后使用氩气等离子体处理还原得到在纳米纤维表面均匀分散的固定化银纳米粒子[66]。Zhu等通过静电纺丝制备含有Ag⁺的纳米纤维膜，通过紫外光还原得到银纳米粒子。在纺丝液中加入了二甲基丙烯酸三甘醇酯和2−羟基−2−甲基丙醇作为自由基聚合光引发剂，紫外光照在还原得到银纳米粒子的同时，通过光交联使纳米纤维成为半互穿网络结构[67]。

　　层层自组装法是一种较为简便的制备抗菌纳米纤维的办法，既可以用于有机抗菌剂的自组装，也可以用于无机抗菌剂的组装过程。Deng等在层层自组装功能化抗菌纳米纤维方面做了较多的研究工作。醋酸纤维素纳米纤维于阳离子溶菌素和阴离子果胶或海藻酸钠溶液中交替吸附层层自组装沉积，制备溶菌素改性抗菌纳米纤维[38, 39]（图6-22）。使用季铵化壳聚糖为阳离子聚合物、海藻酸钠为阴离子聚合物，通过层层自组装制备了抗菌纤维素纳米纤维[68]。聚丙烯腈纳米纤维表面通过N与Ag⁺的配位作用在纳米纤维膜表面吸附Ag⁺离子层，然后通过正负电荷相互作用交替吸附卵清蛋白和Ag⁺，使聚丙烯腈纳米纤维获得抗菌性[69]。聚合物在溶液中的带电性质与溶液的pH密切相关，因此基于正负电荷相互作用的层层自组装制备抗菌纳米纤维时溶液的pH对制备过程影响较大。

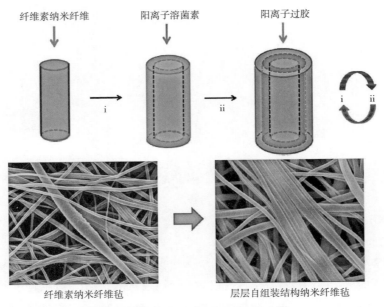

纤维素纳米纤维   阳离子溶菌素   阳离子过胶

i   ii   i   ii

纤维素纳米纤维毡   层层自组装结构纳米纤维毡

图6-22   层层自组装制备溶菌素功能化纤维素纳米纤维膜[38]

对于卤胺类抗菌纳米纤维无论是有机纳米纤维还是无机纳米纤维，都是纳米纤维成型后经次氯酸盐卤胺化。Ren等以生物可降解材料聚（3-羟基丁酸酯-co-4-羟基丁酸酯）［P（3HB-4HB）］和聚己二酸/对苯二甲酸丁二酯（PBAT）为基材，采用静电纺丝技术制备了P（3HB-4HB）/PBAT纳米纤维膜，并合成了一种新型含有季铵基团的卤胺抗菌剂单体；然后，利用电子束辐射技术将合成的单体接枝共聚到纳米纤维膜，最后经次氯酸钠氯胺化得到抗菌纳米纤维膜[43]。Dutta等采用静电纺丝制备几丁质纳米纤维膜，再经次氯酸钠氯胺化得到抗菌纳米纤维，经测定在存储30天后活性氯含量依然能达到2%[44]。Si等采用熔融自由基接枝聚合和反应挤出相结合的方法合成了聚乙烯醇-聚乙烯共聚物接枝2，4-二氨基-6-二烯丙胺基-1，3，5-三嗪（PVA-co-PE-g-DAM），过氧化二异丙苯为引发剂；再通过静电纺丝得到PVA-co-PE-g-DAM纳米纤维，最后使用次氯酸钠卤胺化得到抗菌纳米纤维[45]（图6-23）。Liu等采用静电纺丝制备了表面含羟基的无机纳米纤维，同样可以通过次氯酸钠卤胺化得到抗菌无机纳米纤维[46]。

6.1.3 抗菌纳米纤维的应用

纳米纤维特殊的结构使其在较多领域都有巨大的应用潜力，如组织工程、生物医用敷料、食品包装材料及环境分离与净化等。

抗菌纳米纤维膜在生物医用领域最主要的应用是创面敷料、组织工程和抗菌医疗器械等。为促进创面愈合，创面敷料需要具备：体液管理、抑制感染以及为皮肤细胞的再生增殖提供有利微环境等性质。纳米纤维膜骨架结构具有类细胞外基质行为，可以诱导

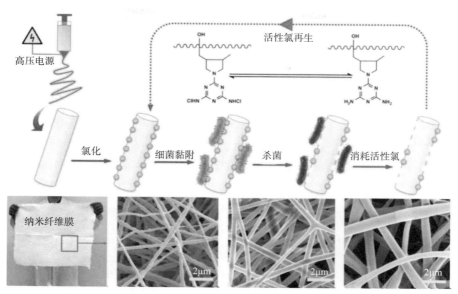

图6-23　纳米纤维膜卤胺化过程[45]

皮肤细胞取向生长，创造有利细胞增殖的微环境。同时，纳米纤维膜较小的孔径可以允许组织渗出液透过而细菌不能透过，使其具有良好的体液管理能力并进一步减少创面的感染概率。因此，抗菌纳米纤维膜是理想的创面敷料材料。

细胞倾向于黏附在生物相容性好的材料表面，因此细胞增殖、迁移、凋亡及分化等生理过程受到细胞与细胞外基质中细胞结合表位的黏附性的高度影响。Haider等制备的PLGA/CuO杂化纳米纤维骨架材料，以NIH3T3为模型细胞，通过细胞黏附实验、活/死染色法和MTT实验都证明其具有良好的生物相容性[6]（图6-24）。Unnithan制备的载盐酸环丙沙星聚氨酯/葡聚糖复合纳米纤维膜，通过细胞黏附实验和MTT实验也证明具有良好的细胞相容性[15]。Wu等研究聚羟基脂肪酸酯–壳聚糖纳米纤维的抗菌性和细胞相容性及机械性能[22]。纳米纤维膜强度和延伸率随壳聚糖含量的增加而降低，聚羟基脂肪酸脂经聚丙烯酸改性后通过增强与壳聚糖间的黏附性，纳米纤维膜的机械强度和延伸率可以得到增强，在壳聚糖含量为6%（质量分数）时拉伸强度为1.5MPa。Cai等制备的壳聚糖/明胶/Fe_3O_4纳米纤维膜具有更高的力学强度，Fe_3O_4纳米粒子含量1%（质量分数）时达到最大力学强度6.4MPa，但是延伸率较低，仅8.2%[48]。Ahmed等制备了壳聚糖/聚乙烯醇/氧化锌纳米纤维毡，通过动物实验证明：具有抗菌性的纳米纤维膜显著促进了糖尿病鼠的创面愈合[70]（图6-25）。

目前，纳米纤维膜作为生物医用敷料的应用研究尚不充分。纳米纤维膜如何调控创面炎症反应、如何更好地实现体液管理、机械性能与正常皮肤组织相匹配、如何促进微血管及皮肤附属物再生及可控的降解性等问题都需要继续深入的研究。

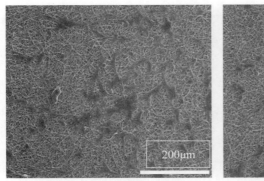
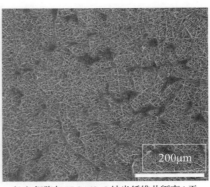

（a）细胞与PLGA纳米纤维膜共孵育1天　　　　（b）细胞与PLGA/CuO纳米纤维共孵育1天

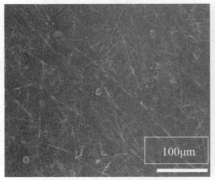
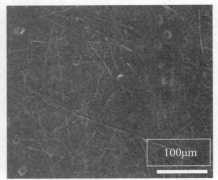

（c）细胞与PLGA纳米纤维膜共孵育3天　　　　（d）细胞与PLGA/CuO纳米纤维共孵育3天

图6-24　NIH3T3与PLGA纳米纤维膜及其PLGA/CuO杂化纳米纤维膜共孵育1天和3天后的细胞在纳米纤维膜表面的黏附性[6]

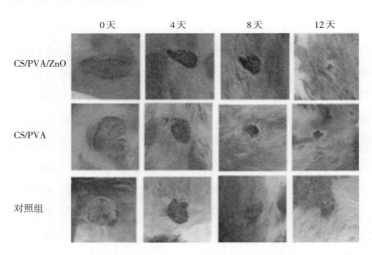

图6-25　壳聚糖/聚乙烯醇/氧化锌纳米纤维毡促糖尿病创面愈合性能[70]

　　食品存储期间，水解、氧化反应及光照作用下能够引起食物的生物学、化学及物理变质，是导致食物变质的主要原因。氧气能够使蛋白氧化并影响食品风味，低透氧包装材料具有高的食品保护质量。食品内部及表面的微生物生长也会引起食品变质，具有抗菌性的包装材料能够防止此类食品变质。因此，聚合物基包装材料需具有好的氧和水蒸气屏蔽性能和抗菌性能，以保护食品饮料的物理化学性质及外观等性能不发生不利的变化。过去50年，聚丙烯聚乙烯等石化类塑料是最常用的食品包装材料。Bikiaris等制备铜纳米纤维—高密度聚乙烯杂化的纳米复合材料，展现良好的食品包装应用潜力[5]。食品细菌含量超过10^7CFU/g时即认为食品已变质，Aytac等将载有百里香氛的玉米蛋白用于肉类食品包装，4℃下存储5天后空白对照组肉类表面细菌浓度由（16.1 ± 0.2）× 10^2CFU/g增加至（97.6 ± 0.5）× 10^7CFU/g；阳性对照组细菌表面含量由首日的（5.7 ± 0.9）× 10^2增加到5日后的（11.2 ± 0.3）× 10^6CFU/g。抗菌纳米纤维有效延缓了食物的变质腐败[28]。Deng将具有良好抑菌性能的纤维素/壳聚糖纳米纤维膜用于新鲜牛肉饼的包装，证明该纳米纤维用于食品接触包装可以替代打蜡纸或者合成聚合物[71]。

基于纳米纤维的高比表面积可控的空隙结构，使其广泛地应用于环境净化与分离，如水污染物催化降解、重金属离子的脱除、水过滤及油水分离、气体过滤净化等。微生物在纳米纤维膜表面的滋生，会破坏其表面及内部空隙结构而使性能受到影响。赋予纳米纤维抗菌性有助于纳米纤维材料环境净化性能的长效保持。

Liu等制备茶多酚分散还原银纳米粒子负载的纳米纤维膜，银纳米粒子同时起到催化降解水体内有机污染物及抗菌作用[63]。Si使用卤胺化抗菌纳米纤维膜用于水净化，可以在水过滤过程中在线完成杀菌过程[45]（图6-26）。壳聚糖/尼龙复合纳米纤维膜对Pb（NO_3）$_2$和NaCl的去除率最大可以达到87%和75%，对大肠杆菌的抑菌率达到96%[72]。但是目前尚缺乏抗菌材料和非抗菌材料对各项性能的详细影响与对比研究。

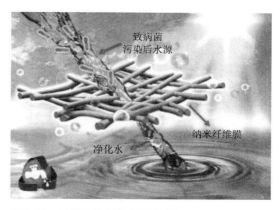

图6-26　纳米纤维膜用于水净化[45]

6.2　纳米纤维基生物医用敷料

皮肤是人体组织的重要器官，皮肤的烧伤及擦伤容易造成体液流失、细菌感染并引起各类并发症，甚至导致患者死亡，通常需要使用医用敷料来及时保护损伤部位避免感染和促进伤口愈合。医用敷料作为伤口愈合过程中极为重要的医药产品，近几年来一直保持高速的发展趋势，而我国医用敷料70%均依靠传统敷料（如纱布、药棉等），对于高端医用敷料仍处于滞后水平。虽然传统敷料都有不同程度护理伤口的功能，但是保持伤口温暖潮湿的微环境更有利于伤口的愈合，湿性愈合早已被欧美国家作为伤口处理的标准方法。湿性愈合概念的提出为对伤口管理的认识带来了革命性的进展，新型医用敷料即是在伤口湿性愈合理论下应运而生。虽然目前传统敷料仍占据国内大部分敷料市场，但随着人们生活水平的不断提高和对自身健康的逐渐重视，人口结构老龄化及护理资源缺乏等问题日益突出，与年龄密切相关的各种慢性疾病和意外损伤日益增多，对伤口高质量护理的需求更加迫切，使得高端功能型敷料越来越受到人们的关注。

理想的生物医用敷料在具有一定的止血作用和保护伤口的同时，还需具有良好的生物相容性、抑菌、透气和吸收伤口处渗液等性能，此外基于伤口湿性愈合理论还需为伤口提供高湿环境，促进伤口愈合并抑制瘢痕的生成，使用后与伤口不粘连、减轻患者痛感、环保廉价等特点。目前所发展的新型医用敷料主要包括薄膜类、水凝胶类、藻酸盐类、泡沫类、水胶体类和药用类等，其中由纳米尺度连续纤维组成的医用敷料显示出其独特的优点，如高孔隙率、多尺度孔隙分布、较大比表面积等优点，有利于维持创面适量的血液、水分和氧气交换。其与细胞外基质微环境相似的特殊形貌及性质，可有效促进细胞的迁移，黏附及促进增殖，可作为皮肤的替代品，在皮肤的表皮及真皮层的损伤修复方面具有巨大的潜在应用价值[73]。

6.2.1　有机高分子医用敷料

静电纺丝、湿法纺丝及海岛纺丝技术在纳米纤维的制备及生产方面已经被广泛研究，因所选取材料性质差异，可以制备出不同功能的纳米纤维基医用敷料，其中主要以高分子材料居多，而高分子材料又可进一步细分为天然高分子材料及合成高分子材料。

6.2.1.1　天然高分子医用敷料

天然高分子材料因其亲水性好、毒性小、良好的生物相容性及细胞亲和性，在一定程度上可促进细胞生长及扩增，已广泛应用于生物医用领域。天然高分子材料主要以甲壳素、明胶、蚕丝、纤维蛋白等及其衍生物为主。其中，胶原是天然细胞外基质的主要成分，胶原纤维直径在50nm～500nm，广泛分布于软骨、皮肤、肌腱韧带及相关结缔组织等人体及动物多种器官组织中[74]。

天然高分子材料质地受产地、原料来源等因素影响，其降解速率、力学强度等性质差别较大，因此难以直接作为组织工程支架使用，目前大部分支架材料都需要通过接枝、共混等方法形成复合型敷料，有效结合多种材料的特异性质，使其具有更好的生物相容性和机械性能。胶原蛋白作为天然细胞外基质最主要的成分可以通过静电纺丝制备成纳米纤维形态，实验结果表明胶原蛋白纳米纤维对于急性伤口的治疗具有较好的促进效果[76]。将聚乳酸—羟基乙酸共聚物（PLGA）与胶原（Collagen）共混静电纺丝，可获得质地均匀光滑的PLGA/Collagen复合纳米纤维（图6-27），纳米纤维直径主要分布在150nm～650nm，由胶原所制备的纳米纤维能够极大的提高薄膜的亲水性，有利于对伤口渗液的吸收和细胞的附着增殖，从而达到促进初期伤口愈合的效果。另外，透明质酸作为天然细胞外基质的重要多糖成分，同样具有良好的生物相容性和黏弹性，是制备医用敷料的理想材料之一，逐渐引起广泛的研究和关注[77]。

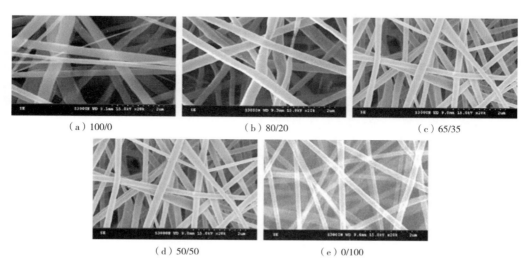

（a）100/0　　　　　　　（b）80/20　　　　　　　（c）65/35

（d）50/50　　　　　　　（e）0/100

图6-27　不同浓度配比所制备的聚乳酸—羟基乙酸共聚物（PLGA）/胶原蛋白（Collagen）复合纳米纤维[75]

　　壳聚糖是甲壳素部分脱乙酰化反应的产物，壳聚糖分子链上丰富的氨基易质子化而带正电性，使壳聚糖具有特殊的抗菌性能和凝血止血功能，赋予了壳聚糖在医用敷料方面独特的优势[78]。壳聚糖分子链内及分子链间存在大量氢键，导致其仅溶于一些酸性或极性溶剂，而在水中的溶解性较差；同时其丰富的氨基质子化后强烈聚电解质作用使其难以单独进行静电纺丝，从而限制了壳聚糖在生物医用领域的发展，因此，通常需要使用良性溶剂来减弱其氢键作用，并且使用其他材料进行混纺来提高壳聚糖的可纺性。以三氟乙酸（TFA）作为纺丝剂可减弱壳聚糖分子链内、间强烈的氢键作用，此外将PVA等材料作为"助纺剂"与壳聚糖进行共混纺丝，同样可削弱壳聚糖分子内作用力，有效提高壳聚糖的可纺性形成壳聚糖纳米纤维[79]。壳聚糖的结构类似于细胞外基质的氨基聚糖，可以通过静电纺丝技术制备出壳聚糖纳米纤维支架材料，通过体外小鼠实验表明（图6-28），壳聚糖纳米纤维支架在小鼠皮下组织可以在4周内完全降解，并且能够抑制伤口处炎症反应的产生[76]。其与胶原蛋白混纺可形成壳聚糖–胶原蛋白复合纳米纤维，相比海绵状支架材料有更好的生物相容性，同时在促进3T3成纤细胞生长方面表现出良好的效果[80]。

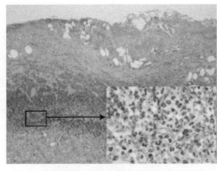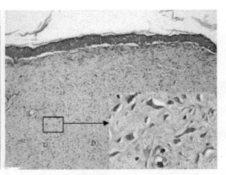

（a）对照组在1周时小鼠皮肤表层生长情况　　（b）对照组在4周时小鼠皮肤表层生长情况

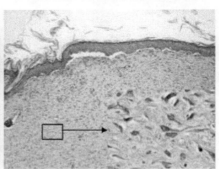

（c）实验组在1周时小鼠皮肤表层生长情况　　（d）实验组在4周时小鼠皮肤表层生长情况

图6-28　空白样品（对照组）和纳米纤维膜（实验组）对促进小鼠伤口愈合效果对比效果[75]

通过物理方法溶解再生的甲壳素纳米纤维可以较好地保持其原有特征结构和生物活性，促进伤口收缩及胶原蛋白的合成功能，其特殊纤维形貌赋予的高孔隙结构使薄膜保持良好的透气性及隔绝细菌的作用，相对于传统纱布而言对伤口的促进效果更加显著。使用氢氧化钠/尿素溶剂体系，经过冷冻—解冻循环可得到甲壳素溶液，进一步通过湿法纺丝可制备出具有较高强度、表面光滑和形貌规则的甲壳素纤维。经过动物实验表明（图6-29），所制备的甲壳素纤维经过热压法后可作为伤口敷料并表现出较好的促进伤口愈合效果，相对于传统纱布能够有效缩短伤口愈合时间[81]。

6.2.1.2　合成高分子医用敷料

合成高分子材料近年来因其良好的可加工性能和生物学性能，在医用敷料方面引起广泛关注，主要包括聚己内酯、聚乙醇酸、聚乳酸、聚（乳酸—乙醇酸）PLGA等。其中，生物医用材料领域研究最广泛的聚己内酯（PCL），作为一种可生物降解的脂肪族饱和聚酯合成高分子，因其优异的生物学性能和易加工性能，逐渐成为理想的人工高分子材料之一[82]。聚己内酯拥有较低的熔点（-60℃），常用二甲基甲酰胺（DMF）、三氟乙醇（TFE）和二氯甲烷等低沸点溶剂进行溶解，这些溶剂可在纤维成型过程中挥发去除。

聚己内酯相较于壳聚糖和聚乳酸等材料具有良好的力学性能，由聚己内酯所制备的

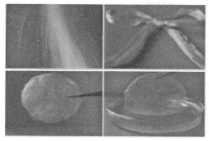

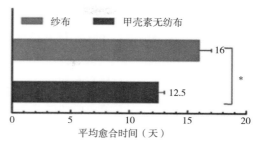

（a）湿法纺丝制备甲壳素纤维及其无纺膜照片　　（b）甲壳素无纺布和纱布对新西兰兔伤口愈合作用对比结果

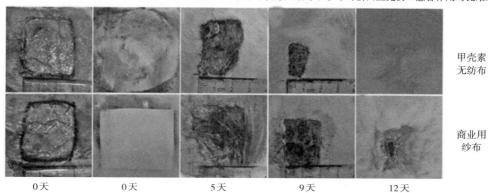

（c）伤口愈合情况随时间变化光学照片

图6-29　甲壳素纳米纤维膜和商业用纱布对小鼠伤口愈合作用效果对比分析[81]

纳米纤维材料具有规则的形貌和优异的弹性，在临床手术中更加容易操作和使用。聚己内酯作为一种可降解合成高分子材料，通常因其降解周期长而无法与组织修复重建速率相匹配，往往需要对聚己内酯进行改性来调节其降解速率[83]。聚己内酯作为生物惰性材料，可与天然高分子材料及相关生物活性分子进行复合，从而制备出具有生物活性的聚己内酯支架材料。研究表明，以羧基化改性聚己内酯静电纺纳米纤维膜为基材（图6-30），通过层层自组装技术（LBL）可制备其多层复合纳米纤维膜，该纤维膜具

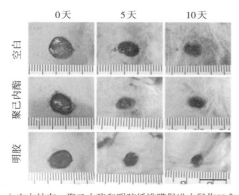

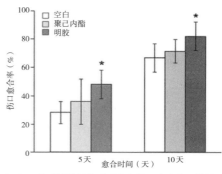

（a）空白纱布、聚己内酯和明胶纤维膜促进小鼠伤口愈合　　（b）三种不同敷料分别对小鼠伤口愈合作用效果

图6-30　三种不同敷料对小鼠伤口愈合作用情况对比分析[83]

有良好的力学性能的同时，通过外层包覆的天然多糖材料赋予其一定的生物活性，经过L929细胞扩增实验表明，该多层纤维膜具有良好的细胞相容性和黏附性，细胞增殖率可达80%[84]。

6.2.2 功能型纳米纤维基敷料

伤口愈合过程较为复杂，通常涉及多重因子的共同作用（时间、空间及细胞组织等），伤口愈合过程可分为多个阶段和时期，单一敷料往往难以对其全过程进行有效的管理和治疗，往往需要配合药物进行更加有针对性的治疗，新型载药伤口敷料逐渐成为临床研究热点。

6.2.2.1 常规敷料

常规敷料主要包括纱布、绷带和棉垫等，又可称为传统敷料，这一类敷料能够在一定程度上对伤口起到暂时性的保护作用，因其制备过程简单、来源丰富、价格低的优点而被临床上广泛使用，但常规敷料往往吸湿保水性能较差，仅能为伤口提供简单的物理覆盖作用，不能有效管理伤口渗出液，易导致伤口干燥延迟愈合过程；另外，常规敷料的孔隙较大，难以有效阻隔细菌的感染和灰尘等，并且新生的肉芽组织易与敷料粘连而引起二次创伤[85]。基于常规敷料的不足和人们生活水平的提高，对伤口敷料治疗效果提出了更高的要求，如何研制出可有效促进伤口创面愈合的新型多功能敷料逐渐成为医用敷料领域的热点。

6.2.2.2 负载药物敷料

纳米纤维材料具有较高的比表面积和优异的力学性能，是理想的药物载体材料之一。将药物通过物理化学等方法负载于纳米纤维表层或内部，可以同时起到保护药物活性和实现药物缓慢释放的目的，能够有效延长药物作用时间并且提高药物利用率。通过不同的纳米纤维材料成型加工技术，可以实现将抗癌药物、蛋白质、DNA等多种活性组分负载于纳米纤维表面或内部，然后以渗透扩散或纤维溶蚀等方式释放出来（图6-31）。

抗生素因具有药效快、杀菌能力强的优点，在临床操作中经常被用来治疗伤口感染等问题，通过混合电纺的方法可制备出负载有抗生素恩诺沙星的聚偏二氟乙烯PVDF纳米纤维，研究表明（图6-31），药物释放速率呈现先快后慢的特点，半天内累计释放量可达60%可实现快速灭菌的目的，随后释放趋势减缓有利于持续抑菌的作用；另外，相比较于中性环境条件下，在碱性磷酸缓冲液中药物释放速率逐渐加快，仅1天时间内累计释放量可达90%以上，结果表明碱性环境增强了恩诺沙星的溶解行为，该纳米纤维材料可以实现抗生素药物的可控释放，在伤口的医用护理方面具有一定的应用前景[86]。

将活性药物混入静电纺前驱液中，可以有效增强所制备纳米纤维的生物活性，但简

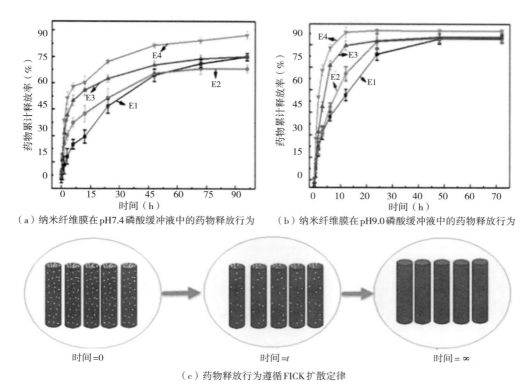

（a）纳米纤维膜在pH7.4磷酸缓冲液中的药物释放行为　　（b）纳米纤维膜在pH9.0磷酸缓冲液中的药物释放行为

（c）药物释放行为遵循FICK扩散定律

图6-31　药物负载浓度及环境pH对药物释放行为的影响（E1-4表示抗生素恩诺沙星负载浓度分别为10%，14%，18%和22%）[86]

单的共混易因药物分布不匀而引发药物突释行为，因此同轴混纺的方式逐渐成为解决这一难题的主要手段。近几年来逐渐发展成为制备纳米/微米包裹、"皮—芯"及中空结构的纳米纤维材料[87]，可将多种药物分别负载于皮层和芯层的聚合物中，然后通过同轴混纺的方式形成具有"皮芯"的双层结构纳米纤维（图6-32），其"皮—芯"形貌及纳米纤维微观结构可通过调整静电纺具体参数进行适当调节，由于皮层的包覆可有效减缓药物的突释行为，研究表明皮层厚度对芯层药物释放速率有较大影响[88]。

　　此外，可以通过叠层法制备出多层载药电纺纳米纤维膜，且通过调节各层纤维中药物含量比例可以有效控制药物释放行为；通过特殊的多层结构设计，可实现药物的分层及梯度释放功能（图6-33），从而在时间及空间上满足伤口不同时期的多重治疗需求，在伤口的智能管理方面表现出巨大的应用前景[89]。

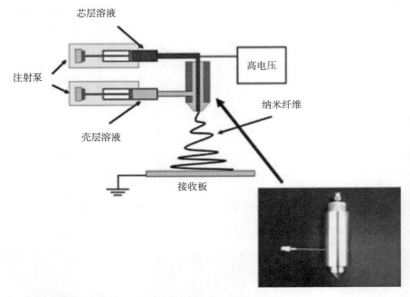

图6-32　同轴静电纺丝方法制备皮芯结构纳米纤维材料[84]

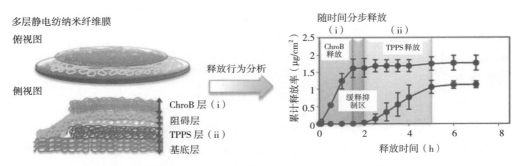

图6-33　叠层法制备多层载药电纺纳米纤维膜实现药物的分步及梯度缓释行为[89]

6.2.2.3　负载银敷料

微生物的抗生素耐药性会导致伤口感染和延迟愈合，在临床研究中往往需要使用载银医用敷料进行辅助治疗。银类抗菌剂及其化合物具有优良的耐热性、广谱抗菌和低耐药性，该类无机抗菌剂目前已被广泛研究和应用，主要包括磺胺嘧啶银（AgSD）、硝酸银（$AgNO_3$）等银类化合物。将纳米纤维材料与银类抗菌剂进行复合，可以有效提高纳米纤维的抗菌性能，是医用敷料的重要发展方向之一。研究表明，通过湿法纺丝等技术，可以制备出负载磺胺嘧啶银的复合纳米纤维材料并且具有持续抗菌能力，通过释放银离子起到特定的抑菌效果，另外可通过调节材料孔隙结构或静电作用形成交联载体，可实现对银离子缓释速率和银离子杀菌浓度的调控[90]。

纳米银颗粒因其特殊的形貌特性具有更优异的抗菌性能，通过过前驱体原位合成和直接加入纳米颗粒进行复合，可将纳米银颗粒负载于纤维材料表面及内部，以PVA作为还原剂可在水相体系中制备出含纳米银颗粒PVA电纺纤维（图6-34），所制得的载银纳米纤维对大肠杆菌和金黄色葡萄球菌均表现出良好的抑制作用，抑菌效果也远高于负载银离子的伤口敷料，另外纳米银可以降低炎症反应促进上皮增殖再生[91]。

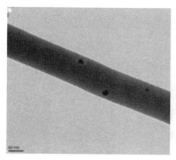 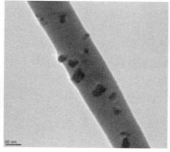 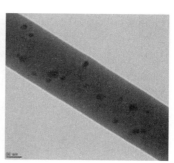

（a）空白对照组　　　　　　　　（b）紫外辐照之前　　　　　　　　（c）紫外辐照之后[91]

图6-34　聚乙烯醇（PVA）/壳寡糖载银纳米复合纳米纤维透射电镜照片

6.2.2.4　负载生长因子敷料

生长因子具有促进组织再生和促进伤口自主愈合的作用，是制备生物活性敷料主要材料之一。以共混合浸润等方法将生长因子系列活性分子包埋或负载到纤维材料中，可改善纤维基敷料的生物活性，相对于常规载药敷料，负载生长因子活性敷料能够实现快速治愈急性和慢性伤口[92]。生物活性敷料的基体材料主要是高分子材料，可以通过加入抗菌剂/抗生素来治疗伤口感染等问题，添加生长因子可在一定程度上促进皮肤细胞增殖和伤口愈合，另外混入一些植物提取物等天然活性分子可利于抑制和修复瘢痕增生[93]。

通过静电纺丝的方法可制备聚乳酸/呋喃西林复合纳米纤维，呋喃西林可赋予聚乳酸纳米纤维优异的抗菌性能。此外，通过活体动物实验表明（图6-35），由其所制备的抗菌纳米纤维膜能有效促进伤口的愈合，7天内伤口创面可收缩60%，远高于商业化非织造布类敷料（30%）[94]。据研究报道表明，碱性成纤维细胞生长因子（bFGF）可促进表皮细胞增殖，表皮细胞生长因子（EGF）可有利于表皮层重建，该双组份药物对于伤口愈合过程的协同作用有望提高伤口治疗效果，最大程度抑制和减少瘢痕的产生。Zhao[95]等通过静电纺丝法制备了含有bFGF和EGF的双载药纳米纤维膜，经动物实验结果表明，所制备的双载药纤维膜在作用1周后，能显著提高胶原蛋白的产生，为伤口愈合后期组织的重建和再生提供保证，并且明显缩短动物皮肤表层伤口的闭合时间，从而达到促进伤口愈合和抑制瘢痕增生的效果。

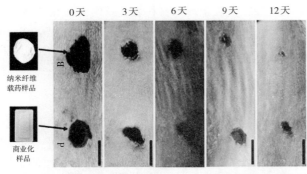
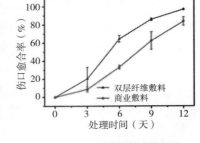

（a）静电纺丝制备PLLA载药纳米纤维及商业无纺布对伤口愈合作用光学照片对比结果

（b）伤口愈合情况随时间变化曲线

图6-35　静电纺丝制备的抗菌纳米纤维膜的愈合作用[94]

6.3　纳米纤维在组织工程支架中的应用

6.3.1　组织工程的定义与范畴

1987年，美国自然科学基金工程理事会确立了"组织工程"这一概念，1988年正式定义其为：应用生命科学与工程学的原理与技术，在正确认识哺乳动物的正常及病理两种状态下的组织结构和功能关系的基础上，研究、开发用于修复、维护、促进人体各种组织或器官损伤后的功能和形态的生物替代物的一门新兴学科。其后，组织工程的研究目标逐步明确为应用细胞、支架材料以及生物活性物质构建能够修复和再生受损组织或器官的细胞/支架复合物[96-97]。组织工程的研究方向主要集中在三个方面，即组织工程的三要素：种子细胞研究，组织工程用生物材料和组织工程化组织构建及构建环境优化。

6.3.2　组织工程支架的发展

以组织工程为应用目的的生物材料，一般应具备三维结构，能够为细胞和组织生长提供足够的空间[98]。细胞通过迁入多孔支架，并在支架上生长、增殖、发育、分化以及分泌细胞外基质等复杂过程以促进组织再生。多孔支架材料在宏观形态上需要具有合适的孔结构，满足引导细胞长入和增殖的空间条件，有利于如血管等组织的形成，并随着组织新生逐渐降解和消失，最终形成与支架几何外形相似的组织[98-100]。研究发现，数十至数百微米的孔径能够支持组织修复细胞的生长和组织的重建[101-102]。

目前，相分离/冷冻干燥法、盐滤法、三维打印、气体发泡法等制备技术被广泛用于多孔支架材料的制备。相分离法是指将聚合物溶液、乳液或水凝胶在低温下冷冻，冷冻过程中发生相分离，形成聚合物相和溶剂相，然后经冷冻干燥除去溶剂而形成多孔结构的方法，因而，又称其为冷冻干燥法。冷冻干燥法是目前制备组织工程支架的主要方法之一。盐滤法是指，先将组织工程材料和致孔剂粒子制成均匀的混合物，进而利用二者不同的溶解性或挥发性，将致孔剂粒子除去，粒子原占据空间成为组织工程材料的空隙。通过控制致孔剂颗粒的形态、尺寸，可以方便地控制三维支架的孔隙率、孔尺寸大小和形态。三维打印是以数字模型文件为基础，通过计算机程序精密控制的成型加工方法，可以制备预定形态结构的三维支架，但是天然高聚物的精确加工相对困难。

6.3.3　纳米纤维在组织工程支架中起重要作用

材料的微/纳米拓扑结构对细胞的黏附、增殖、迁移和分化等生物学行为有着显著影响[103-107]。体外的研究发现，细胞能够响应微米及纳米尺度的形貌特征，细胞的丝状伪足能够识别几十纳米的形貌特征[108-109]。通过在支架内构建合适的微纳米结构，促进组织修复细胞活力，为细胞迁移提供物理引导信号，是促进组织新生和血管化的可能途径[107]。天然细胞外基质（ECM）在微观形貌上就是由丰富的三维微纳米结构组成，其微纳米拓扑结构影响细胞的形态、增殖和分化，参与细胞的迁移[110]。因此，在微观结构上，组织工程支架希望通过微/纳米技术在支架内构建类似ECM的三维空间拓扑结构并对其进行生物功能化修饰，以增加支架材料对细胞黏附和增殖能力，调控细胞的迁移和分化。近年来，通过支架中构建微纳米结构调控细胞行为已经成为组织再生领域的研究热点[111-112]。

再生支架内构建类似天然ECM内胶原纤维网络的微/纳米纤维结构能够引导细胞迁移、增殖和促进组织再生。具有微/纳米纤维结构的支架材料比致密的孔壁表面更利于细胞黏附（图6-36）[113-114]，而且纤维的取向排列能够引导细胞定向生长和迁移（图6-37）[113]。Sundaramurthi等比较了壳聚糖–PVA纳米纤维网和2D膜对3T3成纤维细胞活力的影响，发现纳米纤维结构促进了成纤维细胞的增殖活力[115]。Shin等的研究表明，在海藻酸钠水凝胶中添加适量的聚乳酸（PLLA）纳米短纤维后能够为MSCs细胞提供锚定位点，促进了细胞在水凝胶内的3D铺展、增殖以及分化[116]。Chong等在聚氨酯敷料上再复合一层静电纺PCL/明胶纳米纤维充当真皮层，结果发现，纳米纤维层明显促进了真皮成纤维细胞的黏附和增殖[117]。支架材料的结构既要有效促进细胞的增殖迁移，又要能够诱导基底处的血管长入。同样，在多孔支架内构建合适的3D微/纳米纤维结构，也能够促进组织修复细胞包括成纤维细胞和内皮细胞的活力和迁移，从而促进组织重建和血管新生（图6-36）[114]。

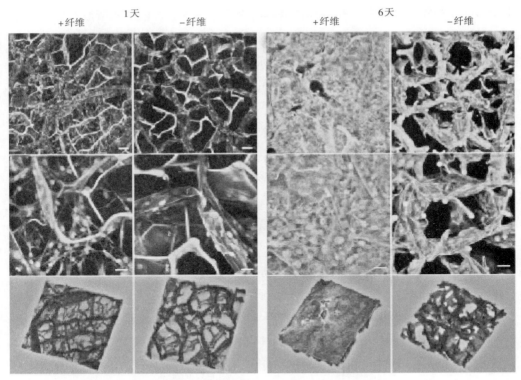

图6-36 脐静脉血管内皮细胞在不同丝素支架内培养1天和6天的CLSM图片[114]

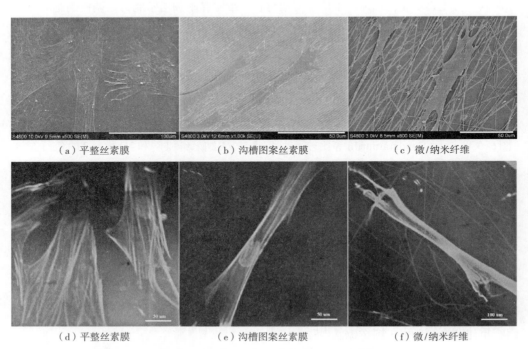

（a）平整丝素膜　　　　　（b）沟槽图案丝素膜　　　　　（c）微/纳米纤维

（d）平整丝素膜　　　　　（e）沟槽图案丝素膜　　　　　（f）微/纳米纤维

图6-37 BMSCs在不同丝素膜表面培养24小时后的扫描电镜和激光共聚焦图片[113]

6.3.4　组织工程支架中纳米纤维的构建方法

在组织工程支架中构建纳米纤维的方法主要有静电纺丝法、相分离/冷冻干燥法、生物直接合成法等。

6.3.4.1　静电纺丝法

静电纺丝是近年来兴起的一种能快速、简便制备纳米纤维支架材料的方法。静电纺丝技术可以制备微米到纳米尺寸的连续纤维，然而如何在纺制的三维材料内获得数十至数百微米的适合真皮成纤维细胞生长的大孔，仍需进一步研究。

目前，静电纺纳米纤维膜往往仅适用于作为伤口敷料应用[118-119]。Kim等设计了盐沥法制备静电纺胶原/透明质酸纳米纤维多孔支架[120]，在纺丝过程添加NaCl颗粒，然后溶去盐颗粒，得到的纳米纤维膜具有多孔结构。细胞实验结果表明，这种多孔材料孔壁的纳米纤维结构能够促进软骨细胞的黏附和增殖。但是，其内部孔尺寸的可控性和孔结构的通透性尚待研究。

6.3.4.2　相分离/冷冻干燥法

采用相分离/冷冻干燥法可以制备出多孔材料，通过调节聚合物的浓度、冷冻温度，溶剂成分等可以调控多孔材料的孔结构及孔隙率等。但是当聚合物的浓度低于某一特定浓度时，其面层状的孔结构会转变为纤维状的孔结构。Li等[114]采用两步冷冻干燥法制备出含微/纳米纤维的丝素多孔支架（图6-38）。具体地，将较低浓度的丝素溶

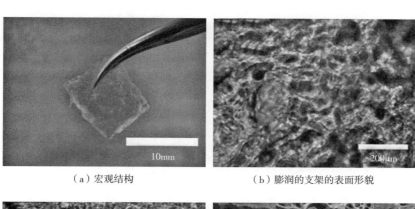

（a）宏观结构　　　　　　　　　（b）膨润的支架的表面形貌

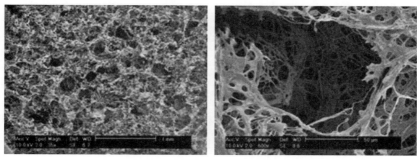

（c）支架的扫描电镜图片

图6-38　具有微孔的透明质酸/胶原纳米纤维支架的图片[120]

液灌注到丝素多孔支架的微米级大孔内，使丝素蛋白组装成纤维状结构，构建含三维微/纳米纤维网络的丝素多孔支架。模板支架内灌注的丝素溶液的浓度对形成的纤维直径和形貌有显著的影响。多孔支架内注入浓度为0.2%的丝素溶液能够在其微米级的大孔内形成平均直径约为511nm的三维微/纳米纤维网络。支架内构建的微/纳米纤维为HUVECs和Hs865.Sk细胞的生长提供了物理引导信号，显著促进了上述两种细胞的黏附和增殖（图6-39）。

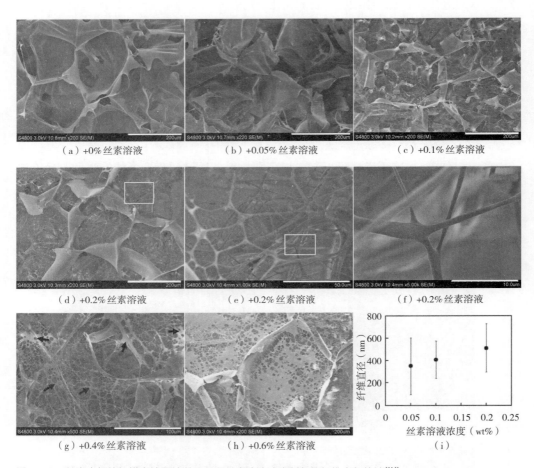

（a）+0% 丝素溶液　　　　（b）+0.05% 丝素溶液　　　　（c）+0.1% 丝素溶液

（d）+0.2% 丝素溶液　　　　（e）+0.2% 丝素溶液　　　　（f）+0.2% 丝素溶液

（g）+0.4% 丝素溶液　　　　（h）+0.6% 丝素溶液　　　　（i）

图6-39　丝素支架的扫描电镜图片以及不同丝素溶液浓度制备的纤维直径统计[114]

6.3.4.3　生物直接合成法

细菌纤维素为高纯度的纤维素纳米纤维，由醋酸菌属等微生物直接合成。由细菌纤维素所制备的支架材料具有良好的生物相容性、吸水性、保水性以及透气性[121-123]（图6-40）。Li等[122]采用生物合成法制备出具有层级结构的细菌纤维素膜，用于创面修复的体内和体外研究。该细菌纤维素膜底面结构相比于表面结构，具有较大的孔结构，所以，底面结构更加能够促进细胞的迁移。

6.3.4.4　其他方法

为了在支架内引入微/纳米纤维信号调控细胞行为，研究人员也尝试将纳米纤维分散物，如纤维素纳米原纤、碳纳米管等，与高聚物共混制备多孔支架，形成孔壁或孔隙具有纳米纤维结构的支架材料。Song等制备了纤维素纳米原纤，然后将其与PVA共混制备多种支架（图6-41），形成的支架孔壁含有纳米原纤网络结构，为NIH/3T3成纤维细胞的生长提供了黏附位点，从而促进了细胞的黏附[124]。MacDonald等将碳纳米管和胶原共混制备多孔支架，支架孔壁上暴露的碳纳米管能够为细胞提供锚定，促进了细胞的黏附和增殖[125]。然而，纳米增强的方式在实际应用过程中存在诸多难以克服的问题，例如，碳纳米管等纳米增强物难以分散，在溶液中易团聚，而且这些纳米增强材料在体内大多难以降解。因此，构建一种孔结构可控而且内部携3D微/纳米纤维结构的支架材料对于组织再生具有重要意义。

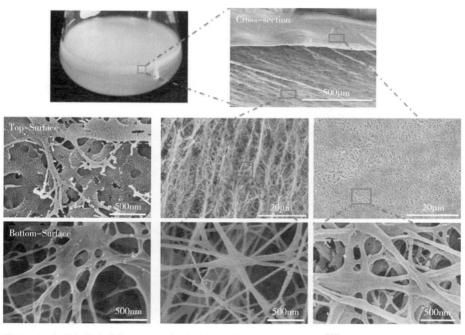

图6-40　细菌纤维素膜的SEM图片，红色标记表示放大部分的图片[122]

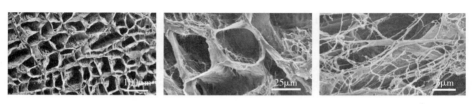

图6-41　纤维素纳米原纤/PVA共混支架的SEM图片[125]

6.4 小结

纳米纤维特殊的结构特点，使其在生物医用领域有着广泛的应用，如抗菌、创面敷料及组织工程支架等。

（1）抗菌纳米纤维

目前，对于抗菌纳米纤维已进行了大量的研究工作，包括抗生素、壳聚糖、阳离子聚合物、金属纳米离子/粒子及其氧化物、卤胺化合物、光敏抗菌剂都被用于抗菌纳米纤维的制备。抗菌纳米纤维的制备可以通过静电纺丝、海岛纺丝法纳米纤维制备技术及自由基介导的沉淀聚合直接得到，也可以对无抗菌性或抗菌性较弱的纳米纤维功能化改性增强其抗菌性。对于抗菌纳米纤维在多领域的应用也进行了广泛的探索。然而，距离抗菌纳米纤维的产业化应用仍有诸多问题需要解决。

新的抗菌方式在抗菌纳米纤维中的应用。原有抗菌方式中抗生素可以引起细菌耐药性，壳聚糖阳离子聚合物等抗菌高分子的抗菌能力相对较弱，金属离子/粒子具有较强的抗菌活性，但是存在重金属毒性及积累问题，同时金属粒子在纳米纤维加工过程中对设备的磨损问题也不容忽视。卤胺化合物抗菌能力强且可以再生，但是存在余氯的问题。光敏动力抗菌剂仅在光照条件下具备抗菌性，应用场景受限。因此，目前急需发展新的高抗菌、低毒的抗菌方式。

新型制备方法的探索。目前关于抗菌纳米纤维的研究绝大部分是基于静电纺丝的制备方法，然而静电纺丝的规模化生产问题至今未得到有效解决。海岛纺丝法纳米纤维制备技术实现了纳米纤维的规模化生产，但是相比静电纺丝技术，其聚合物来源受限。因此，为了实现抗菌纳米纤维的产业化应用，新型的纳米纤维制备技术需要突破。

力学性能的提升。相对普通纺织品，纳米纤维力学强度较低，也严重制约了其产业化应用。

（2）创面敷料

以静电纺丝、熔融纺丝及湿法纺丝等技术制备纳米纤维材料的工艺已较为成熟，早已被广泛研究和报道。通过调节原材料种类、混合比例、主要制备路线及相关参数，可设计构筑出不同结构及功能的纳米纤维基医用辅料，以显著改善皮肤损伤愈合效果；其中，熔融纺丝法因其可宏量制备纳米纤维的特点，极大地推进了纤维基医用辅料的产业化进程，简单快速且高效廉价的制备工艺，可以满足庞大的市场需求；基于上述纳米纤维特殊的功能性，可以满足患者的治疗需求，快速促进伤口的愈合、抑制疤痕的产生和减轻患者的痛苦。随着医疗技术的不断发展，新型纳米纤维基医用敷料必将引起广泛的关注，必将成为未来打破国外高端医用敷料技术壁垒的重要方向。

（3）组织工程支架

组织工程支架材料要给细胞生长提供适宜的空间，所以，支架必须具有微米级大孔结构。纳米纤维支架在结构上更接近天然的细胞外基质，比表面积大，能提供大量的细胞接触点，可使单位体积内的细胞数量增加，为细胞的生长提供更好的微环境，并可改变蛋白质的吸附，更有利于药物和生物大分子的缓释。因此，纳米纤维在组织工程支架中起到至关重要的作用。

参考文献

[1] Kharaghani D, Khan MQ, Shahrzad A, et al. Preparation and In-Vitro Assessment of Hierarchal Organized Antibacterial Breath Mask Based on Polyacrylonitrile/Silver(PAN/AgNPs)Nanofiber[J]. Nanomaterials, 2018, 8(7): 461.

[2] Gouda M, Aljaafari A, Al-Omair MA. Functional electrospun cellulosic nanofiber mats for antibacterial bandages[J]. Fibers and Polymers, 2017, 18(12): 2379-2386.

[3] 曹廷娟，辛斌杰，张杰，等. 天然纤维素/聚丙烯腈抗菌纳米纤维的制备与表征[J]. 复合材料学报，2015，32（4）：1042-1052.

[4] Yuan Q, Lu Z, Zhang J, Chen Y, et al. Antibacterial and rechargeable surface functional nanofiber membrane for healthcare textile application[J]. New Journal of Chemistry, 2018, 42(4): 2824-2829.

[5] Bikiaris DN, Triantafyllidis KS. HDPE/Cu-nanofiber nanocomposites with enhanced antibacterial and oxygen barrier properties appropriate for food packaging applications[J]. Materials Letters, 2013, 93: 1-4.

[6] Haider A, Kwak S, Gupta KC, et al. Antibacterial Activity and Cytocompatibility of PLGA/CuO Hybrid Nanofiber Scaffolds Prepared by Electrospinning[J]. Journal of Nanomaterials, 2015, 2015: 1-10.

[7] Felice B, Sanchez MA, Socci MC, et al. Controlled degradability of PCL-ZnO nanofibrous scaffolds for bone tissue engineering and their antibacterial activity[J]. Materials science & engineering C, Materials for biological applications, 2018, 93: 724-738.

[8] Nagalakshmi M, Karthikeyan C, Anusuya N, et al. Synthesis of TiO_2 nanofiber for photocatalytic and antibacterial applications[J]. Journal of Materials Science: Materials in Electronics, 2017, 28(21): 15915-15920.

[9] Zhang Q, Tu Q, Hickey ME, et al. Preparation and study of the antibacterial ability of graphene oxide-catechol hybrid polylactic acid nanofiber mats[J]. Colloids and surfaces B, Biointerfaces, 2018, 172: 496-505.

[10] Sedghi R, Shariati M, Zarehbin MR, et al. High-performance visible light-driven Ni-ZnO/rGO/nylon-6 & Ni-ZnO/rGO/nylon-6/Ag nanofiber webs for degrading dye pollutant and study their antibacterial properties[J]. Journal of Alloys and Compounds, 2017, 729: 921-928.

[11] Chen Y-Y, Kuo C-C, Chen B-Y, et al. Multifunctional polyacrylonitrile-ZnO/Ag electrospun nanofiber membranes with various ZnO morphologies for photocatalytic, UV-shielding, and antibacterial applications[J]. Journal of Polymer Science Part B: Polymer Physics, 2015, 53(4): 262-269.

[12] Liu X, Luo Y, Wu T, et al. Antibacterial activity of hierarchical nanofibrous titania–carbon composite material deposited with silver nanoparticles[J]. New Journal of Chemistry, 2012, 36(12): 2568.

[13] 崔国艳, 颜娜, 韩冰. 聚乳酸/聚乙醇酸新型纳米支架载药体系研制 [J]. 纺织学报, 2014, 35 (12): 6-10.

[14] Jang CH, Cho YB, Jang YS, et al. Antibacterial effect of electrospun polycaprolactone/polyethylene oxide/vancomycin nanofiber mat for prevention of periprosthetic infection and biofilm formation[J]. *International journal of pediatric otorhinolaryngology*, 2015, 79(8): 1299-1305.

[15] Unnithan AR, Barakat NA, Pichiah PB, et al. Wound-dressing materials with antibacterial activity from electrospun polyurethane-dextran nanofiber mats containing ciprofloxacin HCl[J]. Carbohydrate polymers, 2012, 90(4): 1786-1793.

[16] Arbade GK, Jathar S, Tripathi V, et al. Antibacterial, sustained drug release and biocompatibility studies of electrospun poly(ε -caprolactone)/chloramphenicol blend nanofiber scaffolds[J]. Biomedical Physics & Engineering Express, 2018, 4(4): 045011.

[17] Zupancic S, Preem L, Kristl J, et al. Impact of PCL nanofiber mat structural properties on hydrophilic drug release and antibacterial activity on periodontal pathogens[J]. European journal of pharmaceutical sciences: official journal of the European Federation for Pharmaceutical Sciences, 2018, 122: 347-358.

[18] Monteiro N, Martins M, Martins A, et al. Antibacterial activity of chitosan nanofiber meshes with liposomes immobilized releasing gentamicin[J]. *Acta biomaterialia*, 2015, 18: 196-205.

[19] 周应学, 杨梅, 王罡, 等. 引入布洛芬电纺聚乳酸纳米纤维的制备及抑菌性能研究 [J]. 合成纤维工业, 2016, 39 (3): 1.

[20] Parwe SP, Chaudhari PN, Mohite KK, et al. Synthesis of ciprofloxacin-conjugated poly(L-lactic acid)polymer for nanofiber fabrication and antibacterial evaluation[J]. International journal of nanomedicine, 2014, 9: 1463-1477.

[21] Zarayneh S, Sepahi AA, Jonoobi M, et al. Comparative antibacterial effects of cellulose nanofiber, chitosan nanofiber, chitosan/cellulose combination and chitosan alone against bacterial contamination of Iranian banknotes[J]. International journal of biological macromolecules, 2018, 118(Pt A): 1045-1054.

[22] Wu CS, Wang SS. Bio-Based Electrospun Nanofiber of Polyhydroxyalkanoate Modified with Black Soldier Fly's Pupa Shell with Antibacterial and Cytocompatibility Properties[J]. ACS applied materials & interfaces, 2018, 10(49): 42127–42135.

[23] Chen S, Cui S, Hu J, et al. Pectinate nanofiber mat with high absorbency and antibacterial activity: A potential superior wound dressing to alginate and chitosan nanofiber mats[J]. Carbohydrate polymers, 2017, 174: 591-600.

[24] Uygun A, Kiristi M, Oksuz L, et al. RF hydrazine plasma modification of chitosan for antibacterial activity and nanofiber applications[J]. Carbohydrate research, 2011, 346(2): 259-265.

[25] 刘俊渤, 李林建, 唐珊珊, 等. 静电纺丝制备肉桂醛/聚乳酸复合纳米纤维膜及其性能 [J]. 高分子材料与工程, 2015, 31 (3): 173-178.

[26] Kim JH, Lee H, Jatoi AW, et al. Juniperus chinensis extracts loaded PVA nanofiber: enhanced

antibacterial activity[J]. Materials Letters, 2016, 181: 367-370.

[27] Tsai YH, Yang YN, Ho YC, et al. Drug release and antioxidant/antibacterial activities of silymarin-zein nanoparticle/bacterial cellulose nanofiber composite films[J]. Carbohydrate polymers, 2018, 180: 286-296.

[28] Aytac Z, Ipek S, Durgun E, et al. Antibacterial electrospun zein nanofibrous web encapsulating thymol/cyclodextrin-inclusion complex for food packaging[J]. Food chemistry, 2017, 233: 117-124.

[29] Su Y, Zhang C, Wang Y, et al. Antibacterial property and mechanism of a novel Pu-erh tea nanofibrous membrane[J]. Applied microbiology and biotechnology, 2012, 93(4): 1663-1671.

[30] 李鑫，张伟，张彩云，等．丹参酮ⅡA/玉米醇溶蛋白纳米复合纤维膜的制备和性能研究 [J]. 中国新药杂志，2015，24（3）：331–343.

[31] Coelho D, Sampaio A, Silva C, et al. Antibacterial Electrospun Poly(vinyl alcohol)/Enzymatic Synthesized Poly(catechol)Nanofibrous Midlayer Membrane for Ultrafiltration[J]. ACS applied materials & interfaces, 2017, 9(38): 33107-33118.

[32] Xing Z-C, Meng W, Yuan J, et al. In VitroAssessment of Antibacterial Activity and Cytocompatibility of Quercetin-Containing PLGA Nanofibrous Scaffolds for Tissue Engineering[J]. Journal of Nanomaterials, 2012, 2012: 1-7.

[33] Ranjbar-Mohammadi M, Bahrami SH, Joghataei MT. Fabrication of novel nanofiber scaffolds from gum tragacanth/poly(vinyl alcohol)for wound dressing application: in vitro evaluation and antibacterial properties[J]. Materials science & engineering C, Materials for biological applications, 2013, 33(8): 4935-4943.

[34] Paneva D, Manolova N, Argirova M, et al. Antibacterial electrospun poly(varepsilon-caprolactone)/ ascorbyl palmitate nanofibrous materials[J]. International journal of pharmaceutics, 2011, 416(1): 346-355.

[35] Aytac Z, Yildiz ZI, Kayaci-Senirmak F, et al. Fast-Dissolving, Prolonged Release, and Antibacterial Cyclodextrin/Limonene-Inclusion Complex Nanofibrous Webs via Polymer-Free Electrospinning[J]. Journal of agricultural and food chemistry, 2016, 64(39): 7325-7334.

[36] Mandal SM, Roy A, Mahata D, et al. Functional and structural insights on self-assembled nanofiber-based novel antibacterial ointment from antimicrobial peptides, bacitracin and gramicidin S[J]. The Journal of antibiotics, 2014, 67(11): 771-775.

[37] 邴绍苗，熊健，覃小红，等．多肽改性二醋酸纤维素纳米纤维的制备及抗菌性能 [J]. 东华大学学报，2018，44（6）：859–867.

[38] Zhang T, Zhou P, Zhan Y, et al. Pectin/lysozyme bilayers layer-by-layer deposited cellulose nanofibrous mats for antibacterial application[J]. Carbohydrate polymers, 2015, 117: 687-693.

[39] Huang W, Li X, Xue Y, et al. Antibacterial multilayer films fabricated by LBL immobilizing lysozyme and HTCC on nanofibrous mats[J]. International journal of biological macromolecules, 2013, 53: 26-31.

[40] Li W, Li X, Wang Q, et al. Antibacterial activity of nanofibrous mats coated with lysozyme-layered silicate composites via electrospraying[J]. Carbohydrate polymers, 2014, 99: 218-225.

[41] Park JM, Kim M, Park HS, et al. Immobilization of lysozyme-CLEA onto electrospun

chitosan nanofiber for effective antibacterial applications[J]. International journal of biological macromolecules, 2013, 54: 37-43.

[42] 黄程博. 抗菌聚丙烯腈纳米纤维的制备及性能研究[D]. 无锡：江南大学，2018.

[43] 范晓燕，刘颖，潘能宇，等. 应用电子束辐射技术的抗菌改性聚酯纳米纤维膜[J]. 纺织学报，2017，38（6）：157–162.

[44] Dutta AK, Egusa M, Kaminaka H, et al. Facile preparation of surface N-halamine chitin nanofiber to endow antibacterial and antifungal activities[J]. Carbohydrate polymers, 2015, 115: 342-347.

[45] Si Y, Li J, Zhao C, et al. Biocidal and Rechargeable N-Halamine Nanofibrous Membranes for Highly Efficient Water Disinfection[J]. ACS Biomaterials Science & Engineering, 2017, 3(5): 854-862.

[46] Liu C, Shan H, Chen X, et al. Novel inorganic-based N-halamine nanofibrous membranes as highly effective antibacterial agent for water disinfection[J]. ACS applied materials & interfaces, 2018: 51, 44209-44215.

[47] Dubey P, Gopinath P. PEGylated graphene oxide-based nanocomposite-grafted chitosan/polyvinyl alcohol nanofiber as an advanced antibacterial wound dressing[J]. RSC Advances, 2016, 6(73): 69103-69116.

[48] Cai N, Li C, Han C, et al. Tailoring mechanical and antibacterial properties of chitosan/gelatin nanofiber membranes with Fe_3O_4 nanoparticles for potential wound dressing application[J]. Applied Surface Science, 2016, 369: 492-500.

[49] Song J, Remmers SJ, Shao J, et al. Antibacterial effects of electrospun chitosan/poly(ethylene oxide) nanofibrous membranes loaded with chlorhexidine and silver[J]. Nanomedicine: nanotechnology, biology, and medicine, 2016, 12(5): 1357-1364.

[50] Dolanský J, Demel J, Mosinger J. Multifunctional polystyrene nanofiber membrane with bounded polyethyleneimine and NO photodonor: dark- and light-induced antibacterial effect and enhanced CO_2 adsorption[J]. Journal of Materials Science, 2018, 54(3): 2740-2753.

[51] 张权，代雅轩，马梦琴，等. 光敏抗菌型静电纺丙烯酸甲酯/丙烯酸纳米纤维的制备及其性能表征[J]. 纺织学报，2017，38（3）：18–22.

[52] Wang D, Liu N, Xu W, et al. Layer-by-Layer Structured Nanofiber Membranes with Photoinduced Self-Cleaning Functions[J]. The Journal of Physical Chemistry C, 2011, 115(14): 6825-6832.

[53] Henke P, Kozak H, Artemenko A, et al. Superhydrophilic polystyrene nanofiber materials generating $O_2((1)Delta(g))$: postprocessing surface modifications toward efficient antibacterial effect[J]. ACS applied materials & interfaces, 2014, 6(15): 13007-13014.

[54] Yang Si, Zheng Zhang, Wanrong Wu, et al. Daylight-driven rechargeable antibacterial and antiviral nanofibrous membranes for bioprotective applications [J]. SCI Adv, 2018, eaar(5931).

[55] Tijing LD, Ruelo MTG, Amarjargal A, et al. One-step fabrication of antibacterial(silver nanoparticles/poly(ethylene oxide))-Polyurethane bicomponent hybrid nanofibrous mat by dual-spinneret electrospinning[J]. Materials Chemistry and Physics, 2012, 134(2-3): 557-561.

[56] Wang D, Xu W, Sun G, et al. Radical graft polymerization of an allyl monomer onto hydrophilic polymers and their antibacterial nanofibrous membranes[J]. ACS applied materials & interfaces, 2011, 3(8): 2838-2844.

[57] Li X, Teng S, Xu X, et al. Solution Blowing of Polyacrylonitrile Nanofiber Mats Containing Fluoropolymer for Protective Applications[J]. Fibers and Polymers, 2018, 19(4): 775-781.

[58] 徐先林，周国青，庄旭品．溶液喷射纺凝胶纳米纤维敷料的结构与性能研究[J]．山东化工，2016，45（2）：28-35.

[59] Kong H, Jang J. One-step fabrication of silver nanoparticle embedded polymer nanofibers by radical-mediated dispersion polymerization[J]. Chemical communications, 2006(28): 3010-3012.

[60] Hyeyoung K, Jyongsik J. Antibacterial properties of novel poly(methyl methacrylate)nanofiber containing silver nanoparticles[J]. Langmuir, 2008, 24(5): 2051-2056.

[61] Poyraz S, Cerkez I, Huang TS, et al. One-step synthesis and characterization of polyaniline nanofiber/silver nanoparticle composite networks as antibacterial agents[J]. ACS applied materials & interfaces, 2014, 6(22): 20025-20034.

[62] Yang J, Liu X, Huang L, et al. Antibacterial Properties of Novel Bacterial Cellulose Nanofiber Containing Silver Nanoparticles[J]. Chinese Journal of Chemical Engineering, 2013, 21(12): 1419-1424.

[63] Liu Z, Yan J, Miao Y-E, et al. Catalytic and antibacterial activities of green-synthesized silver nanoparticles on electrospun polystyrene nanofiber membranes using tea polyphenols[J]. Composites Part B: Engineering, 2015, 79: 217-223.

[64] Galkina OL, Önneby K, Huang P, et al. Antibacterial and photochemical properties of cellulose nanofiber–titania nanocomposites loaded with two different types of antibiotic medicines[J]. Journal of Materials Chemistry B, 2015, 3(35): 7125-7134.

[65] Shi H, Liu H, Luan S, et al. Antibacterial and biocompatible properties of polyurethane nanofiber composites with integrated antifouling and bactericidal components[J]. Composites Science and Technology, 2016, 127: 28-35.

[66] Annur D, Wang ZK, Liao JD, et al. Plasma-Synthesized Silver Nanoparticles on Electrospun Chitosan Nanofiber Surfaces for Antibacterial Applications[J]. Biomacromolecules, 2015, 16(10): 3248-3255.

[67] Zhu M, Xiong R, Huang C. Bio-based and photocrosslinked electrospun antibacterial nanofibrous membranes for air filtration[J]. Carbohydrate polymers, 2019, 205: 55-62.

[68] Jiang L, Lu Y, Liu X, et al. Layer-by-layer immobilization of quaternized carboxymethyl chitosan/ organic rectorite and alginate onto nanofibrous mats and their antibacterial application[J]. Carbohydrate polymers, 2015, 121: 428-435.

[69] Song R, Yan J, Xu S, et al. Silver ions/ovalbumin films layer-by-layer self-assembled polyacrylonitrile nanofibrous mats and their antibacterial activity[J]. Colloids and surfaces B, Biointerfaces, 2013, 108: 322-328.

[70] Ahmed R, Tariq M, Ali I, et al. Novel electrospun chitosan/polyvinyl alcohol/zinc oxide nanofibrous mats with antibacterial and antioxidant properties for diabetic wound healing[J]. International journal of biological macromolecules, 2018, 120(Pt A): 385-393.

[71] Deng Z, Jung J, Zhao Y. Development, characterization, and validation of chitosan adsorbed cellulose nanofiber(CNF)films as water resistant and antibacterial food contact packaging[J]. LWT -

Food Science and Technology, 2017, 83: 132-140.

[72] Jabur AR, Abbas LK, Moosa SA. Fabrication of Electrospun Chitosan/Nylon 6 Nanofibrous Membrane toward Metal Ions Removal and Antibacterial Effect[J]. Advances in Materials Science and Engineering, 2016: 1-10.

[73] Kim.S., S.G. Park, S.W. Kang, et al. Nanofiber-Based Hydrocolloid from Colloid Electrospinning Toward Next Generation Wound Dressing. Macromolecular Materials & Engineering, 2016, 301(7): 818-826.

[74] Polo-Corrales, L., M. Latorre-Esteves, J.E. Ramirez-Vick. Scaffold design for bone regeneration. Journal of nanoscience and nanotechnology, 2014, 14(1): 15-56.

[75] Liu, S.-J., Y.-C. Kau, C.-Y. Chou, J.-K. Chen, R.-C. Wu, and W.-L. Yeh, Electrospun PLGA/collagen nanofibrous membrane as early-stage wound dressing. Journal of Membrane Science, 2010, 355(1): 53-59.

[76] Rho, K.S., L. Jeong, G. Lee, B.-M. Seo, et al. Electrospinning of collagen nanofibers: Effects on the behavior of normal human keratinocytes and early-stage wound healing. Biomaterials, 2006, 27(8): 1452-1461.

[77] Ji, Y., K. Ghosh, X.Z. Shu, et al. Electrospun three-dimensional hyaluronic acid nanofibrous scaffolds. Biomaterials, 2006, 27(20): 3782-3792.

[78] Brown, M.A., M.R. Daya, et al. Experience with Chitosan Dressings in a Civilian EMS System. The Journal of Emergency Medicine, 2009. 37(1): 1-7.

[79] Schiffman, J.D., C.L. Schauer. One-Step Electrospinning of Cross-Linked Chitosan Fibers. Biomacromolecules, 2007, 8(9): 2665-2667.

[80] Chen, J.-P., G.-Y. Chang, J.-K. Chen. Electrospun collagen/chitosan nanofibrous membrane as wound dressing. Colloids and Surfaces A: Physicochemical and Engineering Aspects, 2008, 313-314: 183-188.

[81] Huang, Y., Z. Zhong, B. Duan, et al. Novel fibers fabricated directly from chitin solution and their application as wound dressing. Journal of Materials Chemistry B, 2014, 2(22): 3427-3432.

[82] Augustine, R., N. Kalarikkal, S. Thomas, Electrospun PCL membranes incorporated with biosynthesized silver nanoparticles as antibacterial wound dressings. Applied Nanoscience, 2015, 6(3): 1-8.

[83] Dubský, M., Š. Kubinová, J. Širc, et al. Nanofibers prepared by needleless electrospinning technology as scaffolds for wound healing. Journal of Materials Science: Materials in Medicine, 2012, 23(4): 931-941.

[84] Croisier, F, G. Atanasova, Y. Poumay, C. Jérôme. Polysaccharide-Coated PCL Nanofibers for Wound Dressing Applications, 2014(3).

[85] Edwards J.V, P. Howley, V. Yachmenev, A. Lambert, and B. Condon, Development of a Continuous Finishing Chemistry Process for Manufacture of a Phosphorylated Cotton Chronic Wound Dressing. Journal of Industrial Textiles, 2009, 39(1): 27-43.

[86] He, T., J. Wang, P. Huang, et al. Electrospinning polyvinylidene fluoride fibrous membranes containing anti-bacterial drugs used as wound dressing. Colloids and Surfaces B: Biointerfaces,

2015, 130: 278-286.

[87] Yan, S., L. Xiaoqiang, T. Lianjiang, et al. Poly(l-lactide-co-ε-caprolactone)electrospun nanofibers for encapsulating and sustained releasing proteins. Polymer, 2009, 50(17): 4212-4219.

[88] Su, Y., X. Li, Y. Liu, et al. Encapsulation and Controlled Release of Heparin from Electrospun Poly(L-Lactide-co- ε -Caprolactone)Nanofibers. Journal of Biomaterials Science, Polymer Edition, 2011, 22(1-3): 165-177.

[89] Okuda, T., K. Tominaga, S. Kidoaki. Time-programmed dual release formulation by multilayered drug-loaded nanofiber meshes. Journal of Controlled Release, 2010, 143(2): 258-264.

[90] Mi, F.-L., Y.-B. Wu, S.-S. Shyu, et al. Asymmetric chitosan membranes prepared by dry/wet phase separation: a new type of wound dressing for controlled antibacterial release. Journal of Membrane Science, 2003, 212(1): 237-254.

[91] Li, C., R. Fu, C. Yu, et al. Silver nanoparticle/chitosan oligosaccharide/poly(vinyl alcohol)nanofibers as wound dressings: a preclinical study. International journal of nanomedicine, 2013, 8: 4131-4145.

[92] YasuhiroMatsumoto, YoshimitsuKuroyanagi. Development of a Wound Dressing Composed of Hyaluronic Acid Sponge Containing Arginine and Epidermal Growth Factor. J Biomater Sci Polym Ed, 2010, 21(6-7): 715-726.

[93] Jin, G., M.P. Prabhakaran, D. Kai, S.K. Annamalai, K.D, et al. Tissue engineered plant extracts as nanofibrous wound dressing. Biomaterials, 2013, 34(3): 724-734.

[94] Zhao, R., X. Li, B. Sun, et al. Nitrofurazone-loaded electrospun PLLA/sericin-based dual-layer fiber mats for wound dressing applications. RSC Advances, 2015, 5(22): 16940-16949.

[95] Toncheva, A., M. Spasova, D. Paneva, et al. Polylactide(PLA)-Based Electrospun Fibrous Materials Containing Ionic Drugs as Wound Dressing Materials: A Review. International Journal of Polymeric Materials & Polymeric Biomaterials, 2014, 63(13): 657-671.

[96] 顾忠伟. 组织诱导性生物材料国际发展动态[M]. 北京：科学出版社，2010.

[97] 付小兵，黄跃生，蒋建新. 创伤、烧伤与再生医学[M]. 北京：人民卫生出版社，2014.

[98] Hutmacher D W. Scaffolds in tissue engineering bone and cartilage [J]. Biomaterials, 2000, 21(24): 2529-2543.

[99] Hench L L, Polak J M. Third-generation biomedical materials [J]. Science, 2002, 295(5557): 1014-1017.

[100] Hollister S J. Porous scaffold design for tissue engineering [J]. Nature Materials, 2005, 4(7): 518-524.

[101] Yan S, Zhang Q, Wang J, et al. Silk fibroin/chondroitin sulfate/hyaluronic acid ternary scaffolds for dermal tissue reconstruction [J]. Acta Biomaterialia, 2013, 9(6): 6771-6782.

[102] You R, Xu Y, Liu Y, et al. Comparison of the in vitro and in vivo degradations of silk fibroin scaffolds from mulberry and nonmulberry silkworms [J]. Biomedical Materials. 2015, 10(1): 015003.

[103] You R, Li X, Liu Y, et al. Response of filopodia and lamellipodia to surface topography on micropatterned silk fibroin films [J]. Journal of Biomedical Materials Research Part A, 2014, 102(12): 4206-4212.

[104] Khademhosseini A, Langer R, Borenstein J, et al. Microscale technologies for tissue engineering

and biology [J]. Proceedings of the National Academy of Sciences of the United States of America, 2006, 103(8): 2480-2487.

[105] Di Cio S, Gautrot J E. Cell sensing of physical properties at the nanoscale: mechanisms and control of cell adhesion and phenotype [J]. Acta Biomaterialia, 2016, 30: 26-48.

[106] Nguyen A T, Sathe S R, Yim E K F. From nano to micro: topographical scale and its impact on cell adhesion, morphology and contact guidance [J]. Journal of Physics: Condensed Matter, 2016, 28(18): 183001.

[107] Tay C Y, Irvine S A, Boey F Y C, et al. Micro-/nano-engineered cellular responses for soft tissue engineering and biomedical applications [J]. Small, 2011, 7(10): 1361-1378.

[108] Mattila P K, Lappalainen P. Filopodia: molecular architecture and cellular functions [J]. Nature Reviews Molecular Cell Biology, 2008, 9(6): 446-454.

[109] Dalby M J, Gadegaard N, Riehle M O, et al. Investigating filopodia sensing using arrays of defined nano-pits down to 35 nm diameter in size [J]. The International Journal of Biochemistry & Cell Biology, 2004, 36(10): 2005-2015.

[110] Kim T G, Shin H, Lim D W. Biomimetic scaffolds for tissue engineering [J]. Advanced Functional Materials, 2012, 22(12): 2446-2468.

[111] Dvir T, Timko B P, Kohane D S, et al. Nanotechnological strategies for engineering complex tissues [J]. Nature Nanotechnology, 2011, 6(1): 13-22.

[112] Cross L M, Thakur A, Jalili N A, et al. Nanoengineered biomaterials for repair and regeneration of orthopedic tissue interfaces [J]. Acta Biomaterialia, 2016, 42: 2-17.

[113] You R, Li X, Luo Z, et al. Directional cell elongation through filopodia-steered lamellipodial extension on patterned silk fibroin films [J]. Biointerphases, 2015, 10(1): 011005.

[114] Li X, You R, Luo Z, et al. Silk fibroin scaffolds with a micro-/nano-fibrous architecture for dermal regeneration [J]. J. Mater. Chem. B, 2016, 4: 2903-2912.

[115] Sundaramurthi D, Vasanthan K S, Kuppan P, Krishnan U M, Sethuraman S. Electrospun nanostructured chitosan-poly(vinyl alcohol)scaffolds: a biomimetic extracellular matrix as dermal substitute [J]. Biomedical Materials, 2012, 7(4): 045005.

[116] Shin Y M, Kim T G, Park J S, et al. Engineered ECM-like microenvironment with fibrous particles for guiding 3D-encapsulated hMSC behaviours [J]. Journal of Materials Chemistry B, 2015, 3(13): 2732-2741.

[117] Chong E J, Phan T T, Lim I J, et al. Evaluation of electrospun PCL/gelatin nanofibrous scaffold for wound healing and layered dermal reconstitution [J]. Acta Biomaterialia, 2007, 3(3): 321-330.

[118] Zhou T, Wang N, Xue Y, et al. Development of biomimetic tilapia collagen nanofibers for skin regeneration through inducing keratinocytes differentiation and collagen synthesis of dermal fibroblasts [J]. ACS Applied Materials & Interfaces, 2015, 7(5): 3253-3262.

[119] Croisier F, Atanasova G, Poumay Y, et al. Polysaccharide-coated PCL nanofibers for wound dressing applications [J]. Advanced Healthcare Materials, 2014, 3(12): 2032-2039.

[120] Kim T G, Chung H J, Park T G. Macroporous and nanofibrous hyaluronic acid/collagen hybrid scaffold fabricated by concurrent electrospinning and deposition/leaching of salt particles [J]. Acta

Biomaterialia, 2008, 4(6): 1611-1619.

[121] Czaja W K, Young D J, Kawecki M, et al. The future prospects of microbial cellulose in biomedical applications [J]. Biomacromolecules, 2007, 8(1): 1-12.

[122] Li Y, Wang S, Huang R, et al. Evaluation of the effect of the structure of bacterial cellulose on full thickness skin wound repair on a microfluidic chip [J]. Biomacromolecules, 2015, 16(3): 780-789.

[123] Fu L, Zhang Y, Li C, et al. Skin tissue repair materials from bacterial cellulose by a multilayer fermentation method [J]. Journal of Materials Chemistry, 2012, 22(24): 12349-12357.

[124] Song J, Tang A, Liu T, et al. Fast and continuous preparation of high polymerization degree cellulose nanofibrils and their three-dimensional macroporous scaffold fabrication [J]. Nanoscale, 2013, 5(6): 2482-2490.

[125] MacDonald R A, Laurenzi B F, Viswanathan G, et al. Collagen-carbon nanotube composite materials as scaffolds in tissue engineering [J]. Journal of Biomedical Materials Research Part A, 2005, 74(3): 489-496.

第7章
纳米纤维在能源领域的应用

PART
7

7.1 纳米纤维在超级电容器中的应用

7.1.1 超级电容器概述

由于全球经济快速发展，以石油为主要燃料的能源消耗较快，致使目前全球环境日益恶化，所以人类对代替石油燃料的可持续可再生能源的需求日益增长。其中，如何对可持续可再生能源进行有效利用促使对有效及对环境友好的能源转换储存器件的大量研究[1-4]。而在目前研究的各种能源储存器件中，超级电容器由于具有高功率密度、充放电速度快、循环寿命长、稳定性好等优良性质引起了人们广泛的关注和研究兴趣。同时，超级电容器的这些优良性能使其在便携式电子产品、紧急备份电源和混合动力汽车等领域具有非常广阔的应用前景[5-7]。但是，目前限制超级电容器应用的主要方面在于其能量密度较低，例如，商业用超级电容器的能量密度通常低于 $10W \cdot h/kg$，相比于商业二次电池如锂离子电池和燃料电池的能量密度（通常为 $150 \sim 500W \cdot h/kg$）差距较大。

7.1.1.1 超级电容器的储能机理

超级电容器的储能方式主要有以下两种：第一种，双电层电容（Electrostatic Double-Layer，EDL），电荷直接通过物理吸附作用被吸附并聚集在电极材料表面与电解液的界面处；第二种，赝电容（Pseudocapacitance），通过在电极材料表面发生快速可逆的法拉第氧化还原反应储存电荷。下面分别对这两种机制进行详细讨论：

（1）双电层电容（EDL）。电容器的电容值计算公式为：

$$C = \frac{\varepsilon_r \varepsilon_o}{d} A \qquad (7-1)$$

式中：ε_r——电容器中两电极间电解液或介质的介电常数；

　　　ε_0——真空介电常数；

　　　A——电极材料表面和电解液之间的接触面积；

　　　d——两电极间的距离大小。

由式（7-1）可知，双电层电容值 C 与 A 之间存在线性关系，由于传统的双层电容器中两端充电板的面积较小，所以传统电容器的储能值非常小。而对于超级电容器而言，由于电极材料通常具有多孔结构，电极材料具有较大的比表面积，使得电极材料表面和电解液之间可接触面积大大增加，同时两极（电极材料表面和电解液中的相反电荷）之间的距离 d 为原子尺度大小，所以超级电容器的电容值 C 相比于传统电容器来说非常大，这也是其被称为超级电容器的原因。

（2）赝电容。相比于双电层电容储能，赝电容的储能量更大，对于具有相同表面积大小的电极材料，由可逆的法拉第反应引起的赝电容大小对电容的贡献比物理吸附的双电层电容值高100倍。这是由于在材料的表面发生可逆的法拉第反应，这也是赝电容相比于双电层电容储能机理的最主要的区别。目前研究的赝电容材料包括两种：其一为过渡金属氧化物，如氧化钌[8]、氧化锰、氮化钒[9]等；其二为导电聚合物如聚苯胺[10]，另外电极材料表面的一些含氧或含氮的官能团也会与电解液离子发生可逆的法拉第反应，提供赝电容[11]。

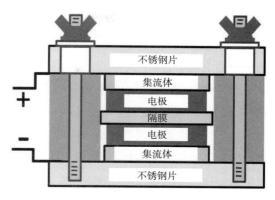

图7-1　超级电容器单元组装示意[12]

7.1.1.2　超级电容器结构

如图7-1所示，单独的超级电容器单元主要由隔膜、电极、集流体以及电解液组成。其中隔膜位于中间，浸在电解液中，主要作用是使两端电极分离，同时使溶液中的离子通过。集流体位于超级电容器单元的两端，主要作用是将电极与外电路相连进行导电。单元中，隔膜和两端电极都浸泡在电解液中，电解液中的离子能够在电极之间流动并产生电流。通常应用中会由多个重复的超级电容器单元组成一个超级电容器集成模块[12]。

7.1.1.3　超级电容器优化

近些年，世界范围内对超级电容器的研究都致力于提高其能量密度，同时还需保持其本身的高功率密度及长循环寿命的优势特点。尽管已有大量工作报道超级电容器的质量比电容这一性能参数的研究方面取得进展，但对于超级电容器在实际应用中如可移动电子器件，电混合动力汽车以及其他小型电子器件中还是受到限制，所以超级电容器的体积比性能这一性能参数越来越受到人们的重视。同时，由于电极材料中的活性物质质量及器件体积基本上可以忽略不计，因此超级电容器在微电子器件及薄膜器件的应用中，电极材料的面积性能也逐渐成为一个越来越重要的参考标准[13]。

随着便携式和可穿戴电子产品的快速发展，柔性储能技术引起了人们极大的研究兴趣。其中，具有高功率密度、长周期稳定性和耐磨性等优点的柔性超级电容器近年来有很大的发展。此外，与传统的刚性制备超级电容器电极相比，柔性电极无须黏结剂，制作过程简单。特别是在三维结构方面，由于其优越的性能和潜在的应用前景，引起了人们的极大兴趣，而实现柔性电容器应用的关键在于电极材料的制备。

7.1.2　纳米纤维基电极材料

7.1.2.1　以双电层为主的碳纳米纤维及其复合材料

多孔碳已经成为电双层电容器研究的热点，由于其化学和热稳定性好，导电系数高并且成本低，因而得到了广泛的应用。目前广泛用于超级电容器的碳电极材料种类很多，如多孔碳、活性炭、碳化物衍生碳、洋葱碳、碳纳米管、碳气凝胶、模板法合成的碳和碳纳米纤维。这些多孔碳具有较大的比表面积（500～3000m²/g），有利于电极/电解质界面上离子的吸附，所以储能性能较好。然而，这些多孔碳材料大多是以粉末的形式，然后通过复杂的混合（与聚合物黏结剂混合）、涂层最终制备出完整电极。纳米碳纤维（CNFs）具有均匀分布的孔洞，同时通过静电纺丝技术中的工艺参数和溶液参数的利用，可以方便地调节材料中的微/中孔尺寸，增大材料的比表面积，优化孔径分布，最终获得性能优异的超级电容器的电极材料。同时，纤维具有优异的柔韧性，碳纳米纤维的导电性良好，使其可以与不同金属氧化物复合得到柔性超级电容器的电极材料。

Zeng等[14]将聚丙烯腈（PAN）、poly（ST-*co*-DVB-*co*-NaSS）乳胶化粒子（LNPs）和多壁碳纳米管（MWCNT）混合后进行静电纺丝，经高温碳化后得到自支撑的碳化静电纺丝纳米纤维CENFs（图7-2）。该研究充分利用碳化过程中PAN的收缩以及乳胶粒子的熔蚀，使复合PAN/LNPs/MWCNT碳化纳米纤维的内部和表面形成大量的孔洞结构（<10nm）。研究表明，与纯PAN的CENF相比，复合PAN/LNPs/MWCNT的碳纳米纤维网具有更高的比表面积（535m²/g），介孔体积（0.366cm³/g）和介孔率（84%）。这种介孔结构有利于电解质的渗透，且提高了纳米纤维网络的比表面积，从而增加了双电层的电荷容量，使得多孔CENF的比电容高达262F/g。

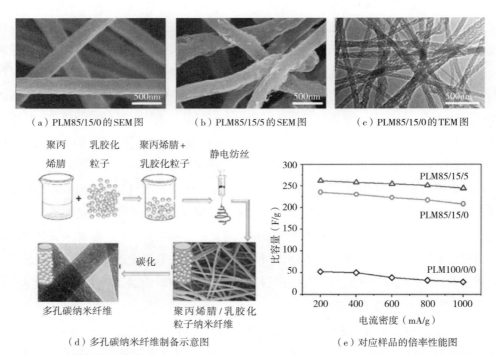

（a）PLM85/15/0的SEM图　　（b）PLM85/15/5的SEM图　　（c）PLM85/15/0的TEM图

（d）多孔碳纳米纤维制备示意图　　　　（e）对应样品的倍率性能图

图7-2　PLM85/15/0和PLM85/15/5的SEM图，PLM85/15/0的TEM图，多孔碳纳米纤维制备示意图，对应样品的倍率性能图[14]

Chen等[15]通过水热碳化法制备了直径均匀的碳纤维（CNFs）（直径约为70nm），并以此为模板进行聚吡咯（PPy）的氧化聚合获得复合CNFs@PPy纤维，最终将其高温碳化（500～1100℃）获得了掺氮的碳纤维（图7-3）。在该研究中，PPy的碳化贡献了氮源，同时原碳纤维为复合纤维提供了骨架支撑。研究表明，900℃碳化得到的掺氮的多孔碳纳米纤维具有最优的储电性能，在1.0A/g的恒电流充放电下电容值有202.0F/g。同时，该掺氮后的多孔纳米纤维具有很好的倍率性能，当充放电的电流密度增大为30A/g时，其电容的保留率高达81.7%（图7-4）。

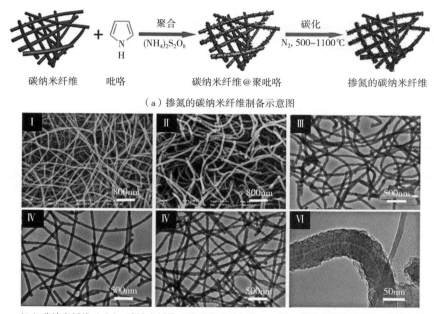

（a）掺氮的碳纳米纤维制备示意图

（b）碳纳米纤维（Ⅰ）、碳纳米纤维@聚吡咯（Ⅱ）的SEM图，碳纳米纤维（Ⅲ）、碳纳米纤维@聚吡咯（Ⅳ）的TEM图，掺氮的碳纳米纤维和低倍率（Ⅴ）和高倍率（Ⅵ）的TEM图

图7-3 碳纳米纤维制备示意图、SEM图、TEM图[15]

Kim等[16]通过静电纺丝将V_2O_5以及PAN与碳混合，最终制备出含有大量中孔的与V_2O_5和PAN复合的活化碳纳米纤维（V_2O_5/PAN-based ACNF）。图7-5（a）～（c）均为活化碳纳米纤维的表面形貌图，随着纤维中V_2O_5含量的增加，纤维的直径从108nm±30nm增至200nm±40nm，同时纤维表面的粗糙度增加。图7-5（d）表明静

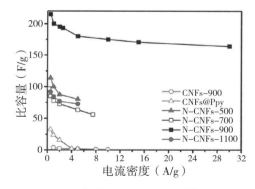

图7-4 不同纳米纤维的倍率性能图[15]

电纺丝的溶液密度参数会影响纤维中V_2O_5的含量。随着V_2O_5含量由5%（质量分数）增加到20%（质量分数），静电纺丝的溶液的电导率从157.1μS/cm减小至85.8μS/cm，而黏度则从1371cP增至2256cP。图7-5（e）~（f）则表示AT-V_2O_5-5的纤维表面比AT-V_2O_5-20的表面更为粗糙，同时其也具有更多的孔洞。同时在纤维中存在较大的颗粒，其大小为15~60nm。对应的EDX谱图则进一步表明纤维中的颗粒由C、O和V组成。当充放电的电流密度为1~20mA/cm时，AT-V_2O_5-5的性能最佳，为73.85~58.02F/g，这一电容值是AT-CNT样品的电容值的1.5倍（图7-6）。

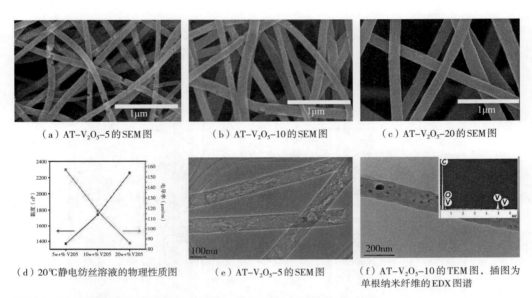

（a）AT-V_2O_5-5的SEM图　　　　（b）AT-V_2O_5-10的SEM图　　　　（c）AT-V_2O_5-20的SEM图

（d）20℃静电纺丝溶液的物理性质图　　（e）AT-V_2O_5-5的SEM图　　（f）AT-V_2O_5-10的TEM图，插图为单根纳米纤维的EDX图谱

图7-5　活化碳纳米纤维SEM图、物理性质图，TEM图、EDX图谱[16]

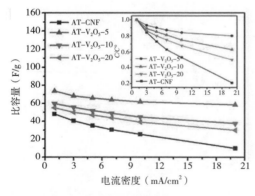

图7-6　不同样品的倍率性能图[16]

Lee等[17]制备出具有多级孔结构的空心碳纳米纤维和MnO_2的复合物MnPMCNFs（图7-7）。其中PMMA-Mn^{2+}之间是通过PMMA的羰基氧化和$MnCl_2$/PAN/PMMA静电纺纳米纤维上的Mn^{2+}间的疏水相互作用形成的。在静电纺丝溶液中加入PMMA作为一种稳定剂，使其覆盖在纳米颗粒上，从而有效防止纳米粒子的聚集。对几个不同的样品在超级电容器中的性能进行测试可以发现，加入了MnO_2后可以大大提高纳米纤维的性能。同时加入PMMA，使MnO_2分散均匀，可以进一步提高纳米纤维的电容值。同时，由于空

心和多级孔结构，纳米碳纤维提供良好的电子传输通道，进一步增加材料的储能能力，也使其倍率性能表现优异（图7-8）。

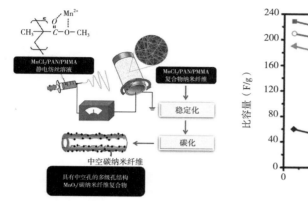

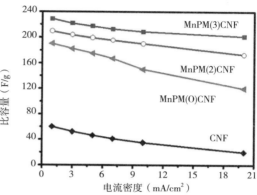

图7-7　MnPMCNFs的制备过程示意图[17]　　　图7-8　不同纳米纤维的倍率性能图[17]

7.1.2.2　以赝电容为主的纳米纤维及其复合材料

将赝电容材料制备成纳米纤维形貌后，可以有效防止赝电容材料纳米粒子的聚集，增加材料发生可逆氧化还原反应的活性位点的数量，使赝电容容量增加。同时，赝电容纳米纤维及其复合材料具有非常好的柔韧性和机械性能，可以应用于柔性超级电容器中。

Zhang 等[18]首先将 GO 溶液和苯胺混合，得到不同含量的 GO 和苯胺的复合物 PAGO10、PAGO50 和 PAGO80。之后进一步处理得到了 PANI 纳米纤维和石墨烯的复合物（图7-9）。PANI 纳米纤维最终均匀分布在石墨烯片层的表面和石墨烯片层之间。这些材料均具有良好的导电性，这对其作为超级电容器的电极材料是非常有利的。对其电化学性能测试可以发现，PAG80 在恒电流 0.1A/g 充放电时，其电容值具有最高值，达到480F/g。

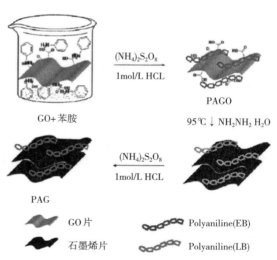

图7-9　石墨烯-PANI复合材料的制备示意图。[18]

聚合物纳米纤维材料由于其纤维间的高孔隙度从而具有高的比表面积，使其可以作为具有优良电化学性能的电极的理想载体材料（图7-10）。

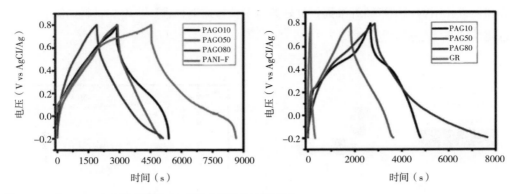

图7-10　在0.1A/g恒电流充放电时不同纳米纤维的性能图[18]

　　Wang等[19]采用创新的海岛纺丝法制备了聚乙烯醇-乙烯（PVA-*co*-PE）纳米纤维（NFs），将其应用于超级电容器的电极材料。以柔性的聚对苯二甲酸乙二醇酯（PET）无纺布为基底，通过涂覆PVA-*co*-PE纳米纤维，使纳米纤维与常规PET纤维相互缠结，从而制备了具有多级孔隙结构的NFs/PET纳米纤维织物基底。以表面活性剂蒽醌-2-磺酸钠盐（AQs）来调控氧化聚合反应得到的PPy的形貌，最终得到具有大面积的PPy纳米线形貌的导电高分子/织物复合柔性电极（NW-PPy/NFs/PET）（图7-11）。其中，AQs作为表面活性剂可以使PPy的形貌从纳米球转为纳米线，并且

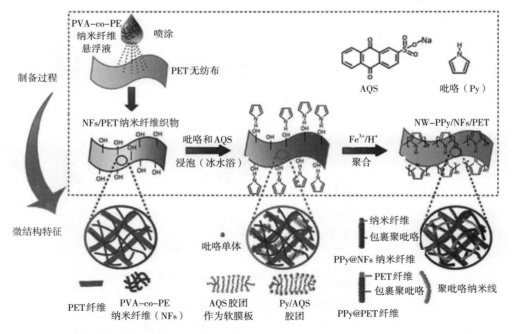

图7-11　NW-PPy/NFs/PET电极制备的示意图[19]

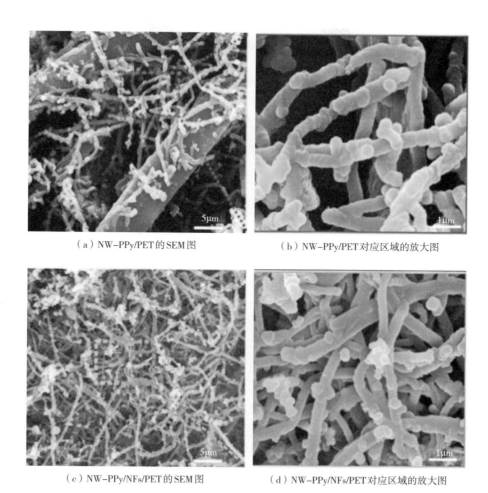

（a）NW-PPy/PET的SEM图　　　　　　　　（b）NW-PPy/PET对应区域的放大图

（c）NW-PPy/NFs/PET的SEM图　　　　　　（d）NW-PPy/NFs/PET对应区域的放大图

图7-12　NW-PPy/PET和NW-PPy/NFs/PET的SEM图[19]

PET和纳米纤维的表面均包覆PPy（PPy@PET和PPy@PVA-*co*-PE）。不加入纳米纤维的样品形貌如图7-12（a）、图7-12（b）所示，加入纳米纤维的样品形貌如图7-12（c）、图7-12（d）所示。不加入纳米纤维时，纳米线形的PPy（NW-PPy）主要是在PPy@PET基底上生长，平均直径在500nm。加入纳米纤维后，PPy@PVA-*co*-PE纳米纤维作为PPy@PET和NW-PPy之间的桥梁，使其相互之间具有连通的导电路径，具有更好的导电性。而PPy为球形时，PPy纳米球会产生聚集，电解液中离子很难进入聚集体内部，最终使电极材料发生氧化还原反应的活性位点会大大减少，降低其储能性能〔图7-13（a）〕。相反地，PPy纳米线和PPy包覆的纳米纤维组成比表面积大的相互连通的导电支架，增加了氧化还原反应的活性位点，使其赝电容大大提高。并且，PPy纳米线和PPy包覆的纳米纤维还能使材料保持结构稳定，优化材料的循环性能。

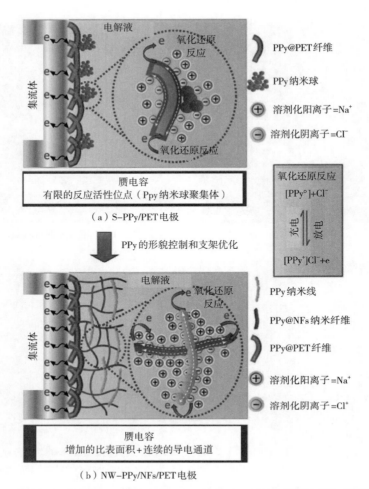

图7-13　S-PPy/PET和NW-PPy/NFs/PET不同比容性能的分析示意图[19]

得益于上述提到的NW-PPy/NFs/PET的独特结构，其在超级电容器的双电极测试中，在0.1A/g的恒电流充放电时容量达到339F/g，充放电的恒电流增加到2.0A/g时依然有215F/g的容量值［图7-14（a）］。这一材料还具有很好的柔韧性，其电导率在不同的弯折情况下均能保持稳定，进一步利用这一材料制备的对称的全固态超级电容器也具有良好的柔韧性和循环稳定性［图7-14（b）、（c）］。

Wang等[20]进一步在PET上引入不同含量的纳米纤维，之后与PANI复合得到柔性的超级电容器的电极材料，电极材料组成为PANI/NFs/PET-x（x=4.0，5.4，7.1），［图7-15（a）］。加入纳米纤维后，基底具有三维多孔网络，可以使电解质与电化学活性材料之间的接触面积增加，并且纳米纤维中的官能团也能更好地沉积和稳定电化学活性材料。为了研究纳米纤维对材料的性能影响，没有纳米纤维的PET基底［图7-15（b）］和加入不同含量的纳米纤维的PET基底［图7-15（c）］分别与浸入含有苯胺单体的溶液中并进行冰水浴处理，最终得到PANI/PET和PANI/NFs/PET–x电极材料。其中，NFs溶液喷涂在PET基底上并干燥，不同NFs的含量可以得到一系列不同含量的NFs/PET–x基底样品（x=4.0，5.4和7.1g/m）。

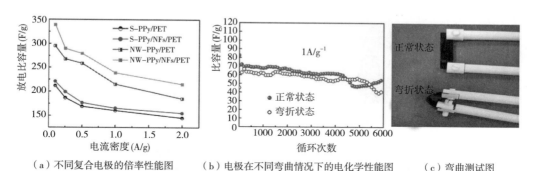

（a）不同复合电极的倍率性能图　　（b）电极在不同弯曲情况下的电化学性能图　　（c）弯曲测试图

图7-14　不同复合电极的倍率性能图，电极在不同弯曲情况下的电化学性能图和弯曲测试图[19]

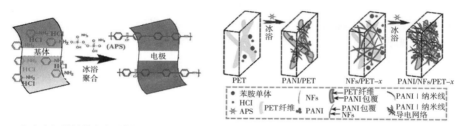

（a）电极材料的合成示意图　　（b）PANI/PET电极材料的合成图　　（c）PANI/NFs/PET–χ电极材料的合成图

图7-15　电极材料的合成示意图，PANI/PET和PANI/NFs/PET–x电极材料的合成示意图[20]

　　通过对材料的SEM分析可以看到，PET基底是由表面光滑的PET微纤维相互交织形成的层次分明的三维网络［图7-16（a）］。如图7-16（b）和图7-16（c）所示，NFs/PET-5.4基底的表面则覆盖着相互连接的网状结构的PVA–co–PE纳米纤维，且这一纳米纤维的直径分布均匀，约为300nm。NFs负载的基底具有致密的三维结构，更有利于电解质的扩散和电化学活性材料的吸附。如图7-16（d）~图7-16（f）所示，上述不同基底与PANI聚合后，仍保持其原有的三维排列结构。此外，粗糙的表面也证实了PANI成功附着在基底上。从图7-16（e）可以看出，PANI要么组装成纳米线的形状，要么包覆在NFs的整个表面，形成导电网络。图7-16（f）为图7-16（e）中A区域的高倍放大图像，可以看出直径小于200nm，长度约为1μm的PANI纳米线互相堆叠在一起，此外，还能看到样品具有有利于电解质扩散的多孔结构。从图7-16（d）中可以看到，没有加入纳米纤维相比于加入纳米纤维的样品，其明显区别在于，会有部分PET没有被PANI

覆盖而暴露出来，所以纳米纤维通过高分子氧化聚合过程可以使PANI与PET更加紧密连接。并且由于PANI中的N原子与PET中的O原子之间相互作用，最终复合材料具有较高的柔韧性。

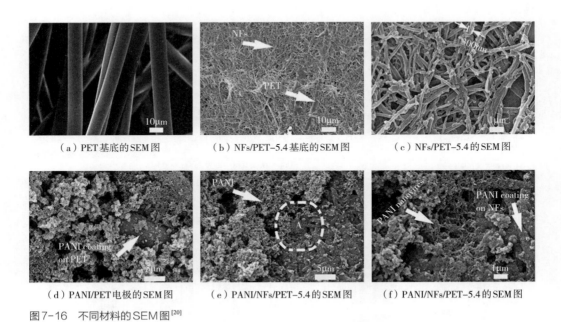

（a）PET基底的SEM图　　（b）NFs/PET-5.4基底的SEM图　　（c）NFs/PET-5.4的SEM图

（d）PANI/PET电极的SEM图　　（e）PANI/NFs/PET-5.4的SEM图　　（f）PANI/NFs/PET-5.4的SEM图

图7-16　不同材料的SEM图[20]

　　由图7-17（a）可以看出，添加了纳米纤维后，材料中PANI的负载量提高。同时，材料的导电性也有了显著的提高。但是，纳米纤维的添加量增加到7.1g/m²后，反而会降低材料的电导率下降，因为这时不导电的纳米纤维占据了主导。纳米纤维的添加量为5.4g/m²时，材料具有最高电导率，达到0.75S/cm。引入纳米纤维后，PANI/NFs/PET-x（x=4.0，5.4，7.1g/m²）具有三维多孔结构和高的导电性，这使其作为超级电容器的电极材料具有更优的性能。由图7-17（b）可以看到，PANI/NFs/PET-5.4具有最好的电化学储能性能，其在三电极测试系统中，在1.0mA/cm²的恒电流充放电时具有1.47F/cm²（503F/g）的电容值。由图7-17（c）可以看到，在经过弯折处理后的电极材料和未弯折的材料在不同的电解液中均具有相似的储能性能，这说明改材料具有良好的柔韧性和机械性能，并且在严重弯曲后依然能保持良好性能［图7-17（c）］。

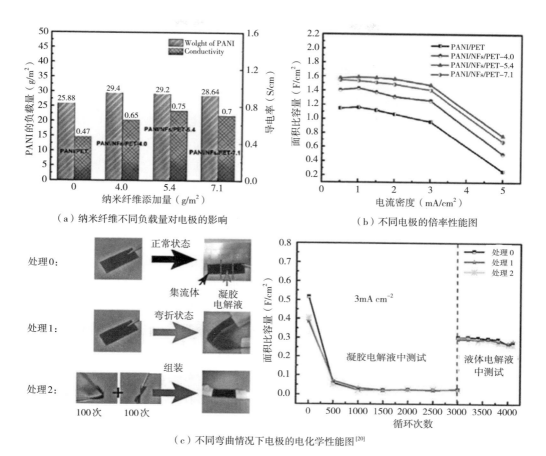

（a）纳米纤维不同负载量对电极的影响　　　　（b）不同电极的倍率性能图

（c）不同弯曲情况下电极的电化学性能图[20]

图 7-17　纳米纤维不同负载量对电极的影响、不同电极的倍率性能图以及不同弯曲情况下电极的电化学性能图[20]

7.2　纳米纤维在锂/钠离子电池中的应用

锂（Li）是自然界最轻的金属元素（相对原子质量 M=6.94，密度 0.53g/cm³），且具有较负的电极电位［-3.04V vs. standard hydrogen electrode（SHE）］。因此，其储能体系具有较高的能量密度[21]。锂金属一次电池的研究在 19 世纪 70 年代实用化。但锂金属电池存在安全性问题，取代锂金属的一种方式是采用嵌入型的材料，也就是所谓的锂离子电池或"摇椅式"电池，该概念首次在 1980～1990 年被 Murphy 和 Scrosati 得到证实，索尼公司在 1991 年将其商业化[22]。

与众多的新型清洁能源相比，锂离子电池具有体积小、质量轻、能量密度大、循环稳定性好、自放电小、无记忆效应、安全可靠、无污染等突出的特点[23]，已经成为移

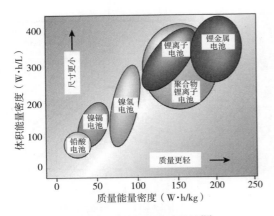

图7-18 不同电池体系的能量密度比较[21]

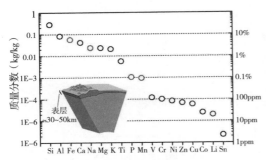

图7-19 不同元素在地壳中的含量对比图[27]

动电话、笔记本电脑等便携式电子设备的重要化学电源，在未来有可能成为混合动力汽车、电动汽车的能量供应系统（图7-18）[22-24]。

随着电动车和智能电网的发展，锂资源短缺的问题日益突出，使得锂金属的价格急剧增长，同时锂资源主要分布在南美，其在全球分布不均也造成一定的政治和经济问题。目前工业生产已经开始注重对锂离子电池中的锂资源进行回收，但这并不足以应对目前市场上对锂资源的巨大需求。因此，寻找一种可替代锂离子电池的技术迫在眉睫[25]。这其中，具有丰富资源且在全球分布均匀的钠（图7-19）引起人们的注意和研究。钠与锂在周期表中相邻，两者作为碱金属具有相似的物理化学性质，并且钠的质量和体积也仅次于锂。钠的电极电位是-2.71V，与锂仅相差0.3V，目前基于

Na的储能技术得到广泛研究，如Na–S电池、Na–O$_2$电池、ZEBRA电池（Na–NiCl$_2$）和钠离子电池。其中，钠离子电池由于具有高电压（约为3.6V）、可以在室温条件下工作、电极材料成本低以及便携性的优势，具有非常好的应用前景[26]。

7.2.1 锂/钠离子电池的工作原理

锂离子电池的组成主要包括正极、负极、隔膜和电解液。正极通常为锂金属氧化物，如钴酸锂、锰酸锂、镍钴锰酸锂（俗称三元）、磷酸铁锂等。负极通常为碳材料，如石墨和中间相碳微球、硅碳复合材料和钛酸锂等。隔膜通常采用具有微细孔的聚烯烃材料，如聚乙烯、聚丙烯等有机高分子膜。电解质为锂离子导体，通常是六氟磷酸锂（LiPF$_6$）的碳酸乙烯酯—碳酸二乙酯的溶液[28]。以钴酸锂为正极，石墨为负极为例，锂离子电池的工作原理如图7-20所示。

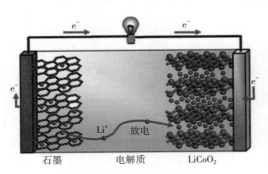

图7-20 锂离子电池的工作原理[29]

在充电过程中，锂离子从层状结构钴酸锂晶格中脱出，钴酸锂失去电子，Co^{3+}被氧化为Co^{4+}，锂离子在电场的作用下，通过电解液和隔膜，嵌入石墨负极的层状结构中形成LiC_6化合物。在放电过程中，LiC_6化合物失去电子，锂离子从石墨层间脱出，然后进入电解液中，最后通过隔膜，嵌入钴酸锂正极中。外电路同时有电子通过。其电极反应方程式为：

正极反应： $$LiCoO_2 \underset{discharge}{\overset{charge}{\rightleftharpoons}} Li_{1-x}CoO_2 + xLi^+ + xe^- \tag{7-2}$$

负极反应： $$xLi^+ + nC + xe^- \underset{discharge}{\overset{charge}{\rightleftharpoons}} Li_xC_n \tag{7-3}$$

电池总反应： $$LiCoO_2 + nC \underset{discharge}{\overset{charge}{\rightleftharpoons}} Li_{1-x}CoO_2 + Li_xC_n \tag{7-4}$$

钠离子电池的构成与锂离子电池类似，正极材料主要包括过渡金属氧化物Na_xMnO_2（M=Co、Mn、Fe、Ni等）、聚阴离子型化合物（如$NaFePO_4$、$Na_3V_2(PO_4)_3$和$Na_3(VO_x)_2(PO_4)_2F_{3-2x}$等）、普鲁士蓝类化合物$A_xMM'(CN)_6$以及有机化合物。负极材料主要包括碳材料，发生合金化反应的材料（如Sn、Sb、P），金属氧化物/硫化物。在钠离子体系中，通常醚类的电解液优于酯类的电解液，这一点与锂离子电池系统相反。常用的Na盐有：$NaSO_3CF_3$、$NaClO_4$和$NaPF_6$。隔膜一般采用玻璃纤维或者Celgard多孔膜。

钠离子电池的工作原理与锂离子电池相似：在放电和充电过程中，Na离子通过电解液在正极和负极之间穿梭。

7.2.2 基于纳米纤维的电池电极材料

纳米纤维具有高的长径比和大的比表面积，有利于缩短锂/钠离子的传输距离，提供更多的活性位点和电池容量。因此，将纳米纤维应用于锂钠离子电池的电极材料具有显著的优势。关于纳米纤维材料的制备，静电纺丝结合高温焙烧或碳化是采用较多的方法[30-31]（图7-21）。该方法较容易实现具有实心、空心、核壳等特殊结构的纳米纤维，且直径可控，从纳米至亚微米。简言之，通过调控聚合物或无机前驱体的种类、溶剂、添加剂及后续热处理工艺[10]，能够实现具备多种组分和功能的各种无机、有机或复合纳米纤维的制备。其中，聚

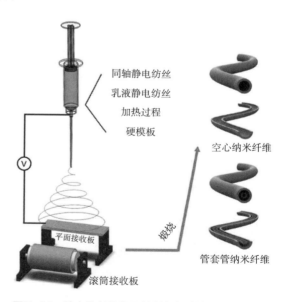

图7-21 静电纺丝设备及其制备各种结构纳米纤维的示意图[32]

丙烯腈（PAN）、聚乙烯吡咯烷酮（PVP）、聚环氧乙烷（PEO）等聚合物通常被选择作为碳源材料，将其溶解后通过静电纺丝和碳化最终制备成碳纤维纳米纤维。

Bai等分别采用商业化的聚氯乙烯（PVC）粒子和静电纺丝制备的PVC纳米纤维在600~800℃直接热解合成了两种类型的硬碳材料[33]。作为钠离子电池负极，PVC纳米纤维得到的硬碳材料可逆容量和首次库仑效率均高于商业化的PVC得到的硬碳材料，其容量分别为271和206mA·h/g，库仑效率分别为69.9%和60.9%。此外，纳米纤维衍生的硬碳表现出了良好的循环稳定性和倍率性能，当电流密度为12mA/g、24mA/g、60mA/g、120mA/g、240mA/g时，其首次放电容量分别为389mA/g、228mA/g、194mA/g、178mA/g、147mA/g，当电流密度降至12mA/g时，其电容量仍可恢复，且在150次的长循环后，容量仍保持在211mA/g（图7-22）。

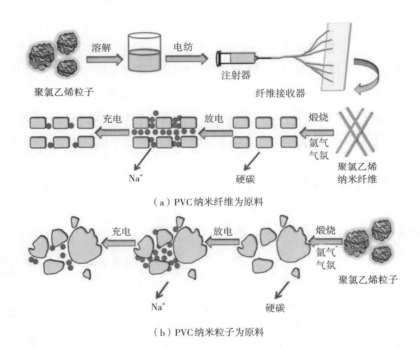

（a）PVC纳米纤维为原料

（b）PVC纳米粒子为原料

图7-22　硬碳的合成和储钠过程示意图[33]

Cho等将柯肯达尔效应引入静电纺丝技术合成了名为"气泡—纳米棒复合材料"的结构[34]。该结构的Fe_2O_3–C复合纤维，由纳米尺寸的Fe_2O_3空心球均匀分散在无定形碳基质中构成（图7-23）。步骤如下：

（1）静电纺丝法制备乙酰丙酮铁［Fe（acac）$_3$］和聚丙烯腈（PAN）的复合纤维。

（2）纳米纤维前驱体在10%H_2/Ar混合气中500℃后续热处理，Fe（acac）$_3$分解和PAN碳化过程得到无定形的FeO_x–C复合纳米纤维。纤维里大量的碳影响FeO_x的晶体生长。通过消耗一定量的碳，在热处理反应的初期形成了超小的 Fe 纳米晶均匀分散在碳纳米纤维中。

（3）固体 Fe 纳米晶在进一步的加热过程中由于柯肯达尔扩散过程转化为空心的 Fe_2O_3 纳米球。该效应的结果是在 Fe 金属表面形成了 Fe_2O_3 的薄层。

（4）随后 Fe 阳离子通过氧化层向外扩散，同时氧气向纳米球内扩散，形成了核壳结构的 $Fe@Fe_2O_3$ 的中间产物。在空位辅助材料交换时，Fe/Fe_2O_3 的界面形成空隙，增加了球体的粗化和孔增大。最终金属 Fe 完全转化为 Fe_2O_3 形成了气泡—纳米棒结构的 Fe_2O_3—C 复合纤维。

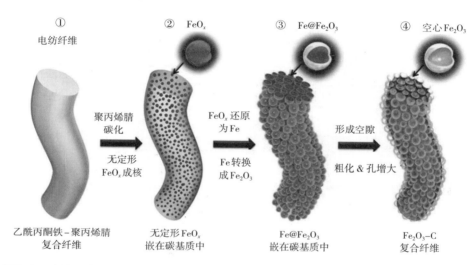

图 7-23　气泡—纳米棒结构的 Fe_2O_3-C 复合纤维的合成示意图[34]

气泡—纳米棒结构的 Fe_2O_3-C 复合纤维和空心 Fe_2O_3 纳米纤维的电化学性能进行了对比。在扫速为 0.1mV/s，Fe_2O_3-C 复合纤维的前 6 周循环伏安曲线（图 7-24）。第一周阴极扫描的过程中，在 0.7V 的还原峰归因于 Fe^{3+} 还原为 Fe，形成 Li_2O，以及形成不可逆的 SEI 膜。从第四周开始，CV 曲线基本重合，表明电化学过程的良好可逆性。在电流密度为 1A/g 时，气泡—纳米棒结构的 Fe_2O_3-C 复合纤维的首次放电和充电容量分别为 1406 和 1145mA·h/g，空心 Fe_2O_3 纳米纤维其相应的容量仅有 1385 和 957mA·h/g。在循环 300 次后，气泡—纳米棒结构的 Fe_2O_3-C 复合纳米纤维和空心纳米纤维的放电容量分别为 812mA·h/g 和 285mA·h/g，相比于第二周的容量保持率分别为 84% 和 24%。同时，气泡—纳米棒结构的 Fe_2O_3-C 复合纤维也显示出了良好的倍率性能。当电流密度从 0.5 逐步增加到 5A/g，可逆放电容量从 913mA·h/g 降到 491mA·h/g，当电流回到 0.5A/g 时，其放电容量接近 852mA·h/g（图 7-24）。

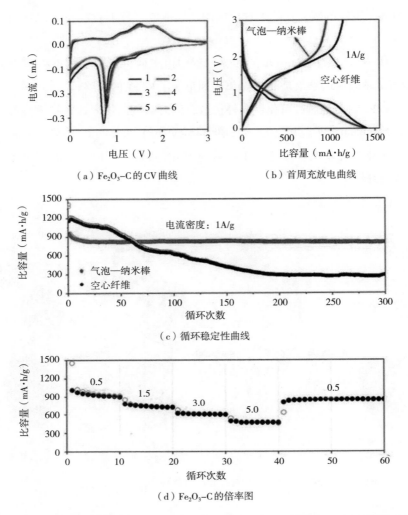

（a）Fe₂O₃–C的CV曲线

（b）首周充放电曲线

（c）循环稳定性曲线

（d）Fe₂O₃–C的倍率图

图7-24　气泡—纳米棒结构的Fe_2O_3-C复合纤维和空心Fe_2O_3纳米纤维的电化学性能曲线[34]

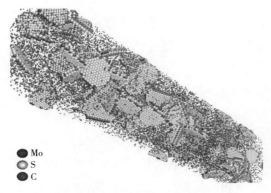

图7-25　单层MoS_2纳米片嵌入碳纤维的示意图，黑色大球，黑色小球和白球分别对应Mo、C和S

Zhu等通过静电纺丝技术将大小约为4nm的单层MoS_2嵌入碳纤维中（图7-25），该材料作为钠离子电池负极在0.1A/g时的容量为854mA·h/g，在1A/g和10A/g下循环100周后容量分别稳定在484mA·h/g和253mA·h/g。由于材料中的超小单层MoS_2提供了更多的反应活性位点，使碳纤维的电导率提高，同时缓解反应过程中的体积膨胀，两者的协同作用使材料表现出优异的电化学性能[35]。

　　Liu等通过静电纺丝技术将锡纳米点均匀嵌入氮掺杂的多孔碳纳米纤维（Sn NDs@PNC）中，其中纤维直径约为120nm，Sn纳米点1～2nm。其中，纳米纤维交织成三维网络，Sn的含量接近63%（质量分数），氮元素约为3.8%（质量分数）。材料中Sn纳米点的尺寸及含量可以通过碳化温度等反应条件进行调控[36]（图7-26）。Sn NDs@PNC材料的比表面积高达316m²/g，孔径主要分布在3.5nm的介孔范围。

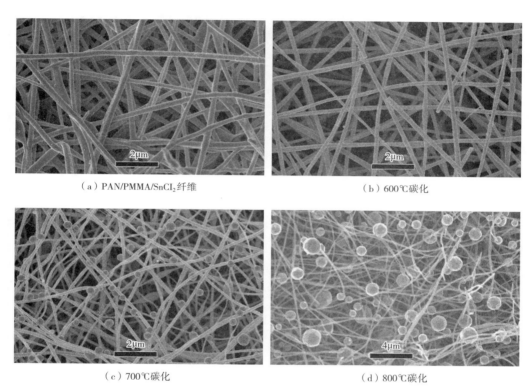

（a）PAN/PMMA/SnCl₂纤维　　　　　　　（b）600℃碳化

（c）700℃碳化　　　　　　　　　　（d）800℃碳化

图7-26　静电纺丝纳米纤维及碳化后样品的扫描电镜图

　　该Sn NDs@PNC电极表现出了良好的电化学性能。在200mA/g电流密度下可逆容量能达到633mA·h/g。当电流逐渐增加到500、1000、2000、5000和10000mA/g，其可逆容量分别为588、565、543、500和450mA·h/g，再将电流密度调回到初始的200mA/g时，可逆容量仍高达630mA·h/g，接近起始容量。将该电池继续在500mA/g的电流密度下循环300周，容量没有明显衰减，稳定在约580mA·h/g（图7-27）。该材料的快速充放电性能可归因于整个纤维骨架的多孔性和氮掺杂碳纳米纤维的高导电性，不仅有利于电解液的浸润，而且加快了钠离子的传输。在循环稳定性测试中，Sn NDs@PNC电极材料的微观形貌没有发生明显的变化，Sn纳米点仍然均匀地嵌入在纳米纤维中，电极材料也没有出现粉化和团聚的现象。将该电极在2000mA/g的大电流密度下恒流充放电1300周后，容量仍高达483mA·h/g。相对于第二周的容量（536mA·h/g），其容量保持率为90%。

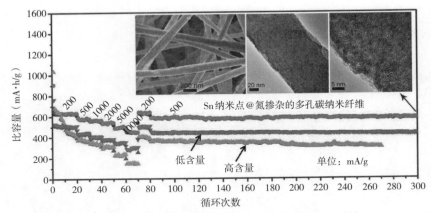

（a）倍率和循环性能曲线（内插图为循环后电极的SEM、TEM和HRTEM图）

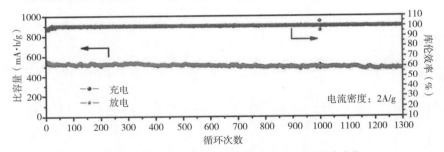

（b）Sn纳米点@氮掺杂的多孔碳纳米纤维电极的循环稳定性和库伦效率曲线

图7-27　样品的电化学性能图[36]

此外，Liu等通过静电纺丝和后续的热处理操作，以Mn（CH₃COO）₂·4H₂O和Fe（NO₃）₃·9H₂O为锰源和铁源，PAN为碳源，将MnFe₂O₄纳米点均匀镶嵌在多孔氮掺杂的碳纳米纤维（MFO@C）中，其中MnFe₂O₄纳米点大小为3.3nm[37]。这一具有自支撑性的复合纳米纤维薄膜具有良好的柔韧性，可以直接作为钠离子电池的负极，在100和10000mA/g电流密度下容量分别为504和305mA·h/g，并且具有超长的循环寿命（图7-28）。在这个基础上还对MFO@C的储钠机理进行了揭示：在第一周发生的反应分别为：

放电过程：$MnFe_2O_4 + 8Na^+ + 8e^- \rightarrow Mn + 2Fe + 4Na_2O$　　　　　　（7-5）

充电过程：$Mn + 2Fe + 4Na_2O \rightarrow MnO + Fe_2O_3 + 8Na^+ + 8e^-$　　　　　（7-6）

首周过后，后续的循环过程为可逆反应。其方程式为：

$MnO + Fe_2O_3 + 8Na^+ + 8e^- \rightleftharpoons Mn + 2Fe + 4Na_2O$　　　　　　（7-7）

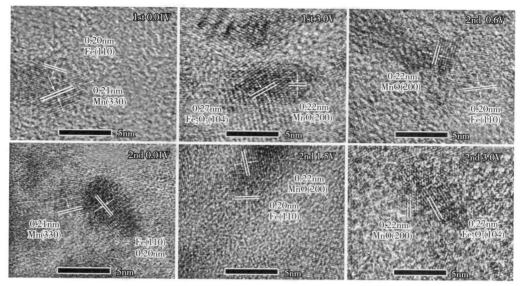

（a）MFO@C电极在不同充放电状态下的HRTEM图

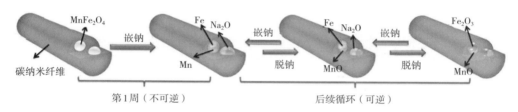

（b）MFO@C纳米纤维的储钠机理示意图

图7-28　MFO@C电极片的储钠机理分析[37]

7.2.3　基于纳米纤维的电池隔膜

可充锂金属基电池是未来潜在的储能设备之一，因锂金属的理论密度几乎是石墨负极的十倍。然而，其发展受到锂不均匀沉积和枝晶形成的限制，导致安全问题及电化学性能的不可控[38-40]。尤其是锂枝晶可能穿透隔膜造成电池短路，导致热失控和电池起火的灾难[41, 42]。因此，限制锂枝晶的生长势在必行。限制锂枝晶的生长主要从以下两方面着手：一方面，在碳酸盐和醚类电解液中加入卤化物或多硫化物、硝酸盐可以减少锂成核位点，形成稳定的固体电解质界面膜（SEI）[38]；另一方面，高模量的隔膜，如陶瓷基隔膜，也能阻止沉积过程中锂的移动[43-44]。

聚合物纳米材料作为重要的工程基础材料在各领域得到了广泛的应用。尤其是高模量的聚合物纳米纤维，其非常适合于制备兼具柔性和强度的隔膜，有效阻止锂枝晶的生长和穿透隔膜，实现高安全性和可靠性的锂金属基电池。高离子电导率、规模化生产、低成本是隔膜实际应用的其他必要条件。

Hao等设计开发了一种全新的PBO（Poly-*p*-phenylene benzobisoxazole）基高强度、耐高温隔膜。通过控制工艺，可以使10μm的PBO剥离为直径为2nm~10nm的纳米纤维，以PBO为基材的多孔隔膜其拉伸强度能够达到525MPa，杨氏模量达到20GPa，耐热温度最高可达600℃，采用这种隔膜的锂金属基电池可在150℃的高温环境下工作[45]（图7-29）。

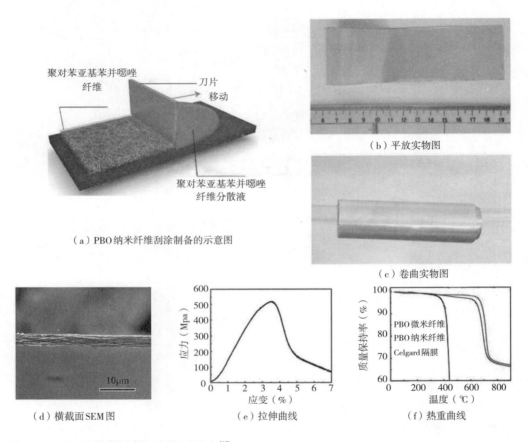

图7-29　PBO多孔膜的制备示意图及其表征[45]

硫活性材料的简单可持续利用是高性能Li-S电池的重大挑战。基于此，Kim等制备了基于零维纳米粒子/一维纳米纤维复合材料的多硫化物可呼吸（能够可逆吸附和脱附多硫化物）/电子和离子双导电异质层的电池隔膜[46]（图7-30）。该隔膜通过连续电喷雾和静电纺丝过程得到，上层由多壁碳纳米管（MWNT）包裹的聚醚酰亚胺（PEI）分散在紧密堆积的MCM-41介孔纳米粒子组成，其中MCM-41显示出对多硫化物的可逆吸脱附，MWNT包覆的PEI纳米纤维作为双导电集流体。支撑层由Al_2O_3纳米粒子和聚丙烯腈组成，为隔膜提供机械强度和热稳定性，同时还可以捕获多硫化物。隔膜的独特结构和多功能性使得Li-S电池的氧化还原反应动力学和循环性能远超过传统的聚烯烃隔膜。

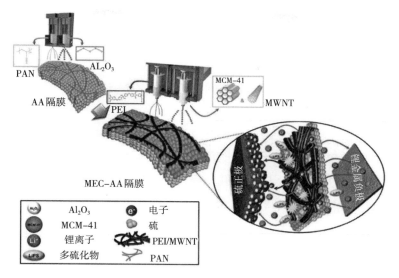

图7-30 隔膜的制备示意图及其多功能性[46]

Wang等采用熔融挤出相分离技术，将乙烯-乙烯醇共聚物（EVOH）树脂与乙酸丁酸纤维素（CAB）通过熔融共混挤出得到EVOH/CAB共混纤维，经过溶剂的萃取去除CAB得到EVOH纳米纤维，在高速气流下将纳米纤维悬浮液喷涂到PET无纺布基底的表面，最终得到具有多级结构的NFs/PET/NFs膜（图7-31）。这一多级结构膜的孔隙率大约为54.2%，远大于商业用PP膜的37%，且能够很快被水所润湿，表现出了良好的亲水性能和高的表面能（图7-32）。此外，对NFs/PET/NFs膜在150℃下经过30min热处理，其尺寸几乎没有发生变化，表现出较好的耐热性能[47]。

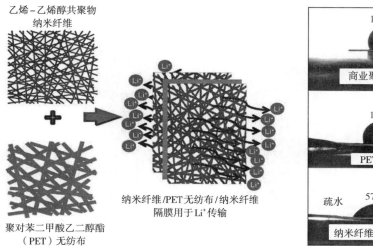

图7-31 PET无纺布和EVOH纳米纤维复合成三明治结构 NFs/PET/NFs膜及锂离子在隔膜中传输的示意图[47]

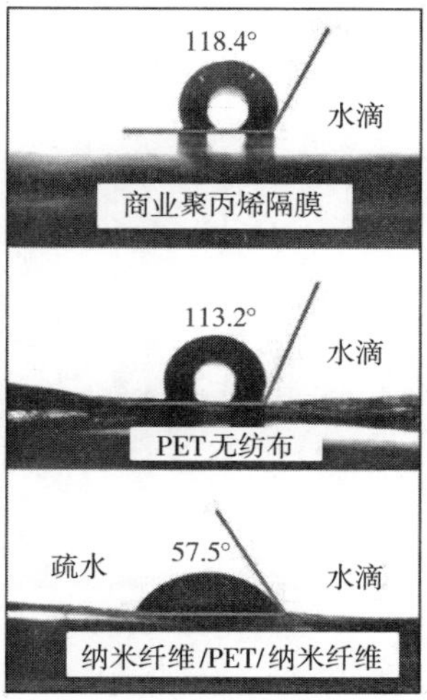

图7-32 样品对水的接触角[47]

为了进一步提高NFs/PET/NFs纳米纤维隔膜的亲液性以改善锂离子电池的倍率性能，Wang等采用粒径约在20nm左右的无机Al_2O_3纳米粒子对NFs/PET/NFs膜进行表面改性最终制备出无机有机杂化膜[48]。从图7-33可以看出，商业用的PP/PE/PP膜存在许多制备过程中对膜进行拉伸时产生的沿拉伸方向呈针状的狭窄的纳米尺寸孔，使得其孔隙率比较低。NFs/PET/NFs纳米纤维隔膜中的未处理PET无纺布的孔隙率尽管高达78%，但由于其孔径较大，使得电池会发生自放电现象同时可能被生成的锂枝晶所刺穿。Al_2O_3@NFs/PET/NFs膜表面疏松排列许多Al_2O_3纳米粒子，这些纳米粒子之间形成了纳米间隙，优化NFs/PET/NFs膜的孔径分布，使孔径分布更加均匀。在0.2C倍率下Al_2O_3@NFs/PET/NFs膜所组装的磷酸铁锂半电池的容量为157mA·h/g，高于NFs/PET/NFs膜所组装的电池（152mA·h/g）和商业用的PP/PE/PP膜所组装的电池（146mA·h/g）。这主要是由于Al_2O_3@NFs/PET/NFs膜具有高的离子电导率（图7-34），电池中隔膜的离子电导率越高越有利于锂离子在正负极材料之间的嵌入与脱嵌。结果还表明，与商业膜和NFs/PET/NFs相比，在高倍率（2C/2C）的充放电条件下，Al_2O_3@NFs/PET/NFs隔膜的优势更为明显，主要是源于其优异的电解液亲液性和离子迁移率。

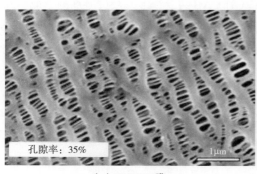
（a）PP/PE/PP膜

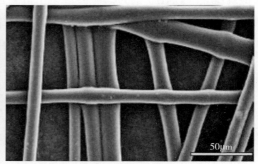
（b）PET无纺布

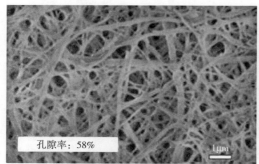
（c）NFs/PET/NFs膜

（d）Al_2O_3@NFs/PET/NFs膜

图7-33 样品的扫描电镜图[48]

目前报道的纳米纤维基隔膜的厚度为40μm～120μm，这个厚度远大于商业隔膜的厚度（约25μm）。这是由于纳米纤维基隔膜通常包含较厚的基材以提供必要的力学强度。隔膜厚度的增加，将会降低离子的迁移率，同时挤占锂离子电池中电极所占的体积空间，降低整个电池的能量密度。为获得具有理想厚度的纳米纤维基隔膜，必须使用具有超薄厚度的基材。Wang等尝

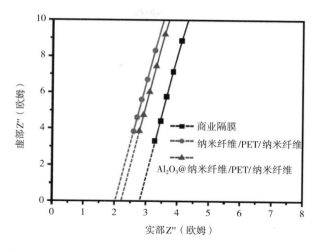

图7-34　不同隔膜在开路电压，5mV振幅的Nyquist曲线[48]

试采用超薄PET（旭化成，约18μm）无纺布作为基底材料制备纳米纤维基隔膜[49]。但超薄PET纳米纤维非常平整，且对水的接触角很大，很难将纳米纤维涂覆其上。因此，该研究小组通过NaOH浸泡和Plasma表面处理等方式来改善PET的表面形貌（图7-35）。研

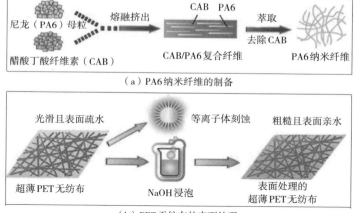

（a）PA6纳米纤维的制备

（b）PET无纺布的表面处理

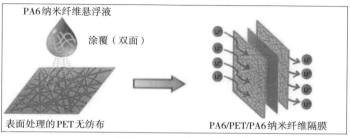

（c）PET无纺布的表面涂覆

图7-35　PA6/PET/PA6的制备示意图[49]

究表明，与Plasma处理相比，NaOH浸泡处理的PA6/PET/PA6膜对水的接触角更小，表面粗糙度更大。在NaOH处理后的PET基材上，将PA6纳米纤维分散液在其表面喷涂成型，最终得到具有约30μm厚度的纳米纤维基隔膜。该PA6/PET/PA6膜的电化学稳定窗口大于4.5V，具有高的离子电导率（0.17mS/cm）和较小的阻抗（249Ω），使其在大电流密度下较商业的PP膜具有更高的容量。

7.3 纳米纤维在燃料电池中的应用

7.3.1 微生物燃料电池概述

微生物燃料电池微生物燃料电池（MFCs）是一种环境友好型技术，以微生物为催化剂，能够将储存在废水中的化学能转化成电能[50]，为处理废水和废弃物提供了一条新颖的和重要的解决途径。工作原理（图7-36）：在厌氧的阳极室，微生物将碳水化合物、醋酸衍生物、醇和其他一些有机物氧化分解产生电子，并释放出质子。电子从微生物内部转移到阳极上，并通过外接电路传导至阴极，从而产生外电流；质子从阳极室通过质子交换膜进入阴极室，然后氧气、硝化物、硫化物等受体接受电子被还原，从而实现电池内电荷的传递[51]。阴极使用的催化剂不同，涉及的电子转移过程也不同。

阳极膜材料及其研究热点：微生物燃料电池的构型相对简单，但电池的工作受多种因素影响，例如，细菌的种类、底物的种类和浓度、微生物燃料电池的构型、电解质介体、阴极阳极材料等[53-54]。其中，限制微生物燃料电池发展和大规模使用的屏障是电池输出功率密度低、使用寿命短和相对高昂的生产制备成本。在电池工作方面，在阴极催化剂上发生的是电子、质子和氧三相反应，可控性差。对于催化剂既需要其附着在导电体的表面，又暴露于液体和空气中，不同相态的质子和电子又要到达同一点。在材料选择方面，常用的阴极材料有生物相容的碳材料、石墨烯等，但通常需要掺杂来提高这些阴极的发电能力，这使得电池的制备成本居高不下。

另外，阳极部分作为电子产生和传递的区域，其性能直接影响微生物燃料电池的性能。微生物燃料电池阳极材料的研究已成为微生物燃料电池领域的一大研究热

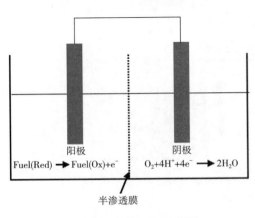

阳极　　　　　　阴极

Fuel(Red) → Fuel(Ox)+e⁻　　$O_2+4H^++4e^- \longrightarrow 2H_2O$

半渗透膜

图7-36 微生物燃料电池工作原理[50-53]

点。综上，研发高功率密度、低成本的电极（正极和负极）材料是微生物燃料电池获得新突破的一大方向。

7.3.2　纳米纤维在燃料电池中的应用

导电的碳纸、碳布、碳毡、碳泡沫、石墨棒、石墨刷、石墨颗粒和网状玻璃碳等材料是目前较为广泛采用的微生物燃料电池的阳极材料，但通常的阳极输出功率很难超过1500mW/m²。大量的研究已经表明，增加阳极材料的比表面积有助于增加微生物的附着量，提高电池的输出功率。因此，国内外的研究者尝试将纳米碳管、纳米碳纤维、纳米聚苯胺和聚吡咯纤维等纳米纤维材料用作微生物燃料电池的阳极材料[55]。

Zhao等[55]通过界面聚合的方法合成PANI纳米纤维，通过改变溶剂体系、掺杂物的种类和浓度等参数使得PANI纳米纤维的直径为30～100nm。将葡萄糖氧化酶固定在聚苯胺纳米纤维上后，酶依然保持了催化活性，将葡萄糖氧化产生的电子无须要电子介体的辅助，能够直接传递给聚苯胺纳米纤维电极（图7-37）。

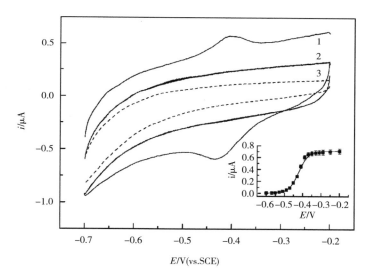

1—GOx–nanoPANI/GC电极　　2—nanoPANI/GC电极　　3—GOx/GC电极

图7-37　GOx–nanoPANI/GC（a），nanoPANI/GC（b）和GOx/GC（c）电极在磷酸盐缓冲溶液（0.1mol/L，pH 7.0）的 CV 曲线[55]

Chen等研究者[56]采用静电纺丝法制备孔隙大小和孔隙率不同的纳米碳纤维毡（GES–CFM）作为微生物燃料电池的阳极。和传统的碳纤维毡相比，GES–CFM具有更高的孔隙率，这时其密度只有42g/m²（传统的碳纤维毡密度为333g/m²）（图7-38）。由于纤维间的紧密连接，使得GES–CFM具有良好的机械稳定性和高的电导率。GES–CFM作为微生物燃料电池的阳极具有超高的电流密度约30A/m²，随着孔隙大小和孔隙率的增加，有利于提高微生物膜的附着厚度和微生物膜渗透深度，促进有机物燃料的扩散，增加电池的输出功率密度。同时，生物电催化之间的能量转换的热动力学不受纤维电极的影响，而完全由细胞外微生物之间电子转移所决定的（通过外细胞膜的膜细胞色素的氧化还原电位）（图7-39）。

（a）碳纤维毡

（b）碳纤维毡表面附着的微生物膜

（c）GES-CEM膜

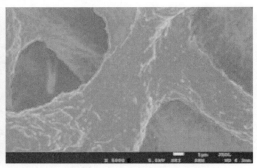

（d）GES-CFM表面附着的微生物膜

（e）GES-CFM中各纤维之间的连接图

（f）GES-CFM电极的横截面

图7-38　SEM图

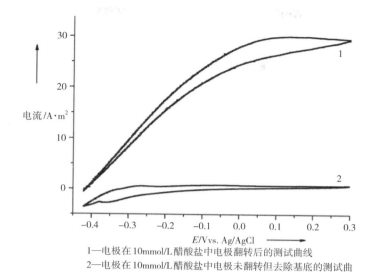

1—电极在10mmol/L醋酸盐中电极翻转后的测试曲线
2—电极在10mmol/L醋酸盐中电极未翻转但去除基底的测试曲

图7-39　GES-CFM表面附着的微生物膜作为微生物燃料电池阳极的CV曲线

Wang等研究者[57]采用自组装、原位聚合法制备高导电性、高生物相容性的EVOH纳米纤维基燃料电池阳极材料（PPy/NFs/PET），得力于其高比表面积、高生物相容性、三维多孔特性，相较于PPy/PET为阳极材料的MFC系统，基于PPy/NFs/PET阳极材料的MFC系统的最大输出功率密度约增加16.8倍（图7-40、图7-41）。

（a）PPy/PET阳极　　　　　　　　（b）PPy/NFs/PET阳极

（c）放大的图（a）　　　　　　　　（d）放大的图（b）

图7-40　MFC系统启动后阳极材料微观形貌[57]

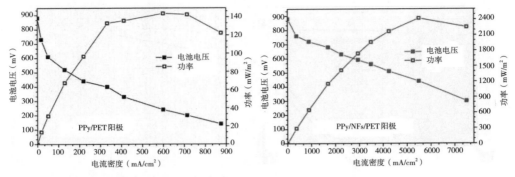

图7-41 MFC系统极化曲线和功率密度[57]

　　阳极膜上产电菌的催化性能和电子的迁移效率对MFC的输出功率有决定性的影响。磁场对微生物的酶活性、细胞活力和离子迁移的影响逐渐受到研究者的重视[58-59]。含有磁性Fe_3O_4纳米颗粒的阳极膜能加速细菌的繁殖，提高MFC的阳极输出电压[60-61]。受上述研究启发，王等研究者利用磁场的诱导作用来提高细菌的附着性和电子在阳极膜上的迁移，得到了阳极输出功率更高的$PPy/SrFe_{12}O_{19}-NFs/PET$阳极膜材料（$3317mW/m^2$）（图7-42）[62]。该$PPy/SrFe_{12}O_{19}-NFs/PET$阳极膜的最大输出功率密度远高于国内外其他研究小组报道的MFC阳极材料的结果，这与阳极膜材料的硬磁性、大比表面积、高表面粗糙度、高电导率、高生物相容性的三维棒状聚吡咯网络结构有关，从而能够为细菌的吸附及生长提供良好的环境。此外，该复合膜具有柔性、高导电性、高孔隙率和化学稳定性的特点（图7-43），作为MFC阳极材料使用时能提供比常规阳极材料高几倍的输出功率。且该复合膜的制备工艺简单，适合大规模制备，与商业用阳极碳布相比，具有成本低的显著优势。

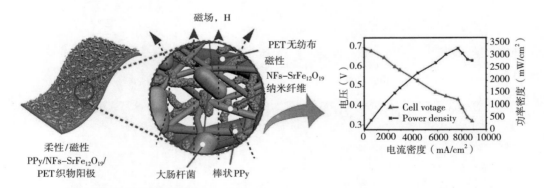

图7-42 磁性阳极膜的构造对其输出性能的影响[62]

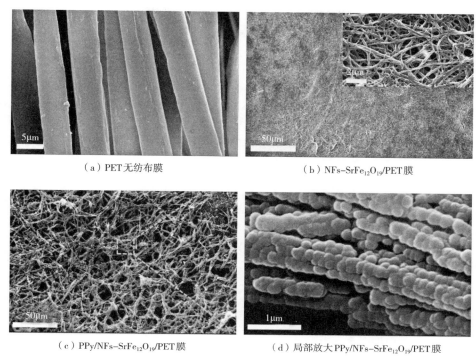

（a）PET无纺布膜 （b）NFs–SrFe$_{12}$O$_{19}$/PET膜

（c）PPy/NFs–SrFe$_{12}$O$_{19}$/PET膜 （d）局部放大PPy/NFs–SrFe$_{12}$O$_{19}$/PET膜

图7-43 磁性阳极膜表面的SEM微观形貌[62]

7.4 纳米纤维在太阳能电池领域的应用

7.4.1 太阳能电池概述

世界日益增长的能源消费与不可再生化石燃料供给的不断减少之间的不平衡，以及环境污染问题推动了可再生能源的发展。光伏电池是一种直接将太阳能转化为电能的发电方式，发展前景良好。

7.4.1.1 太阳能电池的发展历程

太阳能电池的起源可追溯到1839年法国物理学家Becquerel在金属卤化物的溶液中发现光伏效应，此后很长一段时间内这种半导体的发展相对缓慢，光电转化效率不足1%。一直到1954年，贝尔实验室发现掺杂后硅对光的敏感度显著提高，使得器件光伏效率迅速提升至6%，随后光伏太阳得到了高速广泛发展[63]。其中，第三代太阳能电池包括有机太阳能电池（Polymer solar cells），染料敏化太阳能电池（Dye sensitized solar cells，DSSCs）及其演化发展而来的钙钛矿太阳能电池（Perovskite solar cells）等（图7-44）。

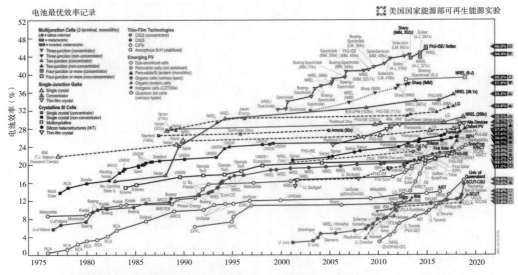

图7-44 美国国家能源部可再生能源实验室（NREL）已认证的高效太阳能电池PCE进展[63]

7.4.1.2 聚合物纳米纤维的简介

聚合物纳米纤维因其制备工艺相对简单、比表面积大、分子排列取向性强以及一维线性结构和纳米级介孔结构所产生的高效率电荷载流子传输特性，在太阳能电池领域得到应用。适用于太阳能电池的聚合物纳米纤维种类繁多，例如，聚（3–己基噻吩–2,5–二基）（P3HT）、聚苯胺（PANI）、聚偏氟乙烯（PVDF）、聚氧化乙烯（PEO）等。聚合物纳米纤维常用的制备方法有静电纺丝法、自组装法和模板法等。不同的太阳能电池结构在纳米纤维的选择和制备方面有其共通性，但更需要针对各类电池的工作机理和使用目的作适当的调整。

7.4.2 纳米纤维在染料敏化太阳能电池中的应用

7.4.2.1 染料敏化太阳能电池的简介

1991年，瑞士洛桑联邦理工学院的Grätzel和合作者创造性的采用二氧化钛纳米颗粒制备出纳米晶多孔染料敏化太阳能电池光阳极薄膜，采用液态电解质，金属铂（Pt）为对电极，将染料敏化太阳能电池的光电转化效率提升至7%以上[64]。从此开启了广大研究者对DSSCs的广泛、多元、深入的研究。2014年，Grätzel课题组通过改进染料分子和氧化还原电解质，开发了"三明治"结构的DSSCs，进一步将DSSCs的光伏效率刷新至13%[65]。固态电解质和传导材料的开发，将DSSCs进一步推上实用化和商业化发展道路。由于二氧化钛稳定的化学性质、价格低廉、绿色环保、制备方法简单，纳米多孔结构易于染料分子的吸附和电荷的高效迁移和传输，被广泛用作DSSCs的光阳极材料（图7-45）。

7.4.2.2 纳米纤维材料在染料敏化太阳能电池领域的应用

在染料敏化太阳能电池领域，导电聚合物纳米纤维因其柔韧性、导电性、大比表面积、介孔结构等特性，被应用于染料敏化太阳能电池的对电极、增韧部分、电解质基质等。

（1）聚合物纳米纤维。聚合物纳米纤维的多孔性有利于染料敏化太阳能电池的光伏性能的提高。研究者尝试使用化学法和电沉积法分别制备聚苯胺和聚吡咯导电薄膜对电极应用于染料敏化太阳能电池（图7-46），化学法制备的聚吡咯（A）颗粒尺寸大（约为1μm），不利于聚吡咯对氧化还原反应进行催化，致使电池填充因子（FF）很低（约为26.3%）；沉积法制备的聚吡咯（B）因为结构致密，电池效率低下；电沉积法制备的聚苯胺（D）因其一维有序纤维结构和纳米多孔结构的高比表面积，使得基于聚苯胺纳米纤维对电极的DSSCs具有相对最佳的光伏性能（Jsc约为13.4mA/cm²，Voc约为0.782V，FF约为67.6%，PCE约为6.58%）。

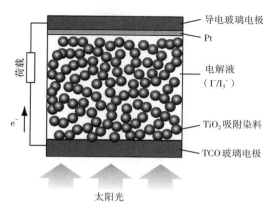

图7-45　染料敏化太阳能电池的结构[66]

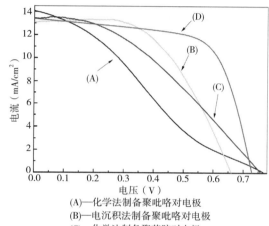

(A)—化学法制备聚吡咯对电极
(B)—电沉积法制备聚吡咯对电极
(C)—化学法制备聚苯胺对电极
(D)—电沉积法制备聚苯胺对电极

图7-46　染料敏化太阳能电池的J-V曲线[67]

（2）聚苯胺负载Pt催化剂作为对电极。为了降低DSSCs的成本，价格低廉的导电聚合物作为DSSCs的对电极得到了研究者的青睐，也取得了较好的发展。例如，一维有序结构、比表面积大、制备方法简便丰富等的PANI纳米纤维。鉴于导电聚合物比表面积高，金属导电性高，导电聚合物负载金属催化剂能将两者优势互补，协同催化。有研究者通过电沉积法在PANI纳米纤维表面沉积Pt纳米颗粒，该复合纳米纤维膜电导率高、比表面积大、电化学催化活性大，适合作为DSSCs的对电极。PANI/Pt复合纳米纤维薄膜负载Pt为对电极的结构结合了PANI和Pt各自的优点，具有低成本、高电导率、高比表面积、高催化活性等优点，同时基于PANI/Pt复合纳米纤维对电极的电池具有突出的光电转换效率（约为7.69%）（图7-47、图7-48）。

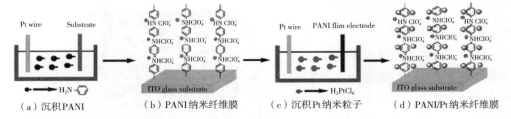

|（a）沉积PANI|（b）PANI纳米纤维膜|（c）沉积Pt纳米粒子|（d）PANI/Pt纳米纤维膜|

图7-47　两步电沉积法制备PANI/Pt复合纳米纤维对电极示意图[68]

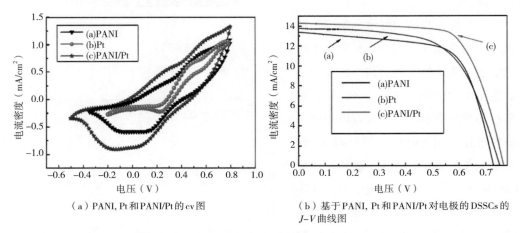

（a）PANI, Pt和PANI/Pt的cv图　　　（b）基于PANI, Pt和PANI/Pt对电极的DSSCs的 J-V 曲线图

图7-48　基于PANI，Pt和PANI/Pt对电极的DSSCs光电性能图[68]

（3）纳米纤维增强复合电极。鉴于聚合物纳米纤维的耐弯曲性，可实现与TiO$_2$复合应用于染料敏化太阳能电池的对电极，尤其是柔性器件。M. J. Ko等研究者[74]采用喷涂辅助静电纺丝法制备PVDF纳米纤维增强TiO$_2$复合电极，采用直径约为400nm的PVDF纳米纤维作为支架，可有效提高TiO$_2$纳米颗粒层力学性能（图7-49）。虽然PVDF的引入降低了染料对光的吸收，短路电流降低至8.58mA/cm^2（无聚合物黏合薄膜的器件BFs的Jsc约9.77mA/cm^2），但由于带负电荷的氟聚合物的存在抑制了TiO$_2$附近带负电I$^-_3$的局部浓度的降低，有利于提高电压。

（a）喷涂辅助静电纺丝法　　　（b）PVDF纳米纤维　　　（c）PVDF/TiO$_2$复合薄膜（CF）

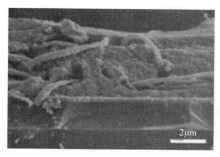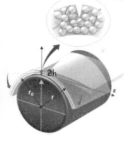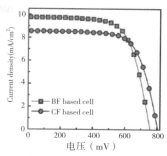

（d）纤维增强PVDF/TiO₂复合薄膜（CFs）　　（e）三点弯曲测试示意图　　（f）为BF和CF结构的染料敏化太阳能电池器件的J–V图

图7-49　基于纳米纤维增强复合电极的染料敏化太阳能电池的制备及性能[69]

基于柔性PET的染料敏化太阳能电池的耐弯曲性能得到大幅改善（图7-50），这是源于PVDF的柔韧性，使得基于纳米纤维增强PVDF/TiO₂复合薄膜的器件经循环弯曲1000次后，器件光伏参数无明显变化，而BF结构电池经200次完全后器件结构的破坏，电池光伏性能大幅恶化。对于BF结构的电池，BF层容易从ITO层剥落，这种厚度方向的破裂会进一步传播到TiO₂/ITO界面，进而各层之间发生分层；而CF结构的电池，PVDF的引入可以增强其与ITO表面的黏合、接触，可大幅降低这种分层现象，出现的裂损也不会传播至界面，PVDF纳米纤维能达到阻隔和偏转裂纹的扩展，从而有效改善器件的耐弯曲性，促进染料敏化太阳能电池在柔性电池领域的发展。

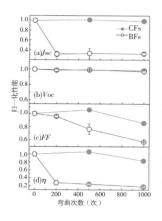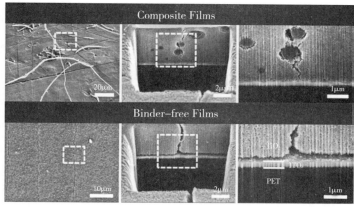

图7-50　纤维增强复合薄膜的弯曲性能和形貌变化图[69]

（4）氯化锂掺杂PVDF纳米纤维电解质基质。鉴于导电纳米纤维薄膜的柔性、大比表面积、孔径结构等特性，除了被应用与染料敏化太阳能电池的对电极，也可作为器件的隔膜或是电解质基质。采用静电方式法制备PVDF纳米纤维，作为染料敏化太阳能电池的电解质基质［图7-51（a）］，尤其适合于开发柔性染料敏化太阳能电池光伏性能、改善耐弯曲性。静电纺制备的纳米纤维膜具有多孔结构（平均孔径约为30nm），使其成为优质的电解质基质。但是，受限于导电聚合物的中庸的导电性，基于纯的PDVF电解质基质的DSSCs的光电转换效率不过往往需要掺杂或是复合来获得高效率器件。经LiCl掺杂后，PVDF纳米纤维薄膜的导电性 σ 从 3.15×10^{-4} S/cm逐渐提高至 4.29×10^{-4} S/cm（1%的LiCl添加量），器件效率从7.87%逐渐提高至8.9%［图7-51（b）］。染料敏化太阳能电池想要走向市场化和产业化，除了需要具有良好的光电转换效率，电池的使用寿命是另一大重点。而PVDF纳米纤维膜的引入改善电池PCE的同时，提高器件稳定性［图7-51（c）］。

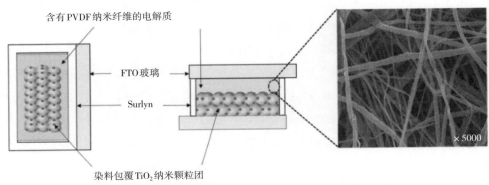

（a）基于PVDF纳米纤维电解质基质的染料敏化太阳能电池的示意图

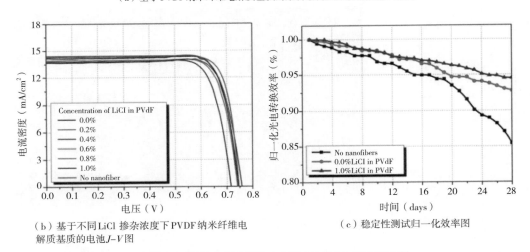

（b）基于不同LiCl掺杂浓度下PVDF纳米纤维电解质基质的电池 J–V 图

（c）稳定性测试归一化效率图

图7-51　基于PVDF纳米纤维电解质基质的染料敏化太阳能电池结构和光电性能[70]

此外，无机纳米纤维因其突出的导电性佳、化学稳定性高、价格低廉、制备方法简易等优点，被广泛应用于染料敏化太阳能电池领域。无机纳米纤维种类繁多，主要涉及无机金属氧化物纳米纤维（例如，TiO_2纳米纤维、碳纳米纤维、ZnO纳米纤维等）、无机复合纳米纤维（碳纤维与$CoNi_2S_4$纳米复合材料、氮掺杂钴基碳纳米纤维、铜硫铟纳米晶掺杂多孔碳纳米纤维等）、无机多铁材料（多铁材料纳米纤维）等。

7.4.3 纳米纤维在钙钛矿太阳能电池中的应用

7.4.3.1 钙钛矿太阳能电池的简介

最初钙钛矿（Perovskite）的命名来源于钛酸钙矿（$CaTiO_3$）的发现者 L. A. Perovski，后将ABX_3型结构（图7-52）的材料统称为钙钛矿材料[71]。最初钙钛矿太阳能电池是从染料敏化太阳能电池演化发展而来的，钙钛矿太阳能电池在短短几年内将电池效率从2009年首次报道的3.8%[72]提升至2012年的9.7%[73]，到现在的24%以上，电池势头异常迅猛。钙钛矿材料光伏性能突出，例如，光吸收系数高、载流子寿命长、能带可调、原材料价格低廉，工艺简单等优点[74]。钙钛矿太阳能电池为多层层叠结构，其工作原理：当光照射钙钛矿活性层后，激发电子跃迁，电子空穴经ETL和HTL传输至两极（图7-53）[74-77]。目前，光伏效率和器件稳定性是钙钛矿光伏技术实现产业化的两大核心问题。

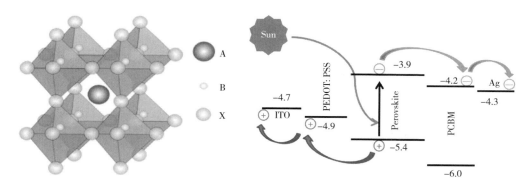

图7-52　钙钛矿的晶体结构[71]　　　　　图7-53　钙钛矿太阳能电池的工作原理示意图[74]

7.4.3.2 纳米纤维在钙钛矿太阳能电池领域的应用

传输性能良好的纳米纤维材料作为钙钛矿太阳能电池的传输层，在实现器件高效率和稳定性方面具有良好应用前景。

（1）聚合物纳米纤维。聚合物纳米纤维在钙钛矿太阳能电池领域的应用面相对较窄、发展较缓。依赖于聚合物纳米纤维的骨架支撑作用，通过与钙钛矿复合来制备复合纳米纤维薄膜，适用于制备大面积高质量钙钛矿薄膜。因此，有机聚合物纳米纤维在大面积制备钙钛矿光吸收层方面具有巨大应用潜力和开发价值。

Wan等研究者采用两步法制备聚丙烯腈基钙钛矿（$PAN/CH_3NH_3PbI_3$）复合纳米纤维膜（图7-54）[78]。首先将采用静电纺丝法制得均匀的PAN/PbI_2纳米纤维薄膜，经浸渍法制备合成PAN/CH$_3$NH$_3$PbI$_3$复合纳米纤维薄膜。大尺寸的PAN/PbI$_2$复合纳米纤维（平均直径为300nm）有利于钙钛矿的充分反应和转换，合成的PAN/CH$_3$NH$_3$PbI$_3$复合纳米纤维的直径达约为500nm（图7-55）。静电纺丝法制备的PAN/CH$_3$NH$_3$PbI$_3$复合纳米纤维薄膜的光吸收带边红移至约800nm，在近红外区域良好的光吸收性，有利于钙钛矿

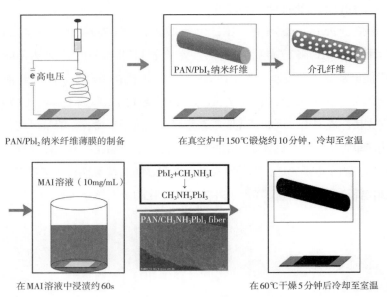

图7-54　PAN/CH$_3$NH$_3$PbI$_3$复合纳米纤维薄膜制备方法[78]

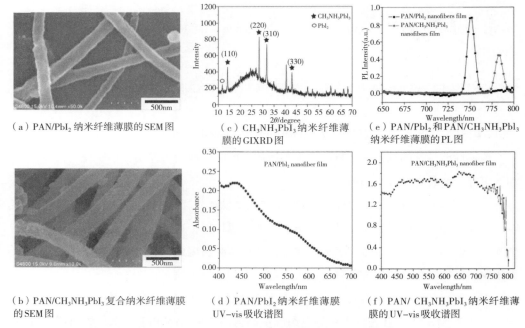

（a）PAN/PbI$_2$纳米纤维薄膜的SEM图

（b）PAN/CH$_3$NH$_3$PbI$_3$复合纳米纤维薄膜的SEM图

（c）CH$_3$NH$_3$PbI$_3$纳米纤维薄膜的GIXRD图

（d）PAN/PbI$_2$纳米纤维薄膜UV-vis吸收谱图

（e）PAN/PbI$_2$和PAN/CH$_3$NH$_3$PbI$_3$纳米纤维薄膜的PL图

（f）PAN/ CH$_3$NH$_3$PbI$_3$纳米纤维薄膜的UV-vis吸收谱图

图7-55　PAN/PbI$_2$和PAN/CH$_3$NH$_3$PbI$_3$复合纳米纤维薄膜的形貌和光电性能[78]

器件获得高的电流。并且PAN/CH₃NH₃PbI₃复合纳米纤维薄膜的PL峰强度低，荧光淬灭效率高，电荷传输性能更佳。基于纳米纤维的支架作用，复合纳米纤维薄膜在大面积制备光伏器件领域具有潜在应用价值。

（2）无机纳米纤维。倒置平面异质结钙钛矿太阳能电池因其可低温制备，工艺流程简单以及柔性化潜力等优点得到发展迅速，但由于PEDOT：PSS［聚（3，4-乙烯二氧噻吩）聚苯乙烯磺酸］弱酸性、亲水性、器件性能的低下，高效稳定的金属氧化物得到了广大研究者的青睐。例如，二氧化钛纳米纤维（nf–TiO₂）、氧化铜纳米纤维（nf–CuO）、氧化锌纳米纤维（nf–ZnO）、石墨烯纳米纤维（nf–rGO）以及石墨烯–锡酸锌复合纳米线等[79, 80]。通过静电纺丝发制备CuO纳米线（nanowires–NWs）与PEDOT：PSS作为复合空穴传输层，来改善光伏器件的性能。当CuO NWs覆盖率为4.2%时，器件的光电转换效率PCE达16.35%（参考器件的PCE为13.5%），提升了21%，这归功于CuO NWs良好的电荷传输和空穴抽取能力，避免电荷在空穴传输层/钙钛矿界面处积聚，从而有效抑制电荷复合，获得高效率的钙钛矿太阳能电池。

7.4.4　纳米纤维在有机太阳能电池中的应用

7.4.4.1　有机太阳能电池的简介

有机太阳能电池材料种类丰富，适用于低温溶液法制备，具有轻薄、柔性等优点。随着大量高效的给体材料、受体材料和界面材料等的开发，界面结构垂直结构的改良，器件工程（三元体系、叠层结构等构建）等使得有机太阳能电池的器件效率从最初的0.1%提升到16%以上，近几年有机太阳能电池的发展势头尤其猛烈，其中高效率的器件和长时间的工作寿命仍然是现阶段有机太阳能电池研究焦点。有机太阳能电池器件是将有机半导体材料夹在两电极之间，类似于"三明治"结构，其光电转化过程大致可分为四个步骤：激子的产生、激子扩散、激子分离、载流子收集（图7–56）[81-82]。

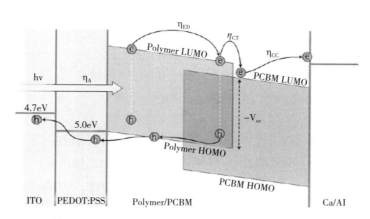

图7-56　体异质结有机太阳能电池的工作原理图[82]

7.4.4.2　纳米纤维在有机太阳能电池领域的应用

目前，已报道的应用于有机太阳能电池的聚合物纳米纤维材料主要有聚{［4，8-二［（2-乙基己基）氧代］苯并［1，2-b：4，5-b'］二噻吩-2，6-二基}{3-氟-2-［（2-乙基己基）羰基］噻吩并［3，4-b］噻吩二基}}（PTB7）、P3HT、PANI和PCDTBT等。由于纳米纤维不耐化学腐蚀性，在常见的有机溶剂中易被溶解，破坏纳米纤维结构，导致器件光伏性能低下。而直接在聚合物纳米纤维表面旋涂富勒烯（PC₇₁BM）则易对纳米纤维形貌造成损伤。针对上述问题，浙江理工大学的王新平教授采用静电纺丝法制备以可交联的PTB7-V$_n$为核、以PEO为壳的同轴纳米纤维——具有结构稳定的纯PTB7-V$_{0.05}$纳米纤维（图7-57），PTB7-V$_n$纳米纤维可稳定存在于常规有机溶剂，为后续与PC₇₁BM的混合、制备均匀的活性层薄膜做好铺垫，但最终制备的器件（ITO/PEDOT：PSS/PTB7-V$_n$：PC₇₁BM/Ca/Al）光伏效率并不高（6.78%）[83]。

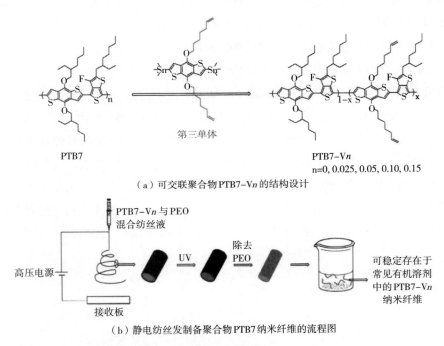

（a）可交联聚合物PTB7-Vn的结构设计

（b）静电纺丝发制备聚合物PTB7纳米纤维的流程图

图7-57　可交联聚合物PTB7的结构和制备流程图[83]

同轴静电纺丝法也可用于改善聚合物纳米纤维活性层的成膜性问题。研究者采用同轴静电纺丝法制备P3HT：PCBM纳米纤维活性层，选用聚己酸内酯PCL作为静电纺丝的外层护套材料，成膜后用环戊酮去除PCL，从而制得P3HT：PCBM纳米纤维活性层。由于此法制得的纤维直径偏大，纤维间的孔隙过大，不利于电荷的传输，研究者在此薄膜表面沉积均质的P3HT：PCBM溶液来"填充"这些多孔的纤维网，制备的电池即为纤维基电池，纳米纤维则在此起到"模版"作用（图7-58）。经溶液填充的纤维基电池（160℃热处理）的效率从薄膜基电池的3.2%提升至4.0%。相对于薄膜基电池，经溶液填充的纤维基电池中活性层沿（100）晶面的取向性更高，即微晶区面内有序性更好；作为模版的纤维的存在也使得沿聚合物主链方向的面内排列更有序，侧面表现为活性层薄膜更高的光吸收强度。溶液填充纤维基的方法可以一定程度上改善器件的光伏性能，但总体效率并不理想，且其适用性也有一定的限制（图7-59）。

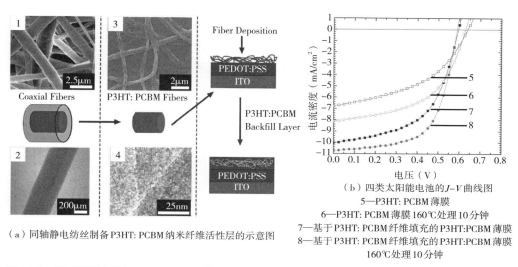

（a）同轴静电纺丝制备P3HT: PCBM纳米纤维活性层的示意图

（b）四类太阳能电池的*J*–*V*曲线图
5—P3HT: PCBM薄膜
6—P3HT: PCBM薄膜160℃处理10分钟
7—基于P3HT: PCBM纤维填充的P3HT:PCBM薄膜
8—基于P3HT: PCBM纤维填充的P3HT:PCBM薄膜160℃处理10分钟

图7-58　基于不同处理的P3HT: PCBM纳米纤维的有机太阳能电池光伏性能[84]

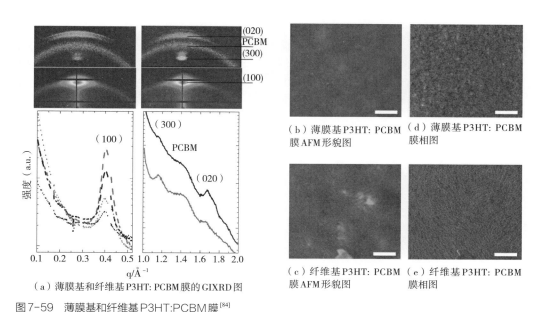

（a）薄膜基和纤维基P3HT: PCBM膜的GIXRD图

（b）薄膜基P3HT: PCBM膜AFM形貌图

（d）薄膜基P3HT: PCBM膜相图

（c）纤维基P3HT: PCBM膜AFM形貌图

（e）纤维基P3HT: PCBM膜相图

图7-59　薄膜基和纤维基P3HT:PCBM膜[84]

通常采用静电纺丝法制备的聚合物纤维直径相对较大，致使后续制备的活性层薄膜质量不高，纤维间空洞大且多，易造成电荷的复合，难以制备高效稳定的器件，这限制了其在有机太阳能电池中的进一步应用与开发。

7.5 小结

聚合物纳米纤维因其制备工艺相对简单、比表面积大、分子排列取向性强，以及一维线性结构和纳米级介孔结构所产生的高效率电荷载流子传输特性，使其在太阳能电池领域得到应用。针对不同结构的太阳能电池（染料敏化太阳能电池、钙钛矿太阳能电池板和有机太阳能电池），以静电纺丝法为主制备的聚合物纳米纤维的适用性有其共通性，但更需要针对各类电池的工作机理和使用目的作适当的调整改性。其中，纤维材料的柔韧性使其在柔性可穿戴太阳能电池领域和纤维增韧方向尤其具有应用潜力。

参考文献

[1] Yan J, Wang Q, Wei T, et al. Recent Advances in Design and Fabrication of Electrochemical Supercapacitors with High Energy Densities[J]. Adv Energy Mater, 2014, 4: 4.

[2] Simon P, Gogotsi Y. Materials for electrochemical capacitors[J]. Nat Mater, 2008, 7: 845-854.

[3] Tang C, Zhang Q, Zhao M Q, et al. Nitrogen-Doped Aligned Carbon Nanotube/Graphene Sandwiches: Facile Catalytic Growth on Bifunctional Natural Catalysts and Their Applications as Scaffolds for High-Rate Lithium-Sulfur Batteries[J]. Adv Mater, 2014, 26: 6100.

[4] Xie K Y, Wei B Q. Materials and Structures for Stretchable Energy Storage and Conversion Devices[J]. Adv Mater, 2014, 26: 3592-3617.

[5] Cao Z Y, Wei B Q. A perspective: carbon nanotube macro-films for energy storage[J]. Energ Environ Sci, 2013, 6: 3183-3201.

[6] Zhao M Q, Zhang Q, Huang J Q, et al. Towards high purity graphene/single-walled carbon nanotube hybrids with improved electrochemical capacitive performance[J]. Carbon, 2013, 54: 403-411.

[7] Niu H, Zhou D, Yang X, et al. Towards three-dimensional hierarchical ZnO nanofiber@Ni(OH)(2) nanoflake core-shell heterostructures for high-performance asymmetric supercapacitors[J]. J Mater Chem A, 2015, 3: 18413-18421.

[8] Hu C C, Chang K H, Lin M C, et al. Design and tailoring of the nanotubular arrayed architecture of hydrous RuO2 for next generation supercapacitors[J]. Nano Lett, 2006, 6: 2690-2695.

[9] Choi D, Blomgren G E, Kumta P N. Fast and reversible surface redox reaction in nanocrystalline vanadium nitride supercapacitors[J]. Adv Mater, 2006, 18: 1178.

[10] Fan L Z, Hu Y S, Maier J, et al. High electroactivity of polyaniline in supercapacitors by using a hierarchically porous carbon monolith as a support[J]. Adv Funct Mater, 2007, 17: 3083-3087.

[11] Seredych M, Hulicova-Jurcakova D, Lu G Q, et al. Surface functional groups of carbons and the effects of their chemical character, density and accessibility to ions on electrochemical performance[J]. Carbon, 2008, 46: 1475-1488.

[12] Stoller M D, Park S J, Zhu Y W, et al. Graphene-Based Ultracapacitors[J]. Nano Lett, 2008, 8: 3498-3502.

[13] Wang Q, Yan J, Fan Z J. Carbon materials for high volumetric performance supercapacitors: design, progress, challenges and opportunities[J]. Energ Environ Sci, 2016, 9: 729-762.

[14] Zeng Y, Jiang X L, He S, et al. Free-standing mesoporous electrospun carbon nanofiber webs without activation and their electrochemical performance[J]. Materials Letters, 2015, 161: 587-590.

[15] Chen L F, Zhang X, Liang H W, et al. Synthesis of Nitrogen-Doped Porous Carbon Nanofibers as an

Efficient Electrode Material for Supercapacitors[J]. ACS Nano, 2012, 6: 7092-7102.

[16] Kim B H, Yang K S, Yang D J. Electrochemical behavior of activated carbon nanofiber-vanadium pentoxide composites for double-layer capacitors[J]. Electrochimica Acta, 2013, 109: 859-865.

[17] Lee D G, Kim J H, Kim B H. Hierarchical porous MnO_2/carbon nanofiber composites with hollow cores for high-performance supercapacitor electrodes: Effect of poly(methyl methacrylate) concentration[J]. Electrochimica Acta, 2016, 200: 174-181 .

[18] Zhang K, Zhang L L, Zhao X S, et al. Graphene/Polyaniline Nanofiber Composites as Supercapacitor Electrodes[J]. Chemistry of Materials, 2010, 22: 1392-1401.

[19] Liu Q Z, Wang B, Chen J H, et al. Facile synthesis of three-dimensional(3D)interconnecting polypyrrole(PPy)nanowires/nanofibrous textile composite electrode for high performance supercapacitors[J]. Composites Part A: Applied Science and Manufacturing, 2017, 101: 30-40 .

[20] Wang B, Liu X, Liu Q Z, et al. Three-dimensional non-woven poly(vinyl alcohol-co-ethylene) nanofiber based polyaniline flexible electrode for high performance supercapacitor[J]. Journal of Alloys and Compounds, 2017, 715: 137-145.

[21] Tarascon J M, Armand M B. Issues and challenges facing rechargeable lithium batteries[J]. Nature, 2001, 414(6861): 359-367.

[22] Dunn B, Kamath H, Tarascon J M. Electrical energy storage for the grid: A battery of choices[J]. Science, 2011, 334(6058): 928-935.

[23] 王恒国，段潜，李艳辉. 锂离子电池与无机纳米电极材料[M]. 北京：化学工业出版社，2016.

[24] Goodenough J B, Kim Y. Challenges for rechargeable Li batteries[J]. Chemistry of Materials, 2010, 22(3): 587-603.

[25] Xiang X, Zhang K, Chen J. Recent advances and prospects of cathode materials for sodium-ion batteries[J]. Advanced Materials, 2015, 27(36): 5343-5364.

[26] 刘学. 硫属化合物作为氧还原催化剂和钠离子电池负极的研究[D]. 天津：南开大学，2016.

[27] Yabuuchi N, Kubota K, Dahbi M, et al. Research development on sodium-ion batteries[J]. Chemical Reviews, 2014, 114(23): 11636-11682.

[28] Antonino Salvatore Aricò, Bruce P, Scrosati B, et al. Nanostructured materials for advanced energy conversion and storage devices[J]. Nature Materials, 2005, 4(5): 366-377.

[29] Bruce P, Scrosati B, Tarascon J M. Nanomaterials for rechargeable lithium batteries[J]. Angewandte Chemie International Edition, 2008, 47(16): 2930-2946.

[30] Inagaki M, Yang Y, Kang F. Carbon nanofibers prepared via electrospinning[J]. Advanced Materials, 2012, 24(19): 2547-2566.

[31] Liu J, Tang K, Song K, et al. Electrospun $Na_3V_2(PO_4)_3$/C nanofibers as stable cathode materials for sodium-ion batteries[J]. Nanoscale, 2014, 6(10): 5081-5086.

[32] Li L, Peng S, Lee J K Y, et al. Electrospun hollow nanofibers for advanced secondary batteries[J]. Nano Energy, 2017, 39: 111-139.

[33] Bai Y, Wang Z, Wu C, et al. Hard carbon originated from polyvinyl chloride nanofibers as high-performance anode material for Na-ion battery[J]. ACS Applied Materials & Interfaces, 2015, 7(9):

5598-5604.

[34] Cho J S, Hong Y J, Kang Y C. Design and synthesis of bubble-nanorod-structured Fe_2O_3-carbon nanofibers as advanced anode material for Li-ion batteries[J]. ACS Nano, 2015, 9(4): 4026-4035.

[35] Zhu C, Mu X, Aken P A V, et al. Single-layered ultrasmall nanoplates of MoS_2 embedded in carbon nanofibers with excellent electrochemical performance for lithium and sodium storage[J]. Angewandte Chemie International Edition, 2014, 53(8): 2152-2156.

[36] Liu Y, Zhang N, Jiao L, et al. Tin nanodots encapsulated in porous nitrogen-doped carbon nanofibers as a free-standing anode for advanced sodium-ion batteries[J]. Advanced Materials, 2015, 27(42): 6702-6707.

[37] Liu Y, Zhang N, Yu C, et al. $MnFe_2O_4@C$ nanofibers as high-performance anode for sodium-ion batteries[J]. Nano Letters, 2016, 16(5): 3321-3328.

[38] Lu Y, Tu Z, Archer L A. Stable lithium electrodeposition in liquid and nanoporous solid electrolytes[J]. Nature Materials, 2014, 13(10): 961-969.

[39] Xu W, Wang J, Ding F, et al. Lithium metal anodes for rechargeable batteries[J]. Energy & Environmental Science, 2014, 7(2): 513-537.

[40] Lin D, Liu Y, Liang Z, et al. Layered reduced graphene oxide with nanoscale interlayer gaps as a stable host for lithium metal anodes[J]. Nature Nanotechnology, 2016, 11: 626-632.

[41] Tung S O, Ho S, Yang M, et al. A dendrite-suppressing composite ion conductor from aramid nanofibres.[J]. Nature Communications, 2015, 6: 6152.

[42] Choi N S, Chen Z, Freunberger S A, et al. Challenges facing lithium batteries and electrical double-layer capacitors[J]. Angewandte Chemie International Edition, 2012, 51(40): 9994-10024.

[43] Monroe C, Newman J. The impact of elastic deformation on deposition kinetics at lithium/polymer interfaces[J]. Journal of the Electrochemical Society, 2015, 152(2): A396-A404.

[44] Tu Z, Kambe Y, Lu Y, et al. Nanoporous polymer-ceramic composite electrolytes for lithium metal batteries[J]. Advanced Energy Materials, 2014, 4(2): 1300654.

[45] Hao X, Zhu J, Jiang X, et al. Ultrastrong polyoxyzole nanofiber membranes for dendrite-proof and heat-resistant battery separators[J]. Nano Letters, 2016, 16(5): 2981-2987.

[46] Kim J H, Jung G Y, Lee Y H, et al. Polysulfide-breathing/dual-conductive, heterolayered battery separator membranes based on 0D/1D mingled nanomaterial composite mats[J]. Nano Letters, 2017, 17(4): 2220-2228.

[47] Xia M, Liu Q, Zhou Z, et al. A novel hierarchically structured and highly hydrophilic poly(vinyl alcohol-co-ethylene)/poly(ethylene terephthalate)nanoporous membrane for lithium-ion battery separator[J]. Journal of Power Sources, 2014, 266: 29-35.

[48] Liu Q, Xia M, Chen J, et al. High performance hybrid Al_2O_3/poly(vinyl alcohol-co-ethylene) nanofibrous membrane for lithium-ion battery separator[J]. Electrochimica Acta, 2015, 176: 949-955.

[49] Chen J H, Liu Q Z, Wang B, et al. Hierarchical polyamide 6(PA6)nanofibrous membrane with desired thickness as separator for high-performance lithium-ion batteries[J]. Journal of the Electrochemical Society, 2017, 164(7): A1526-A1533.

[50] 康峰，伍艳辉，李佟茗. 生物燃料电池研究进展[J]. 电源技术. 2004，28（11）：723–727.

[51] Davis F, Higson S P J. Biofuel cells-recent advances and applications [J], Biosensors and Bioelectronics, 2007, 22: 1224-1235.

[52] Heijne A T, Liu F, Weijden R V D, et al. Copper Recovery Combined with Electricity Production in a Microbial Fuel Cell[J]. Environmental Science & Technology, 2010, 44(11): 4376.

[53] 孙哲. 光催化型微生物燃料电池产电特性及对污染物去除研究[D]. 上海：东华大学环境科学与工程学院，2016.

[54] Lin C W, Wu&Lt C H, Yu H C, et al. Effects of different mediators on electricity generation and microbial structure of a toluene powered microbial fuel cell[J]. Fuel, 2014, 125(2): 30-35.

[55] Min Z, Wu X, Cai C. Polyaniline Nanofibers: Synthesis, Characterization, and Application to Direct Electron Transfer of Glucose Oxidase[J]. Journal of Physical Chemistry C, 2009, 113(12): 4987-4996.

[56] Chen S, Hou H, Harnisch F, et al. Electrospun and solution blown three-dimensional carbon fiber nonwovens for application as electrodes in microbial fuel cells[J]. Energy & Environmental Science, 2011, 4(4): 1417-1421.

[57] Tao Y, Liu Q, Chen J, et al. Hierarchically three-dimensional nanofiber based textile with high conductivity and biocompatibility as a microbial fuel cell anode.[J]. Environmental Science & Technology, 2016, 50(14): 7889.

[58] Katz E, Lioubashevski O, Willner I. Magnetic field effects on bioelectrocatalytic reactions of surface-confined enzyme systems: enhanced performance of biofuel cells.[J]. Journal of the American Chemical Society, 2005, 127(11): 3979-3988.

[59] Li W W, Sheng G P, Liu X W, et al. Impact of a static magnetic field on the electricity production of Shewanella-inoculated microbial fuel cells[J]. Biosensors & Bioelectronics, 2011, 26(10): 3987-3992.

[60] Park I H, Kim P, Kumar G G, et al. The Influence of Active Carbon Supports Toward the Electrocatalytic Behavior of Fe_3O_4 Nanoparticles for the Extended Energy Generation of Mediatorless Microbial Fuel Cells[J]. Applied Biochemistry & Biotechnology, 2016, 179(7): 1170-1183.

[61] Park I H, Christy M, Kim P, et al. Enhanced electrical contact of microbes using Fe_3O_4/CNT nanocomposite anode in mediator-less microbial fuel cell[J]. Biosensors & Bioelectronics, 2014, 58(1): 75-80.

[62] Li F, Wang D, Liu Q, et al. The construction of rod-like polypyrrole network on hard magnetic porous textile anodes for microbial fuel cells with ultra-high output power density. Journal of Power Sources, 2019, 412: 514-519.

[63] Best Research-Cell Efficiencies. https: //www.nrel.gov/pv/assets/images/efficiency_chart.jpg(last accessed April 14th 2018).

[64] O'Regan B, Grätzel M. A low-cost, high-efficiency solar cell based on dye-sensitized colloidal TiO_2 films[J]. Nature, 1991, 353: 737-740.

[65] Mathew S, Yella A, Gao P, et al. Dye-sensitized solar cells with efficiency achieved through the

molecular engineering of porphyrin sensitizers[J]. Nature Chemistry, 2014, 6: 242-247.

[66] McConnell R D. Assessment of the dye-sensitized solar cell[J]. Renewable and Sustainable Energy Reviews. 2002, 6: 273-295.

[67] 唐子颖. 染料敏化太阳能电池高性能对电极和凝胶电解质研究 [D]. 福建: 华侨大学材料科学与工程学院, 2012.

[68] Tang Z, Wu J, Zheng M, et al. High efficient PANI/Pt nanofiber counter electrode used in dye-sensitized solar cell[J]. Rsc Advances, 2012, 2(10): 4062-4064.

[69] Li Y, Lee D K, Kim J Y, et al. Highly durable and flexible dye-sensitized solar cells fabricated on plastic substrates: PVDF-nanofiber-reinforced TiO_2 photoelectrodes[J]. Energy & Environmental Science, 2012, 5(10): 8950.

[70] Sahito I A, Ahmed F, Khatri Z, et al. Enhanced ionic mobility and increased efficiency of dye-sensitized solar cell by adding lithium chloride in poly(vinylidene fluoride)nanofiber as electrolyte medium[J]. Journal of Materials Science, 2017, 52, (24): 13920-13929.

[71] Kojima A, Teshima K, Shirai Y, et al. Organometal halide perovskites as visible-light sensitizers for photovoltaic cells[J]. Journal of the American Chemical Society, 2009, 131: 6050-6051.

[72] Kim H-S, Lee C-R, Im J-H, et al. Lead iodide perovskite sensitized all-solid-state submicron thin film mesoscopic solar cell with efficiency exceeding 9%[J]. Scientific Reports, 2012, 2: 591.

[73] Snaith H J. Perovskites: The emergence of a new era for low-cost, high-efficiency solar cells[J]. The Journal of Physical Chemistry Letters, 2013, 4(21): 3623-3630.

[74] 杨丽燕. 基于共轭有机电荷传输材料的高效稳定平面异质结钙钛矿太阳能电池 [D]. 湖北: 武汉理工大学材料科学与工程学院, 2017.

[75] Lu J, Zhang L, Peng C, et al. Preparation and Characterization of $CH_3NH_3PbI_3$ Perovskite Deposited onto Polyacrylonitrile(PAN)Nanofiber Substrates[J]. Chemistry Letters, 2016, 45: 312-314.

[76] Yang L, Yan Y, Cai F, et al. Poly(9-vinylcarbazole)as a hole transport material for efficient and stable inverted planar heterojunction perovskite solar cells[J]. Solar Energy Materials & Solar Cells, 2017, 163: 210-217.

[77] Yang L, Cai F, Yan Y, et al. Conjugated Small Molecule for Efficient Hole Transport in High-Performance p-i-n Type Perovskite Solar Cells[J]. Advanced Functional Materials, 2017, 27, 1702613.

[78] Chen Q, Zhou H, Song T-B, et al. Controllable self-induced passivation of hybrid lead iodide perovskites toward high performance solar cells[J]. Nano Letters, 2014, 14(7): 4158-4163.

[79] Cao F, Tian W, Gu B, Ma Y, et al. High-performance UV-vis photodetectors based on electrospun ZnO nanofiber-solution processed perovskite hybrid structures[J]. Nano Research, 2017, 10(7): 2244-2256.

[80] Mali S S, Chang S S, Kim H, et al. In situ processed gold nanoparticle-embedded TiO_2 nanofibers enabling plasmonic perovskite solar cells to exceed 14% conversion efficiency[J]. Nanoscale, 2015, 8(5): 2664-2677.

[81] 闫宇. 倒置聚合物太阳能电池的界面调控与器件性能研究 [D]. 湖北: 武汉理工大学材料科学与工程学院, 2018.

[82] Li G, Zhu R, Yang Y . Polymer solar cells[J]. Nature Photonics, 2012, 6(3): 153-161.

[83] 姚祥. 光电活性聚合物纳米纤维和有机光伏器件的制备研究 [D]. 浙江：浙江理工大学化学
院，2017.

[84] Bedford N M, Dickerson M B, Drummy L F, et al. Nanofiber-Based Bulk-Heterojunction Organic
Solar Cells Using Coaxial Electrospinning[J]. Advanced Energy Materials, 2012, 2(9): 1136-1144.

第8章
纳米纤维在传感领域的应用

PART

8

随着信息技术的不断进步、物联网和可穿戴技术的快速发展，能够有效地检测特定环境和生物信号刺激的传感器受到越来越多的关注。传感器是能够感受外界信息，并能将感受到的信息，如热能、应力、声音、光能、磁性、气体、湿度等，转换成电信号或者其他形式的输出装置，来满足信息的不同形式要求。根据前瞻产业研究院的信息发布：2010年，全球传感器市场规模已经达到720亿美元；到2017年，整体市场高达1900亿美元，和去年同期相比较增长9.13%。据《中国传感器制造行业发展前景与投资预测分析报告》指出，我国传感器市场保持稳定高速增长，复合年增长率已经超过20%。2011年，传感器市场规模已达到480亿元，2016年上升到1126亿元，到2017年已达到1300亿元，2018年已突破1472亿元。传感器的产业规模和效益的不断增长，提高了对传感器灵敏度、选择性和稳定性性能要求。由于传感器起到了感知与特异性识别的作用，要提高传感器的使用效率，就必须在传感器材料上有所突破，这大大促进了科学家对高灵敏传感材料的研究需求。

近年来，科学家研发了使用不同传感材料制备不同种类的传感器。进入21世纪以来，纳米材料与技术的迅速发展[1-3]，纳米纤维以其大的比表面积，质量轻，柔韧性好，更多的反应活性位点，更高的载流子迁移率等特点被广泛应用于各类传感器中[4-6]。如图8-1所示为Web of Science 2009～2018年十年以来纳米纤维及传感器文献检索结果，已发表4871篇。检索结果表明纳米纤维在传感领域发展越来越迅速，将大大推动传感器产业的进步，为可穿戴电子技术提供了基础。

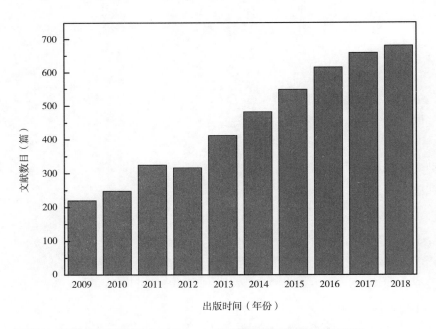

图8-1 2009—2018年Web of Science纳米纤维和传感器文献发表情况

纳米纤维以其独特的性能和优势，在传统产业和高新技术领域都有很好的应用并具有广阔的开发前景。目前，纳米纤维应用于传感器中，主要集中在以下几大类：化学与生物传感器，应力应变传感器，荧光传感器。

8.1　化学与生物传感器

　　随着疾病诊断和医疗保健的快速发展，柔性的化学与生物传感器已广泛应用于各种领域，如精准医疗、药物发现、农业、食品安全和环境监控之中[7-10]。检测DNA、有机分子、细胞、污染物、重金属离子等不同种类的生物学和化学指标。与传统的化学与生物传感器相比，可穿戴式传感器以无创、质量轻、舒适、实时监测生化和电化学信号获得更多人关注。特别是基于晶体管的化学与生物传感器，由于其检测时间快、能耗少、灵敏度高、便携性和易于集成，从而获得更大的应用前景。

　　晶体管全称双极型三极管（Bipolar junction transistor）[11-14]，是一种电流驱动的半导体器件，包括开关、放大、检波、稳压、信号调制、振荡器等。晶体管常用做电控制的开关，通过应用输入的电压，可以控制输出的电流。同时，它的另一种特有功能就是用作放大器。晶体管的优点是以类似水龙头控制水流的方式控制电流。调整栅电压可以控制源漏电极的电流。利用控制栅电压的大小，可以将传感器的电流信号放大很多倍，从而比一般传统的电化学传感器的灵敏度要高，同时采用低电压，应用前景更加广阔。

8.1.1　化学传感器的原理

　　化学传感器是一类检测装置，主要针对化学物质敏感的特殊传感器[15, 16]，一般用于检测气体或液体中的化学物质成分，同时将该物质成分的浓度信号转换成对应电信号进行检测的仪器。由于具有接受和转换功能，化学传感器可快速准确的检测待测物或排放物的种类与浓度，在分析检测过程中起着重要作用，广泛应用于石油化工系统，同时应用于环保监测，瓦斯报警及空气污染排放管制等。

8.1.2　化学传感器的分类

　　化学传感器按照工作原理可以分为：电化学式化学传感器，热学式化学传感器，光学式化学传感器，质量式化学传感器。电化学式传感器根据转换的电信号种类的区别，又可以分为以下三种：电位型传感器、电流型传感器和电阻型传感器。另外，按照检测对象，化学传感器可以划分为湿度传感器、气体传感器、离子传感器等。

8.1.3 纳米纤维在晶体管化学传感器中的应用

目前纳米纤维已被应用于晶体管化学传感器中，利用被检测物分子与纳米纤维的有机半导体层之间的化学或物理反应来实现检测。由于其独特的结构特点、表面效应、宏观量子隧道效应、量子尺寸和小尺寸效应，使其应用范围更加广泛。另外，利用晶体管中多参数（迁移率、阈值电压、电流开关比、亚阈值摆幅等）来增加传感的信息量，从而提高信息的准确性，同时提高了传感器的整体性能。Shmueli[17]等使用静电纺的方法制备了镓掺杂的氧化锌纳米纤维，并以其为半导体构建晶体管传感器来检测周围环境的变化。研究表明，传感器对湿气的变化有很好的响应，同时纳米纤维高的孔隙率和大的比表面积显著提高了传感器的灵敏性能。水果和蔬菜中存在的草酸很容易和钙离子和镁离子结合生成不溶的盐类，导致肾脏的疾病。Kim[18]等报道了铂纳米颗粒固定的聚3-羧酸吡咯纳米纤维作为新型的纳米材料，被用作晶体管非酶草酸传感器，检测下限达到（ 10^{-14} mol/L），远远低于其他材料的电化学传感器，同时显示较好的稳定性，并成功检测尿液中的草酸浓度，证明了实际应用的可能性（表8-1）。

表8-1　不同的非酶草酸传感器的最低检测限[18]

电极	传感器类型	检测限	参考
Pt/rGO[a]	Amperometric	10μM	17
Pd/silica	Amperometric	0.4μM	18
Rh-phthal ocyanin	Amperometric	1.0μM	14
Au/MWCNT[b]	Amperometric	1.0μM	20
ZnO/MWCNT/GCE[c]	Amperometric	0.82mM	42
Pt/WC[d]	Amperometric	12nM	43
Pt/polypyrrole	Liquid-ion gated FET-type	10fM	This work

Chen[19]等制备了单个的聚苯胺纳米纤维晶体管气体传感器，由于纳米纤维的比表面远大于一般材料，促进了材料表面气体吸附量，提升气体扩散速率，从而提高材料对气体的灵敏度、加快器件响应速度，大大改善了传感材料整体的气敏性能。文章研究了导电纤维表面形态，电学特征和气体的灵敏度。对于不同的电极材料，纳米纤维显示着肖特基接触和欧姆接触。高的栅电压有助于气敏性的提高，通过调控栅极电压可以更好的检测气体信号，检测下限为0.5mg/kg NH_3（图8-2）。

同时，作者系统的研究聚苯胺的纳米纤维传感器传感机理。氨气为还原性气体，被聚苯胺纳米纤维（P型半导体）所吸附，导致聚苯胺的去质子化，降低载流子数目，而使电流下降。特别是纳米纤维的引入提供了更高的灵敏度和快速响应行为。因此，基于

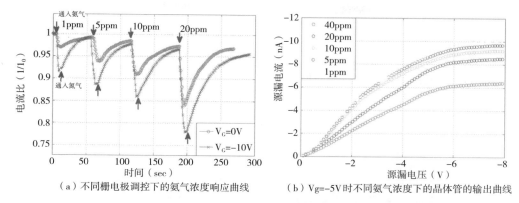

（a）不同栅电极调控下的氨气浓度响应曲线　　（b）Vg=-5V时不同氨气浓度下的晶体管的输出曲线

图8-2　不同栅电极调控下的氨气浓度响应曲线和Vg=-5V时不同氨气浓度下的晶体管的输出曲线[19]

纳米纤维的传感器在环境和工业应用中前途广泛。

Ji[20]等报道了基于酞菁锌纳米纤维网络，室温下可以检测NO_2的晶体管传感器，与普通的酞菁锌薄膜相比，纳米纤维网络能产生更好的响应和恢复性能，不仅改进了电子传输行为，而且使得待测气体和敏感材料的电荷交换过程更加容易。同时研究发现，缩短纳米纤维尺寸，器件的性能明显提高，这归结于材料比表面积的扩展。更重要的是，在重复的气体测试中，传感器的基线几乎没有漂移。

Dong[21]等研究了铂掺杂的氧化锡纳米纤维作为气敏材料，制备H_2S传感器，通过静电纺制备了纯的和铂掺杂的氧化锡纳米纤维，研究了它们的传感性能。结果表明，高的灵敏度和快速的反应动力学主要归结于纳米纤维的一维结构。较大的比表面积和很少聚集的构型使得表面化学过程更有效的转变成电子信号。

王等[22]设计了一种柔性纤维基晶体管化学传感器，利用高分子纤维作为基材，并通过PVA-*co*-PE纳米纤维处理，原位聚合聚吡咯作为活性材料，构建了晶体管化学传感器。利用常规纳米纤维比表面积大和尺寸效应的特点，可以调控导电高分子的结构和促进其生长。区别于之前制备导电纳米纤维的报道，为纳米纤维的应用提供了一种不同的途径。该传感器可以高灵敏性的从水中检测重金属铅离子，检测下限可达到10^{-5}mol/L。同时，这种晶体管化学传感器可对环境中的重金属铅离子进行特异性监控，为可穿戴电子在健康和医疗领域开拓了良好的发展前景。

8.1.4　生物传感器原理

生物传感器是一类特殊形式的传感器，和化学传感器区别在于是否具备生物活性。利用生物活性物质对待测物质进行识别，并将与待测物所产生的化学反应转换为电、热、光、声等信号进行检测的仪器[23-24]。它是由发挥感知和识别作用的生物材料作为敏感元件（如酶、抗体、蛋白质、DNA、细胞、组织、核酸等生物活性物质）和选择的物理化学换能器（包括晶体管、电化学电极、光敏管、热敏电阻等）及信号放大装置构成的分析工具或系统[25]。其中敏感组件包括敏感元件和换能器，辅助仪器包括信号传输和信号处理系统（图8-3）。生物传感器主要应用于医学中的临床诊断、食品检验、环境监测、生物技术和生物芯片等研究中。

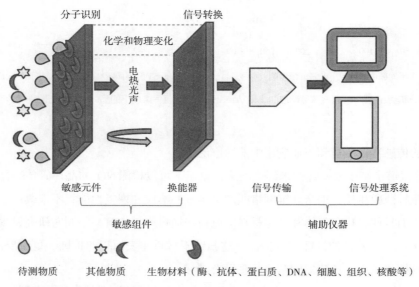

图8-3 生物传感器的工作原理

8.1.5 生物传感器的分类

生物传感器的种类繁多，根据器件检测的原理，将生物传感器分为：场效应晶体管生物传感器、压电生物传感器、介体生物传感器、酶电极生物传感器、光学生物传感器等[25]。按照感受器中所采用的生物活性物质或生物敏感材料可分为：组织传感器、酶传感器、细胞传感器、微生物传感器等。按照被测物质与生物敏感材料的相互作用方式进行分类，有亲和型和代谢、催化型生物传感器。

8.1.6 生物传感器的特点

采用固定化生物敏感材料作催化剂，同时可以重复使用，克服过去分析费用高和分析手段复杂问题；良好的专一性，只对特定的底物起反应，不受其他干扰物质和条件的影响；分析速度快，可以在短时间内分析出结果；成本低，可以工业化生产；准确度高，相对标准偏差在1%左右；操作系统简单，可以实现自动分析及检测；同时未来有望实现可穿戴、实时检测等。

8.1.7 纳米纤维在晶体管生物传感器中的应用

随着柔性生物传感器的发展，基于晶体管结构的生物传感器已经成为最具有吸引力的生物电子设备之一，将纳米纤维引入到生物传感器中，从分子水平研究纳米纤维与生物分子的结合和相互作用，从而促进生物传感器的及时响应、微型化和智能化。Park[26]等研究了导电聚合物纳米纤维膜作为晶体管活性层来检测多巴胺的生物传感器（图8-4）。由于导电纳米纤维膜具备高导电性和高载流子迁移率，从而制造的器件具有高灵敏度（100fM）和快速的响应速度（<2s）。这个新型的导电聚合物纳米纤维膜采用多尺度的羧基聚（3，4-乙烯二氧噻吩）纳米纤维和纳米棒，为材料的功能化提供了更大的比表面积，同时增强了传感的整体性能。更重要的是，这个晶体管器件可以和聚二甲基硅烷基的微流体集合，获得更加优异的性能，提高利用新的构型来制备大面积多巴胺传感器的可能性。

Min[27]等报道了自组装的富含酪氨酸的多肽纳米纤维作为胶水，将银的纳米颗粒和单壁碳纳米管结合，组装成渗透的网络结构，利用其柔性和透明性的多组分电子薄膜作为电极，已被证明在第三代葡萄糖传感器中有着极其有效的增强电子的直接转移效果。传感器的灵敏度为70μA/mM，同时显示好的选择性，并成功应用于人体血清定量检测。采用简单的溶液过程来制备功能化的纳米材料，为大面积制造新型的纳米电极材料应用于各种生物体系提供了一个新的平台。

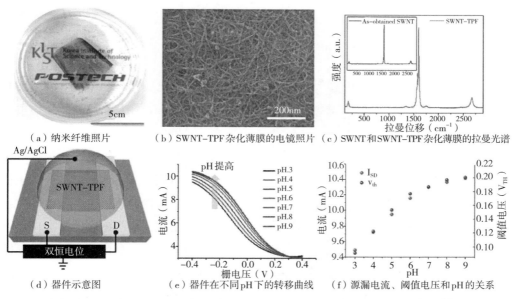

（a）纳米纤维照片　（b）SWNT-TPF杂化薄膜的电镜照片　（c）SWNT和SWNT-TPF杂化薄膜的拉曼光谱

（d）器件示意图　（e）器件在不同pH下的转移曲线　（f）源漏电流、阈值电压和pH的关系

图8-4　富含酪氨酸釉基质肽纳米纤维（TPF）作为生物胶水用于纳米结构电子薄膜的自组装[26]

Jun[28]等提出了使用生长因子捆绑的适配子与带有羧酸官能团的聚吡咯涂敷的金属氧化物修饰的碳纤维，组装成晶体管作为信号的传感器，来检测血小板衍生的生长因子（图8-5）。研究表明，纳米纤维组装的晶体管传感器对于血小板衍生的生长因子显示着

极高的灵敏度（5fM）和良好的选择性。同时，聚吡咯涂覆的碳纳米纤维产生小于1s的响应速度，在血小板衍生的生长因子浓度为50pM时可以达到优秀的基线沟道电流的稳定性。双酚A是一种众所周知的破坏内分泌的化合物，即使低浓度的双酚A也能引起健康的问题。Kim[29]等利用适配子修饰的多沟道碳纳米纤维转换器，构建高灵敏度的双酚A场效应晶体管传感器（图8-6）。适配子修饰的多沟道碳纳米纤维采用单喷嘴静电纺两种不溶的聚合物溶液，接着在惰性环境中热处理得到，传感器的检测下限为1fM。而且，这些传感器在四周内是非常稳定的，可以在多次的化验中被重复地使用。

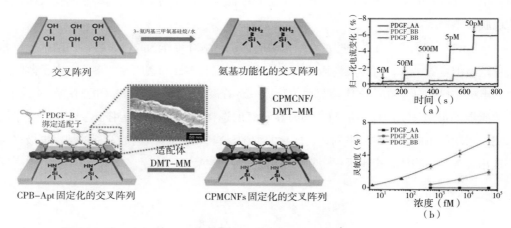

图8-5　晶体管传感器的结构及传感器的检测结果[28]

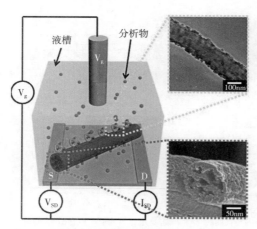

图8-6　晶体管传感器的示意图以及修饰的碳纳米纤维的电镜照片[29]

另外，多巴胺是生物体内一种重要的神经递质。帕金森症和精神分裂症的重要原因之一是脑内多巴胺的神经功能失调导致的结果。Wang等[30]研究了基于纳米纤维修饰的导电高分子活性层组装的晶体管传感器对多巴胺的检测，灵敏度可以达到1nM，并且实现了对多巴胺的高选择性检测。该传感器具有良好的重现性，重复性和稳定性。同时可以编织成各种可穿戴产品，应用于实际样品分析，获得满意结果。新型纳米材料的引入，提高了离子和载流子的传输速度，同时增加了生物反应位点和催化活性，为传感器的高灵敏，实时检测开拓了新的空间。

8.2 应力应变传感器

随着智能可穿戴领域的迅猛发展，柔性可穿戴电子器件的商业价值与未来发展引发全球瞩目。目前，智能可穿戴产品普遍面临产品功能单一，精度不足，续航能力低，穿着舒适性差等相关技术难题[31]，同时，巨大的应用市场对柔性可穿戴电子器件的性能及设计需求也日新月异。其中，以模拟人体皮肤，制备具有智能感知，高灵敏度的应变传感系统，或体表三维应力场及分布式压力传感系统的研究尤其火热。未来，轻便、舒适、高性能的可穿戴应力应变传感器在人体运动检测、生理检测、电子医疗皮肤、远程医疗护理以及疾病预防等新兴领域具有广阔发展前景[32-33]。

超高灵敏度应力应变传感器的研究已获得一系列可观的成果，然而，其在可控制备、超精传感、贴合度以及舒适性能提升等方面仍然面临巨大的挑战。纳米纤维材料因其显著的柔性，超大比表面积及一系列特殊的宏观量子效应、宏观量子隧穿效应、量子尺寸效应、表面效应和介电限域效应等优点，为制备性能优异的柔性应变传感器件提供了优异平台。一维纳米纤维与二维纳米纤维膜均适用于制备性能优异的传感器敏感材料，也更有利于器件的小型化、柔性化、集成化与多功能化。本小章总结了纳米纤维材料在应力应变传感器的发展与应用，并对纳米纤维基应力应变传感器的工作机理、器件分类、材料制备及产品应用进行了系统地阐述。

8.2.1 应力应变传感器原理

应力应变传感器是一种能将一定外部力矩信号、压力信号或应变信号转变为特殊电信号的薄膜型器件[34-35]。通常压力是外界提供应力最主要的一种方式。应力应变传感器起源于1945年，研究人员发现半导体硅和金属锗具有特殊的压敏效应。如今，应力应变传感器多由两种核心材料组成，即柔性基体材料与导电相材料，其工作原理如图8-7所示。当外界作用力施加于柔性基体表面（如纳米纤维复合导电材料）时，可迫使基体材料产生一定形变，从而改变导电相材料的电学性能，并将外界作用力转变为一定的电压、电阻、电容、电感或电流等物理号。因此，柔性基材本身应力应变性能优异与否将直接影响此类传感器件的灵敏性以及检测下限。

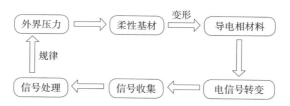

图8-7 应力应变传感器的工作原理示意图

8.2.2 应力应变传感器分类

根据材料组分及器件结构差异，传统应力应变传感器被划分为以下四种特殊类型：

（1）电阻丝型传感器。如金属电阻丝应力应变传感器，一般此类电阻丝敏感材料直径为 0.01 ~ 0.05mm，当金属电阻丝受到外力拉伸作用并产生一定的伸长形变时，金属电阻丝截面面积减小并导致金属电阻丝阻值变大（金属丝电阻 $R = \dfrac{pl}{S}$，其中 p，l，S 分别为金属丝电阻，长度与截面面积）。此类传感器温度特性优异，因温度变化引起的电阻丝电阻变化小，器件稳定性高。

（2）电箔型传感器。通常此类传感器箔片厚度为 0.003 mm 至 0.01 mm，箔片易于成型且利于加工结构复杂、尺寸要求高的敏感材料，箔片散热面积大，电箔型传感器生产效率高，工作寿命长。

（3）半导体型传感器。半导体材料具有明显的压阻效应，当半导体材料受到外界应力作用时其电阻率将发生明显变化，因此半导体型应变传感器灵敏性十分优异。

（4）扩散型传感器。如扩散硅传感器，其敏感元件灵敏因子高，传感器温度性能优异、精度高。然而传统应力应变传感器制造成本居高不下，制备工艺十分复杂，这些缺点又严重制约了传统应力应变传感器的大面积生产与实际应用[36]。

如今，多种组成结构简单，制造成本较低且性能优异的新型应力应变传感器引起学术界、工业界以及各国国防界的广泛关注。根据器件独特的工作原理，新型应力应变传感器被划分为电阻式应力应变传感器，压电式应力应变传感器，电容式应力应变传感器，电感式应力应变传感器和光纤光栅应力应变传感器，其工作机理及组成特点如下：

8.2.2.1 电阻式应力应变传感器

电阻式应力应变传感器是目前研究最广泛的应力应变传感器之一。电阻式应力应变传感器利用柔性力敏材料在外界刺激下发生机械变形并迫使导电相材料电阻变化的特点实现器件的传感功能。按工作原理不同，新型电阻式应力应变传感器可被分为电阻应变式传感器和变阻器式传感器两类。根据造成电阻变化的因素不同，新型电阻式应力应变传感器又可被细分为热电阻式传感器、光电阻式传感器、磁电阻式传感器、压电式传感器、应变式传感器等几类。此类传感器结构简单、易于集成、适用于静态与动态信号处理，如脉搏计、血压计、肾透析仪等。然而，研究表明目前电阻式应变传感器的发展仍存在一定问题，例如，此类应变传感器制备工艺比较复杂、易受外界温度影响且器件难以柔性化，因此严重制约了电阻式应力应变传感器在柔性可穿戴电子器件领域的发展[37]。

8.2.2.2 压电式应力应变传感器

压电式应力应变传感器采用一种具有压电特性的电介质材料为器件的敏感元件，电介质的压电效应可分为正和负压电效应。前者电介质在外力作用下产生形变，材料内部结构发生极化，材料上下表面产生相反电荷。当外力去除后，材料电荷消失。后者在电介质极化方向上施加电场，造成电介质形变。当电场消失，电介质形变消失。因此，压电式应力应变传感器是一种自发电式传感器，其机械能与电能的转化过程是可逆的。压电材料具有较大压电常数，材料固有频率高，机械刚度大，蠕变小，重复性强，温度性能好，稳定性优异等特点，常用的压电材料包括极化压电陶瓷（如钛酸钡、锆酸铅、钛酸铅、铌镁酸铅、锆钛酸铅等）、压电晶体（如石英晶体）与高分子压电材料［如聚偏氟乙烯（PVDF）、聚碳酸酯（PC）、聚氯乙烯（PVC）、聚氟乙烯（PVF）等］。此外，柔性压电式传感器敏感元件多采用具有优异柔韧性的高分子压电材料[38-39]。相应压电式传感器质量轻，体积小，结构简单稳定，工作频带宽，信号放大效率高，十分适宜制备高灵敏度应变传感器。目前，压电式应力应变传感器仅适用于冲击波压力、玻璃破碎振动波、海水振动压力与发动机内燃压力等动能领域监测，然而，当器件短时间内承受的振动能量或压力过大时，压电材料本身自我修复作用较弱，器件无法正常或重复工作。此外，压电式应力应变传感器往往需要使用特殊的保护电缆致使其制造成本增加。

8.2.2.3 电容式应力应变传感器

电容式应力应变传感器是一种将微小待测信号（如压力、振动、加速度、机械位移、荷重等）转化为具有一定规律的电容信号的传感器，也是目前主流应力应变传感器常用原理之一。刚性电容式应力应变传感器已被广泛应用于胎压监测，触摸开关，手机、电脑、相机及指纹图像传感器等设备的电子屏或显示器领域。此外，采用透明、柔软、化学性质稳定的基底材料，如聚二甲基硅烷（PDMS）可成功制备一种柔软且具有一定延展性的电极材料从而提升器件空间分辨率。电容式应力应变传感器多由一组非直接接触的金属极板组成，通常电容器的介质为空气，塑料膜，云母或石英等温度系数与介电常数均极小的材料。根据电容定义（电容 $C = \dfrac{\varepsilon S}{d}$，其中，$\varepsilon$ 为电容器两极板间介质的介电常数，S 为两极板间相对覆盖面积，d 为两极板间的距离），电容式应力应变传感器可被分为如下三类：

（1）变介电常数型传感器，此类传感器多用于测量电介质材料、薄膜等的厚度，汽车空调、织物、物料等的湿度变化。

（2）变间隙型传感器，此类传感器灵敏度高，多用于微米或毫米尺度位移变化监测，如传声器。

（3）变面积型传感器，此类传感器灵敏度较低但适用于明显线位移或角位移测量。然而，电容式应力应变传感器易受磁场与其他器件电场影响[40-41]。

8.2.2.4 电感式应力应变传感器

电感式应力应变传感器是一种因外部压力、振动、位移、应变等刺激引起传感器线圈自感或互感系数变化并将这种变化转变为特殊电流或电压变化的器件，主要用于微小转速、静态或动态机械位移（低至10nm）以及振动监测。电感式应力应变传感器可分为电涡流式传感器，变磁阻式传感器（自感式传感器）与差动变压器式传感器（互感式传感器），传感器结构简单，输出功率大，灵敏度高，精度高，重复性好。然而外部电场及测试环境温度变化等干扰对传感器精度影响较大。

8.2.2.5　光纤光栅应力应变传感器

除了上述的四种常用传感器，近年来光纤光栅应力应变传感器因其尺寸小、质量轻、信噪比高、抗电磁干扰、抗疲劳、耐腐蚀、使用寿命长等优点被大量应用于混凝土、隧道、矿井、桥梁等建筑物应力分布或振动阻尼监测，船舰及航天材料弯曲、应变、扭矩、温度或湿度监测，石油化工产业管道延展度、温度及泄露监测。光纤光栅应力应变传感器工作机理如下：当外界应力施加于传感器表面可引起光栅栅距与折射率变化，从而导致光栅反射与透射周期性变化[42]。此外，智能手环心率检测原理也与之类似，人体心脏有序跳动会引起血管周期性收缩与舒张，从而导致光线发生器照射到人体皮肤表面的光线折射率发生变化，通过接收并分析回收光线的性质实现对人体心率的监测功能。现阶段光纤光栅应力应变传感器传感信号的解调是限制其大规模推广与应用的主要原因，与此同时相应解调产品的造价普遍偏高，难以满足市场需求。

总之，应力应变传感器在民用、医用、工业以及国防领域均具有可观的应用前景，但是现有应力应变传感器件的结构与性能仍然无法满足巨大的市场需求。未来应力应变传感器将朝着便携式，多功能、智能化、微型化、集成化、高灵敏性和高稳定性等方向迅速发展。

8.2.3　应力应变传感器的结构

根据应力应变传感器的功能与定义，应力应变传感器由至少两种功能层组成，即柔性基底层与导电层，应力应变传感器的结构主要由这两种材料的微观结构及其组装方式决定。一般当外界应力刺激施加于柔性基底材料表面时，基材本身的弹性模量值将直接决定基底材料形变量大小与传感器检测下限，而基材的形变回弹性能则会影响器件的循环稳定性。此外，导电层可将基材形变量转化为具有特定规律的电阻值变化，应力应变传感的信噪比与灵敏性受导电层自身的导电性能与器件电阻变化率影响较大[43]。如图8-8所示为典型的多层结构应力应变传感器，Schwartz等[44]将纳米化处理的导电物质注入弹性聚合物压电材料使柔性基底层与导电功能层有效融合，获得一种弹性导电复合膜，随后采用层压法将该复合膜组装成压电式应力应变传感器。此外通过控制导电材料的微观结构使其具有一定的机械弹性，此方法也可用于制备应力应变传感器的敏感元件。

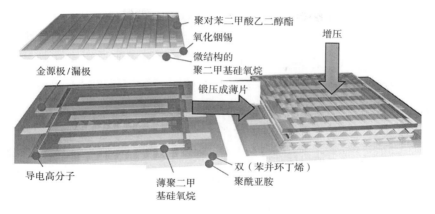

聚对苯二甲酸乙二醇酯

氧化铟锡

微结构的
聚二甲基硅氧烷

金源极/漏极

增压

锻压成薄片

导电高分子

薄聚二甲
基硅氧烷

双（苯并环丁烯）
聚酰亚胺

图8-8　层压法制备应力应变传感器[44]

Wang等[45]采用原位聚合法制备了一种柔性力敏材料，该力敏材料由多壁碳纳米管与柔性聚氨酯两种物质组成。因为多壁碳纳米管在聚氨酯中的分散性不佳，复合材料中导电物质分散也不连续，力敏材料电阻变化效率也十分有限，所以此类应力应变传感器灵敏度不足。Pan等[46]通过调控导电物质的微观形貌如空球状聚吡咯水凝胶赋予力敏材料特殊的机械弹性（图8-9）。当外界应力负载于力敏材料时，空球状聚吡咯被压缩变形，导电层电阻随之改变。然而聚吡咯导电高分子链上存在大量 $\pi-\pi$ 共轭键，造成其机械性能较差，应变回复性不佳。所以，此类应力应变传感器工作范围有限（应力测试最大值为1/kPa）而且循环稳定性差，灵敏度非常差（小于0.5/kPa）。

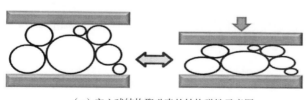

（a）空心球结构聚吡咯的结构弹性示意图

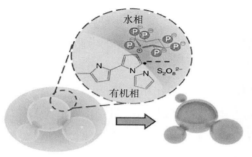

（b）中空球微结构聚吡咯水
凝胶的间相合成机理示意图

（c）聚吡咯水凝胶的数码
照片

图8-9　聚吡咯空心微球制备高灵敏应力应变传感器[46]

除了上述结构及组装方式，为了提升传感器力敏材料的灵敏度，部分学者认为模板法和打印技术同样适用于制备高性能应力应变传感器力敏材料[47-48]。模板法可将模板表面特殊的微观结构复制到柔性基底或导电层表面，赋予其特殊的形貌与结构，如Wang等[49]利用天然丝绸织物表面特殊的组织结构为模板，将其复制在不同规格的弹性基体材料表面，成功制备了一种高性能电阻式应力应变传感器。

打印技术可将导电功能材料按一定的图案规律打印到柔性基板表面，使两者按照特定的方式有序组装，该方法可使导电层表面的微观结构更加精细。通常打印技术采用经激光刻蚀且具有特殊孔洞阵列的硅片为打印模板，因为激光刻蚀技术获得的孔洞直径、深度与分布间距均可控，十分有利于基体材料模板结构调控。例如，Choong等[50]采用经过激光刻蚀后具有特殊孔洞阵列的硅片为模板，将PDMS弹性基体材料浇筑在硅片模板上，当两者剥离后，PDMS将成功打印硅片表面的孔洞结构，随后将导电高分子材料聚噻吩衍生物（PEDOT：PSS）均匀沉积于PDMS表面微结构上即可获得一种高性能精细导电功能层，利用该组装方式可显著增强器件的灵敏性。

8.2.4　应力应变传感器的性能

依据应力应变传感器工作机理和应用需求，在设计和制备柔性可穿戴应变传感器时，往往要考虑其多种性能，包括三维柔性、灵敏度、灵敏应变区间、循环稳定性、最低可测应变、响应时间等。

8.2.4.1　灵敏度

灵敏度是衡量应变传感器的最主要参数之一。它代表传感器对外界刺激做出的响应大小。通常来说，灵敏度高意味着能降低检测电路要求，同时降低信号检测过程所带来的误差。现有的灵敏度通常通过信号变化量来体现，以电阻式传感器为例，灵敏度S可通过公式计算：

$$S = \frac{\delta\left(\frac{\Delta R}{R_0}\right)}{\delta P} \tag{8-1}$$

$$\Delta R = R - R_0 \tag{8-2}$$

式中：R_0——未负载外界作用力时应力应变传感器初始的电阻值；

　　　R——负载一定外界作用力时应力应变传感器的电阻；

　　　P——负载在应力应变传感器上的外界作用力[43]。

由于现有的传感器灵敏度越来越高，导致相对电阻变化率值（$\Delta R/R_0$）很快就超过90%。因此，相对电流变化率值（$\Delta I/I_0$）也被广泛应用。除此之外，对于应变传感器而言，其灵敏因子（GF）则是指相对电阻变化率和应变的微分比值。

8.2.4.2　灵敏应变区间

灵敏应变区间是指具有感知的应变或应力区间，这直接决定了传感器的应用领域。

其中，根据灵敏度（灵敏因子）的计算公式，采用对相对电阻（电流）变化率应变（应力）曲线进行线性拟合的方式计算灵敏度的方式能得到传感器的灵敏度与线性应变（应力）区间。

8.2.4.3 最低可测应变

最低可测应变是指传感器能感知的最低应变（应力），低可测应变能够扩宽传感器的应用领域。

8.2.4.4 响应时间

响应时间是指传感器感知外界应变所消耗的时间。现今所报道的绝大多数的应力应变传感器的响应时间为 10 ~ 150ms。

8.2.5 纳米纤维基应力应变传感器

具有高比表面积的一维（1D）纳米纤维基应力应变传感器因其特殊的纳米结构、优异的物理化学性能与显著的机械柔性为构筑高性能应力应变传感导电网络提供了新颖的思路。目前，柔性应力应变传感器的常规制备方法分为两种，其一是在可拉伸基材上沉积薄导电层，其二是在弹性体中嵌入导电网络[40, 51-52]。Wang 等[53]描述了一种表面结构化的纳米纤维膜基应力应变传感器的制备流程（图 8-10）。具体步骤如下：

（1）将经激光刻蚀后表面具有特殊凹槽阵列的洁净硅板置于洁净的烧杯底部，将聚烯烃弹性体（POE）与聚吡咯@聚乙烯醇—乙烯共聚物（PPy@PVA-*co*-PE）纳米纤维悬浮液倒入共溶剂烧杯，超声处理后常温干燥。将纳米纤维膜从硅片表面揭下，获得表面结构化的混合导电纳米纤维膜；同时，采用相同的配比制备另一种不具有表面结构化的导电纳米纤维膜。

（2）分别将两张步骤（1）中制备的表面结构化的混合导电纳米纤维膜和两张不具有表面结构化的膜面对面贴合，使用铜箔将电极引出，即可获得两个应力应变传感器[43]。

所述聚乙烯醇—乙烯共聚纳米纤维（PVA-*co*-PE），聚吡咯@聚乙烯醇—乙烯共聚（PPy@PVA-*co*-PE）纳米纤维，热塑性聚烯烃弹性体（POE）弹性纳米纤维与表面结构化的纳米纤维凸起的微观形态如图 8-10 所示。当外界微小应力负载于表面结构化的弹性 POE 纳米纤维基底材料表面时将引起基底材料弯曲变形，该形变进

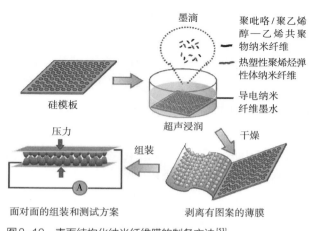

图 8-10　表面结构化纳米纤维膜的制备方法[53]

一步导致导电纳米纤维层变形，迫使传感器导电功能层电阻发生改变并输出变化的电流信号。

相互交错的纳米纤维凸起均存在大量的孔隙，可明显提升应力应变传感器的灵敏性。另外，上述纳米纤维凸起呈现出一种三维网状结构，表面结构化的纳米纤维膜之间彼此交联后会形成一种互锁的结构，采用这种组装方式制备的应力应变传感器受外部应力的作用时两张表面结构化的纳米纤维膜的接触点将明显增加，因此基底层与导电功能层重叠面积变大，致使器件电阻下降，灵敏度增加（图8-11）。

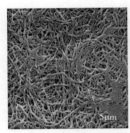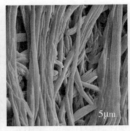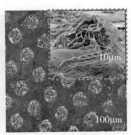

（a）聚乙烯醇–乙烯共聚物纳米纤维　（b）聚吡咯/聚乙烯醇–乙烯共聚物纳米纤维　（c）热塑性聚烯烃弹性体纳米纤维　（d）表面结构化的纳米纤维膜

图8-11　电镜图[53]

近年来，Wang等[54]提出了将棉/聚氨酯包芯纱弹性基材浸入单壁碳纳米管导电墨水多次的方式制备了纤维状应力应变传感器，其灵敏因子（GF）为2.15。Cheng等[55]通过将弹性纤维浸渍到银纳米线（Ag NWs）和乙二醇的分散液中获得多功能的导电复合纱线，使用之前，通过预拉伸使导电纤维表面的银纳米线层出现高密度的微裂纹，拉伸与回复过程通过微裂纹的闭合产生可逆的电阻率变化。

然而，这种微裂纹机理形成的不确定性，使其难以保证工业生产过程中的样品一致率[56]。而且，在使用过程中，拉伸可能引起的新裂纹的产生，极可能使得应力应变传感器的参考数值体系发生变化从而丧失使用价值。另外，Lee等[57]通过湿法纺丝制备了Ag/AgNWs/SBS导电纤维，他们先将AgNWs与SBS混合经纺丝成型后将银离子浸入到纤维内部，还原得到复合导电纤维，但是，该导电纤维在100%伸长率下的电导率仅下降4.4%，且在高粘度SBS溶液中均匀分散AgNWs以及后续的连续化学还原过程会为工业化带来不小的技术难度。而Zhong等[58]通过将银纳米线（NWs）插入聚烯烃弹性纳米纤维成功设计了一种可规模化生产高性能纱线的工艺流程（图8-12）。采用该导电纱线制备的应力应变传感器其工作机理如下：通过外部连续、交替的拉伸和释放，聚烯烃纳米纤维弹性体中相互穿插的银纳米线接触概率发生变化，从而显著改变应力应变传感器自身电阻，实现应力应变传感功能。由于浓度梯度驱动的扩散，AgNWs可被均匀地注入POE纳米纤维纱线中。经过振动或超声波提供额外的能量来加速扩散，整个导电处理时间不足30s。原始POE纳米纤维纱线的微观形貌以及获得的弹性纳米复合纱线表明，AgNWs在POE纳米纤维中均匀分布。连续的AgNWs网络使其导电性能良好。在此基础上，将其装配成可穿戴式应力应变传感器其灵敏因子高达13920且最小检测极限值为0.065%。器件拉伸和释放过程中应变响应时间分别为10ms和15ms。此外，应力应变传感器经过4500次循环测试，其应变量为10%，器件耐久性良好。该纳米纤维基单纱或织物集成应力应变传感器在肢体运动监测，眼球运动变化、人工声带、人体脉搏和复杂运动显示出巨大潜力。

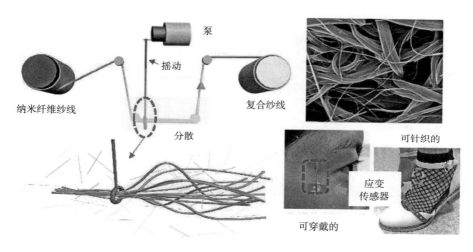

图8-12　弹性导电纳米纤维复合纱制备流程图、电镜图和实物图[58]

Wang等[59]利用锦纶织物表面特殊花纹模板制备了一种表面花纹纳米纤维膜（SPNMs）基超敏应力应变传感器（图8-13）。所述SPNMs由内部三维互穿聚烯烃弹性体纳米纤维和银纳米线（AgNWs）组成，研究表明POE纳米纤维具有优异的力学性能和三维互穿结构，赋予应力应变传感器良好的传感性能，同时SPNMs表面沟槽状形貌可改善传感器的灵敏度，沟槽间距越大灵敏度越高。3.8%的AgNW与SPNMs-45组成的最佳应力应变传感器，该应力应变传感器在2.76 kPa应变下灵敏度高（19.4/kPa），检测限低（<1.6 Pa），响应迅速（30 ms和42 ms），耐磨性好。这些优异的性能表明该应力应变传感器在可穿戴电子领域的应用前景，如检测空间应力应变分布或监测人体肌肉运动。

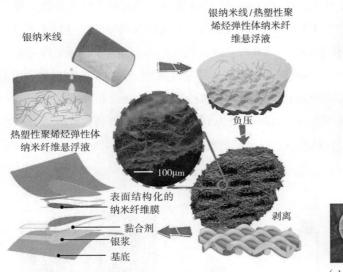

（b）SPNM实物图

（c）针上滚压的
SPNM实物图

（d）组装后超灵敏压力传
感器实物图

（a）表面花纹纳米纤维膜（SPNMs）基超敏应力
应变传感器制备流程图

图8-13　表面花纹纳米纤维膜（SPNMs）基超敏应力应变传感器[59]

8.2.6　应力应变传感器的应用

智能、多功能、高灵敏度、稳定的应力应变传感器在工业、建筑业、航空航天、健康医疗等领域应用十分广泛。目前全球在柔性应力应变传感器等相关领域的研究尤为火热[43]，如健康监测可穿戴电子设备[33, 53]、人机界面[60-61]、柔性电子皮肤[54]和柔性机器人[62, 63]等。可穿戴智能监测应力应变传感器是指一种在一定应力范围内可将人体微小生理体征信号（如心跳、脉搏、眨眼、皮肤扭曲等信号）转变为放大的电压或电流信号的传感器。

Wang等[58]利用POE纳米纤维弹性基体设计了一种纤维状可穿戴应力应变传感器。图8-14显示该纳米纤维基应变传感器被贴附于体表不同位置以及监测不同人体生理信号或动作。图8-14（a）、图8-14（b）中将应变传感器贴附于膝关节及指关节，在不同动作下获得不同的信号输出。图8-14（c）、图8-14（d）将应变传感器贴附于眼角和喉管处用以监测人体视角或视线的变化以及模拟人体发声。图8-14（e）中将应变传感器贴附于手腕脉搏跳动处，经测试，能准确获得人体脉搏形状。此外电子皮肤是一种大面积像素化的应力应变传感器的集成体，其结构简单，可被加工成各种形状，能像衣服一样附着在设备表面，电子皮肤实现器件在三维应力环境中的感应，从而模拟人类皮肤的触觉[60-61]。因此，柔性化和高灵敏性是制备性能良好的电子皮肤最主要的要求。具有三维柔性和舒适性的电子皮肤是该领域未来研究内容的重要趋势[43]。

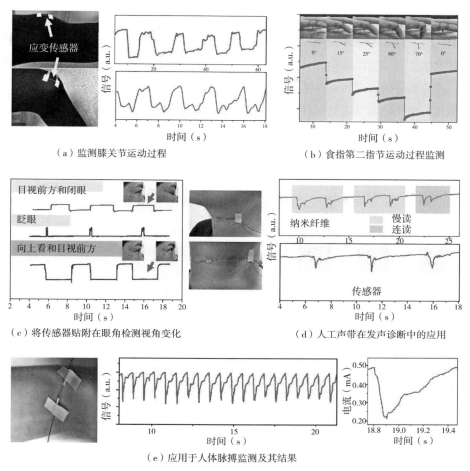

（a）监测膝关节运动过程

（b）食指第二指节运动过程监测

（c）将传感器贴附在眼角检测视角变化

（d）人工声带在发声诊断中的应用

（e）应用于人体脉搏监测及其结果

图8-14　纳米纤维应变传感器在生理监测上的应用[58]

8.3　荧光传感器

　　纳米材料独特的超小直径与超大表面积，赋予其在药物控制、释放与物质检测领域广阔的应用前景[64]；另外，纳米纤维与众不同的小尺寸效应决定若纳米纤维的直径接近、甚至小于玻尔半径、超导相干波长、电子的德布罗意波长以及光波波长时，纳米纤维的量子尺寸效应将十分显著，此时纳米纤维呈现出独特光学特性，纳米纤维对可见光具有较高的吸收率与较低的反射率。因为具有优异光学性能的纳米材料可吸收外部光能，并将光能转化为电能或热能，所有该类纳米材料在纳米光电设备、光二极管、光学开关、波导管、生物成像、光学传感器、药物靶向运输、荧光检测及肿瘤光热治疗领域均展现出巨大的应用价值。相较于传统光学生物检测、化学和生物发光分析法，近年来基于荧光纳米纤维的纳米荧光探针发展迅速。荧光纳米纤维探针具有实时监测、迅速检测、高灵敏度以及宽动态范围等优势且在临床医学、分子生物学、免疫生物学、疾病诊断、检测分析等研究领域取得了卓越的成就与诱人前景。

但是，纳米材料普遍易受环境影响且极易聚集，这些缺点严重制约了纳米纤维基传感器的稳定性与实际应用。为改善纳米纤维基传感器的检测性能或研发具有优异生物灵敏性的传感器件，学者们利用纳米纤维荧光探针独特的强荧光性对分析物质进行标记，此方法可显著降低器件的生物检测下限，提升器件的响应速率并增强其灵敏度。荧光纳米探针主要包括半导体量子点，硅量子点，金属团簇量子点，碳量子点以及石墨烯金属团簇量子点等材料。如今荧光纳米探针已经被广泛用于阴/阳离子、抗生素、谷氨酸、乙酸、乳酸、尿酸、尿素及食物残渣检测和生物活性物质如毒素、细菌、致癌物质、人体细胞等生物检测体系[65, 66]。

8.3.1 纳米纤维基荧光传感器原理

荧光是指材料因辐射从激发态（高能级状态）跃迁至低能级态产生的光学现象。荧光传感器由两个主要部件组成，即信号单元（具备发光能力组分）与核心识别单元（具备传感特异性组分）。纳米纤维基荧光传感器通过直接引入部分或整体纳米纤维基荧光传感单元，或间接引入纳米纤维基荧光传感辅助单元以增强传感器灵敏度。荧光检测是一种自然发光反应，当待分析物质与荧光材料接触并吸附于该信号单元时，荧光材料产生分子内电荷转移[67, 68]、光诱导电子转移或荧光共振能量转移等现象[69-70]，致使荧光传感器荧光强求发生响应改变，如荧光素酶与三磷酸腺苷（ATP）接触并反应后，材料荧光强度可显著减弱。

8.3.2 纳米纤维基荧光传感器荧光探针分类

纳米纤维基荧光传感器荧光纳米探针主要成分为荧光纳米粒子，目前，倍受瞩目的荧光纳米粒子可分为：半导体纳米微晶（量子点）、复合荧光二氧化硅纳米粒子、荧光聚合物纳米微球与荧光金属纳米团簇[71-72]。

8.3.2.1 半导体纳米微晶体（量子点）

量子点是由少量原子组成的一种零维、点状的无机纳米材料，多指基于 II-V 族、III-V 族及 IV-VI 族 3 个系列的纳米晶体材料，如硒化镉（CdSe）、硫化锌（ZnS）、砷化镓（GaAs）、磷化铟（InP）、硫化铅（PbS）、硒化铅（PbSe）等[73-74]。20世纪90年代，随着半导体纳米微晶体合成技术逐步成熟，荧光量子点产率显著提升，研究人员逐渐意识到半导体量子点不仅可以应用于微电子和光电子领域，其在荧光探针监测领域也将具有远大发展前景。量子点的三维尺寸均为 1nm ~ 10nm，因此具有特殊的表面效应、介电限域效应、宏观量子隧道效应和量子尺寸效应。当量子点颗粒的直径小于该量子点体相的激子波尔半径时，量子点的电子能级由准连续态变为分立态，量子点颗粒处于量子受限状态，并产生量子尺寸效应即量子点带隙与光学性能随半导体纳米微晶体尺寸变化而改变。不同半导体纳米微晶体的激子波尔半径各不相同，因此量子点尺寸效应的尺寸范围也不同。1998年，Alivisatos[75]和Nie[76]的研究组第一次发表了半导体量子点用作生物标记实验的开创性论文，这意味着半导体纳米微晶体荧光探针可被实际应用于生物医学领域。自此，半导体纳米微晶体作为一种新的生物标记荧光探针被大量应用于各种生化物质监测[77]。

8.3.2.2　复合荧光二氧化硅纳米粒子

复合纳米粒子将不同纳米粒子所拥有的多种功能有效地复合在一起，克服单组分纳米粒子性能单一的缺点，赋予单组分纳米粒子无可比拟的物理与化学性能，复合荧光纳米粒子为生化检测、医学成像、药物释放等生物医学领域提供新的发展平台[78-79]。复合荧光二氧化硅纳米粒子是一种核壳型复合纳米颗粒，由硅壳层、表面生物修饰分子与功能性的内核组成。复合荧光二氧化硅纳米粒子制备方法如下[80-81]：

（1）采用油包水反相微乳液方法形成功能性的内核，复合荧光二氧化硅纳米粒子内核材料为有机荧光染料、稀土发光材料、量子点等。

（2）通过硅烷化试剂在微乳液中水解形成三维网状结构的硅壳结构并有效包裹在内核表面，使用不同的硅烷化试剂可以成功制备具有不同表面冠能团的复合荧光二氧化硅纳米粒子。

（3）在复合荧光二氧化硅纳米粒子的表面修饰各种生物功能大分子，赋予其特异性功能（如细胞的染色标记、细胞分离、识别、细胞追踪、酸碱度、温度监测、DNA转染等），常见修饰性生物大分子包括酶、生长因子、抗体、蛋白质及肽片断等。

8.3.2.3　荧光聚合物纳米微球

荧光聚合物纳米微球是一种采用聚甲基丙烯酸酯类（PMMA）、聚苯乙烯磺酸（PSSA）、聚丙烯酰胺（PAAM）等高分子聚合物为微球主体成分，同时，在载体微球表面吸附或键合荧光染料（如荧光素、罗丹明、菁色素等）的纳米微球[82]。因为纳米微球比表面积大，所以多个荧光染料分子可以同时与单个纳米粒子接触并被吸附在表面，显著提升纳米微球荧光强度。该方法制备流程简单，但是负载在荧光聚合物纳米微球表面的荧光染料分子并非以真正的化学键结合于聚合物表面，因此易受氧化或光漂白干扰，产生脱除现象，因此该方法无法保障聚合物微球表面荧光稳定性，一定程度上制约荧光聚合物纳米微球实际使用范围[83]。

随着乳液聚合等新技术的发展，为规避上述制备方法不足，研究人员开始逐步探索乳液聚合法制备聚合物纳米微球的方法。随着纳米微球载体粒径的减小，微球在溶液中的分散性越好，分散液稳定性增加，且聚合物纳米微球载体与荧光染料的响应也会越快。已报道的乳液聚合法种类繁多，常用的乳液聚合法包括定向乳液聚合、辐射乳液聚合、反相乳液聚合、核壳乳液聚合、无皂乳液聚合、微乳液聚合等[84]。乳液聚合反应聚合速率快、体系黏度低、获得的高分子聚合物质量高，是生产高分子材料的重要法之一。乳液聚合可在聚合物高分子表面有效键合官能团，有助于提升荧光聚合物纳米微球探针对待测生物分子标记能力。

8.3.2.4 荧光金属纳米团簇

荧光金属纳米团簇是由几个到几百个金属原子（Au、Ag或Pt等贵金属原子）组成的新型的荧光纳米材料，其粒径接近于电子的费米波长，是近年荧光纳米粒子领域研究热点[85-86]。荧光金属纳米团簇比表面积大、尺寸小、合成工艺简单、表面易于改性、水溶性好、荧光性能稳定且可调，其特殊的量子尺寸效应更赋予其优异的光学特性。作为一种新型荧光探针荧光金属纳米团簇已被逐步应用于多种生物检测体系检测如阴离子、阳离子、过氧化氢、葡萄糖、三磷酸腺苷、氨基酸、谷胱甘肽等[87-88]。

8.3.3 纳米纤维基荧光传感器的应用

有机体内的大量离子，如阴离子、阳离子等；生物分子，如蛋白质、氨基酸、乳酸、抗生素、尿素等；生物活性物质，如人体细胞、细菌等以及中性分子的平衡均对其健康与机能起着非凡的作用。如果上述物质在有机体内紊乱或异常必将造成疾病甚至恶性肿瘤或神经性疾病的发生[89-90]。相较于常采用酶分析，化学或生物发光分析，荧光纳米生物分析体系因其检测迅速、灵敏度高被广泛应用于实际生理检测。

静电纺丝技术是制备纳米纤维的常用技术手段之一，将上述荧光纳米粒子加入静电纺丝溶液，在高压电场作用下拉伸成型得到颜色可控的荧光纳米纤维。静电纺荧光纳米纤维荧光性能持久、稳定，可用于氯霉素、硝基芳香化合物等物质监测。Gu等[91]设计了一种量子点（CdTe）/聚乳酸（PLA）纳米纤维荧光探针用于检测肉类食品中的氯霉素。氯霉素检测机理如下：当纳米纤维荧光探针中的量子点接触到肉类中待检测氯霉素时，产生荧光共振能量转移现象，导致量子点（CdTe）/聚乳酸（PLA）纳米纤维荧光探针荧光强度明显下降。Wu等[92]采用静电纺丝技术分别制备了聚苯乙烯/9-（吡喃-1-基）-9H-咔唑（PS/PyCz）和聚环氧乙烷/9-（吡喃-1-基）-9H-咔唑（PEO/PyCz）纳米纤维，研究发现聚环氧乙烷/9-（吡喃-1-基）-9H-咔唑（PEO/PyCz）纳米纤维对硝基芳香化合物具有荧光敏感（图8-15）。实验结果表明，PEO/PyCz纳米纤维内部分子的旋转增强会导致PyCz荧光分子失去能量，当PyCz荧光团接触到硝基炸药时会产生良好的光诱导电子转移驱动力，即PyCz可与爆炸物产生的强烈荧光反应，实现对硝基炸药的成功检测。

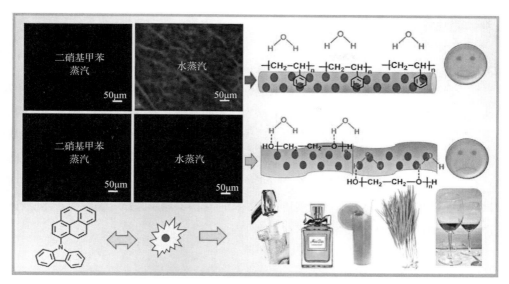

图8-15　聚环氧乙烷/9-（吡喃-1-基）-9H-咔唑（PEO/PyCz）纳米荧光探针硝基芳香化合物传感器[92]

　　热塑性PVA-*co*-PE纳米纤维表面具有极其丰富的活性羟基，且亲水性好、比表面积大及纤维长径比大、无毒、生物相容性优异，是一种优异的荧光探针纳米纤维前驱体。

　　Wang等[93]采用三嗪基氯化氰与1,3-丙二胺改性PVA-*co*-PE纳米纤维探针表面性能，将萤火虫荧光素酶固定于PVA-*co*-PE纳米纤维表面，得到一种高灵敏度，性能优异的腺苷分析体系，对三磷酸腺苷（ATP）检测具有广阔的应用前景（图8-16）。

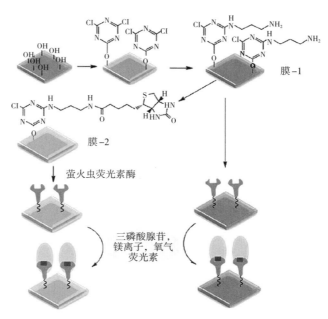

　　综上所述，纳米纤维在传感领域的应用中具有重大的潜力，不同的纳米纤维材料在传感器领域的应用也会层出不穷。

图8-16　PVA-*co*-PE/萤火虫荧光素酶荧光探针ATP传感器[92]

8.4 小结

综上所述，纳米纤维由于具有表面效应、宏观量子隧道效应、量子尺寸和小尺寸效应特点，在传感领域的应用中具有重大的潜力。不同的纳米纤维材料在传感器领域的应用也会层出不穷，为传感器的发展带来了巨大的机遇和挑战，其体现出的优异性能得到研究者的高度重视，为推动传感器的发展和产业化提供了上升的空间。但是纳米纤维仍然具有一些不足，体现在材料均一性、可靠性和结构强度等方面。未来在这些研究方面如果有所突破，将在传感器领域发展更迅速，同时为国家健康医疗、物联网、环境监测等产业发展提供新的研究思路和技术途径。

参考文献

[1] Kim S E, Zhang C, Advincula A A, Baer E, Pokorski J K. Protein and bacterial antifouling behavior of melt-coextruded nanofiber mats[J]. ACS Appl. Mater. Interfaces, 2016, 8: 8928-8938.

[2] Jordan A M, Viswanath V, Kim S E, Pokorski J K, Korley. L T J. Processing and surface modification of polymer nanofibers for biological scaffolds: A review[J]. J. Mater. Chem. B, 2016, 4: 5958-5974.

[3] Cheng J, Pu H, Du J. A processing method with high efficiency for low density polyethylene nanofibers reinforced by aligned carbon nanotubes via nanolayer coextrusion[J]. Polymer, 2017, 111: 222-228.

[4] Teodoro K B R, Migliorinia F L, Facure M H M, Correa D S. Conductive electrospun nanofibers containing cellulose nanowhiskers and reduced graphene oxide for the electrochemical detection of mercury(II)[J]. Carbohydrate Polymers, 2019, 207: 747-754.

[5] Wang Q, Jian M, Wang C, Zhang Y. Carbonized Silk Nanofiber Membrane for Transparent and Sensitive Electronic Skin[J]. Adv. Funct. Mater., 2017, 27: 1605657.

[6] Choi S J, Jang B H, Lee S J, Min B K, Rothschild A, Kim I D. Selective Detection of Acetone and Hydrogen Sulfide for the Diagnosis of Diabetes and Halitosis Using SnO_2 Nanofibers Functionalized with Reduced Graphene Oxide Nanosheets[J]. ACS Appl. Mater. Interfaces, 2014, 6: 2588-2597.

[7] Ali M A, Singh C, Mondal K, Srivastava S, Sharma A, Malhotra B D. Mesoporous few-layer graphene platform for affinity biosensing application[J]. ACS Appl. Mater. Interfaces, 2016, 8: 7646-7656.

[8] Chen A C, Chatterjee S. Nanomaterials based electrochemical sensors for biomedical applications[J]. Chem. Soc. Rev., 2013, 42: 5425-5438.

[9] Fekry A M. Biosens. Bioelectron. A new simple electrochemical Moxifloxacin Hydrochloride sensor built on carbon paste modified with silver nanoparticles[J]. 2017, 87: 1065-1070.

[10] Imani S, Bandodkar A J, Vinu Mohan A M, Kumar R, Yu S, Wang J, Mercier P P. A wearable chemical-electrophysiological hybrid biosensing system for real time health and fitness monitoring[J]. Nat. Commun., 2016, 7: 11650.

[11] Dimitrakopoulos C D, Malenfant P R L. Organic thin film transistors for large area electronics[J]. Adv. Mater., 2002, 14: 99-117.

[12] Nikolka M, et al. High operational and environmental stability of high-mobility conjugated polymer field-effect transistors through the use of molecular additives[J]. Nat. Mater. 2017, 16: 356-362.

[13] Bernards D A, Malliaras G G, Steady-state and transient behavior of organic electrochemical transistors[J]. Adv. Funct. Mater., 2007, 17: 3538-3544.

[14] Laiho A, Herlogsson L, Forchheimer R, Crispin X, Berggren M. Controlling the dimensionality of charge transport in organic thin-film transistors[J]. Proc. Natl Acad. Sci. USA, 2011, 108: 15069-15073.

[15] Fu R B., Hu S M., Wu X T. Rapid and sensitive detection of nitroaromatic explosives by using new 3D lanthanide phosphonates[J]. J. Mater. Chem. A, 2017, 5: 1952-1956.

[16] 吴蓬兴. 浅议化学传感器在化工气体检测中的应用[J]. 科技信息, 2008, 34, 306.

[17] Shmueli Y, Shter G E, Assad O, Haick H, Structural and electrical properties of single Ga/ZnO nanofibers synthesized by electrospinning[J]. J. Mater. Res., 2012, 27: 1672-1679.

[18] Kim W, Lee J S, Shin D H, Jang J. Platinum nanoparticles immobilized on polypyrrole nanofibers for non-enzyme oxalic acid sensor[J]. J. Mater. Chem. B, 2018, 6: 1272-1278.

[19] Chen D, Lei S, Chen Y, A single polyaniline nanofiber field effect transistor and its gas sensing mechanisms[J]. Sensors, 2011, 11: 6509-6516.

[20] Ji S, Wang X, Liu C, Wang H, Wang T, Yan D. Controllable organic nanofiber network crystal room temperature NO_2 sensor[J]. Organic Electronics, 2013, 14: 821-826.

[21] Dong K Y, Choi J K, Hwang I S, Lee J W, Kang B. H, Ham D J, Lee J H, Ju B K. Enhanced H_2S sensing characteristics of Pt doped SnO_2 nanofibers sensors with micro heater[J]. Sensors and Actuators B, 2011, 157: 154-161.

[22] Wang Y, Zhou Z, Qing X, Zhong W, Liu Q, Wang W, Li M, Liu K, Wang D. Ion sensors based on novel fiber organic electrochemical transistors for lead ion detection[J]. Anal Bioanal Chem., 2016, 408: 5779-5787.

[23] Vashist S K, Zheng D, Al-Rubeaan K, Luong J H, Sheu F S. Advances in carbon nanotube based electrochemical sensors for bioanalytical applications[J]. Biotechnol. Adv., 2011, 29: 169-188.

[24] Xu Y, Liu L, Wang Z, Dai Z. Stable and reusable electrochemical biosensor for poly(ADP-ribose) polymerase and its inhibitor based on enzyme-initiated auto-PARylation[J]. ACS Appl. Mater. Interfaces, 2016, 8: 18669-18674.

[25] 俞卫忠, 陈建. 生物传感器及其在环境监测中的应用[J]. 污染防治技术, 2014, 27: 66–68.

[26] Park S J, Lee S H, Yang H, Park C S, Lee C S, Kwon O S, Park T H, Jang J. Human Dopamine Receptor-Conjugated Multidimensional Conducting Polymer Nanofiber Membrane for Dopamine Detection[J]. ACS Appl. Mater. Interfaces, 2016, 8: 28897-28903.

[27] Min K I, Lee S W, Lee E H, Lee Y S., Yi H, Kim D P. Facile Nondestructive Assembly of Tyrosine-Rich Peptide Nanofibers as a Biological Glue for Multicomponent-Based Nanoelectrode Applications[J]. Adv. Funct. Mater. 2018, 28: 1705729.

[28] Jun J, Lee J S, Shin D H, Jang J. Aptamer-Functionalized Hybrid Carbon Nanofiber FET-Type Electrode for a Highly Sensitive and Selective Platelet-Derived Growth Factor Biosensor[J]. ACS Appl. Mater. Interfaces, 2014, 6: 13859-13865.

[29] Kim S G, Lee J S, Jun J, Shin D H, Jang J. Ultrasensitive Bisphenol A Field-Effect Transistor Sensor Using an Aptamer-Modified Multichannel Carbon Nanofiber Transducer[J]. ACS Appl. Mater. Interfaces, 2016, 8: 6602-6610.

[30] Qing X, Wang Y, Zhang Y, Ding X, Zhong W, Wang D, Wang W, Liu Q, Liu K, Li M, Lu Z.

Wearable Fiber-Based Organic Electrochemical Transistors as a Platform for Highly Sensitive Dopamine Monitoring[J]. ACS Appl. Mater. Interfaces, 2019, 11: 13105-13113.

[31] 王栋，卿星，蒋海青. 纤维材料与可穿戴技术的融合与创新[J]. 纺织学报，2018，39：150–154.

[32] Duan L, Fu S, Deng H. The resistivity-strain behavior of conductive polymer composites: stability and sensitivity[J]. Journal of Materials Chemistry A, 2014, 2: 17085-17098.

[33] Ding Y, Yang J, Tolle C R. A highly stretchable strain sensor based on electrospun carbon nanofibers for human motion monitoring[J]. RSC Advances, 2016, 6: 79114-79120.

[34] Choi Y W, Kang D, Pikhitsa P V. Ultra-sensitive pressure sensor based on guided straight mechanical cracks[J]. Scientific Reports, 2017, 7: 40116-40123.

[35] Foroughi J, Spinks G M, Aziz S. Knitted carbon-nanotube-sheath/spandex-core elastomeric yarns for artificial muscles and strain sensing[J]. ACS Nano, 2016, 10: 9129-9135.

[36] He Y, Gui Q, Liao S. Coiled fiber-shaped stretchable thermal sensors for wearable electronics[J]. Advanced Materials Technologies, 2016, 1: 1600170-1600176.

[37] Deng H, Ji M, Yan D. Towards tunable resistivity–strain behavior through construction of oriented and selectively distributed conductive networks in conductive polymer composites[J]. Journal of Materials Chemistry A, 2014, 2: 10048-10058.

[38] Xu F, Zhu Y. Highly conductive and stretchable silver nanowire conductors[J]. Advanced Materials, 2012, 24: 5117-5122.

[39] Yun S, Niu X, Yu Z. Compliant silver nanowire-polymer composite electrodes for bistable large strain actuation[J]. Advanced Materials, 2012, 24: 1321-1327.

[40] Jeong Y R, Park H, Jin S W. Highly stretchable and sensitive strain sensors using fragmentized graphene foam[J]. Advanced Functional Materials, 2015, 25: 4228-4236.

[41] Molina J. Graphene-based fabrics and their applications: a review[J]. RSC Advances, 2016, 6: 68261-68291.

[42] Ji M, Deng H, Yan D. Technology, selective localization of multi-walled carbon nanotubes in thermoplastic elastomer blends: an effective method for tunable resistivity–strain sensing behavior[J]. Composites Science and Technology, 2014, 92: 16-26.

[43] 钟卫兵. 柔性导电材料的制备及其在可穿戴传感器件上的应用[D]. 湖北：武汉纺织大学材料科学与工程学院，2016.

[44] Schwartz G, Tee B C K, Mei J. Flexible polymer transistors with high pressure sensitivity for application in electronic skin and health monitoring[J]. Nature Communications, 2013, 4: 1859-1867.

[45] Li M, Li H, Zhong W. Stretchable conductive polypyrrole/polyurethane(PPy/PU)strain sensor with netlike microcracks for human breath detection[J]. ACS Applied Materials & Interfaces, 2014, 6: 1313-1319.

[46] Pan L, Chortos A, Yu G. An ultra-sensitive resistive pressure sensor based on hollow-sphere microstructure induced elasticity in conducting polymer film[J]. Nature Communications, 2014, 5: 3002-3010.

[47] Correia V, Caparros C, Casellas C. Development of inkjet printed strain sensors[J]. Smart Materials

and Structures, 2013, 22: 105028-105038.

[48] Lee H, Seong B, Moon H. Directly printed stretchable strain sensor based on ring and diamond shaped silver nanowire electrodes[J]. Rsc Advances, 2015, 5: 28379-28384.

[49] Wang C, Li X, Gao E. Carbonized silk fabric for ultrastretchable, highly sensitive, and wearable strain sensors[J]. Advanced Materials, 2016, 28: 6640-6648.

[50] Choong C L, Shim M B, Lee B S. Highly stretchable resistive pressure sensors using a conductive elastomeric composite on a micropyramid array[J]. Advanced Materials, 2014, 26: 3451-3458.

[51] Rowe A C H. Piezoresistance in silicon and its nanostructures[J]. Journal of Materials Research, 2014, 29: 731-744.

[52] Yamada T, Hayamizu Y, Yamamoto Y. A stretchable carbon nanotube strain sensor for human-motion detection. Nature Nanotechnology, 2011, 6: 296-301.

[53] Zhong W, Liu Q, Wu Y. A nanofiber based artificial electronic skin with high pressure sensitivity and 3D conformability[J]. Nanoscale, 2016, 8: 12105-12112.

[54] Wang S, Xu J, Wang W. Skin electronics from scalable fabrication of an intrinsically stretchable transistor array[J]. Nature, 2018, 555: 83-88.

[55] Shu Y, Li C, Wang Z. A Pressure sensing system for heart rate monitoring with polymer-based pressure sensors and an anti-interference post processing circuit[J]. Sensors, 2015, 15: 3224-3235.

[56] Guo R, Wang X L, Yu W Z. A highly conductive and stretchable wearable liquid metal electronic skin for long-term conformable health monitoring[J]. Science China Technological Sciences, 2018, 61: 1031-1037.

[57] Someya T, Sekitani T, Iba S. A large-area, flexible pressure sensor matrix with organic field-effect transistors for artificial skin applications[J]. Sciences, 2004, 101: 9966-9970.

[58] Zhong W, Liu C, Xiang C. Continuously producible ultrasensitive wearable strain sensor assembled with three-dimensional interpenetrating Ag nanowires/ polyolefin elastomer nanofibrous composite yarn[J]. ACS Applied Materials & Interfaces, 2017, 9: 42058-42066.

[59] Zhong W, Liu C, Liu Q. Ultrasensitive wearable pressure sensors assembled by surface-patterned polyolefin elastomer nanofiber membrane interpenetrated with silver nanowires[J]. ACS Applied Materials & Interfaces, 2018, 10: 42706-42714.

[60] Roh E, Hwang B U, Kim D. Stretchable, transparent, ultrasensitive, and patchable strain sensor for human–machine interfaces comprising a nanohybrid of carbon nanotubes and conductive elastomers[J]. ACS Nano, 2015, 6252-6261.

[61] Wang Z, Huang Y, Sun J. Polyurethane/cotton/carbon nanotubes core-spun yarn as high reliability stretchable strain sensor for human motion detection[J]. ACS Applied Materials & Interfaces, 2016, 9: 24837-24843.

[62] Cheng Y, Wang R, Zhai H. Stretchable electronic skin based on silver nanowire composite fiber electrodes for sensing pressure, proximity, and multidirectional strain[J]. Nanoscale, 2017, 9: 3834-3842.

[63] Lu N, Kim D H. Flexible and stretchable electronics paving the way for soft robotics[J]. Soft Robotics, 2014, 1: 53-62.

[64] Ozkan M. Quantum dots and other nanoparticles: what can they offer to drug discovery?[J]. Drug Discovery Today, 2004, 9: 1065-1071.

[65] Godin B, Sakamoto J H, Serda R E. Emerging applications of nanomedicine for the diagnosis and treatment of cardiovascular diseases[J]. Trends in Pharmacological Sciences, 2010, 31: 199-205.

[66] Qian X, Xu Z. Fluorescence imaging of metal ions implicated in diseases[J]. Chemical Society Reviews, 2015, 44: 4487-4493.

[67] DeSilva A P, Gunaratne H Q N, Gunnlaugsson T. Signaling recognition events with fluorescent sensors and switches[J]. Chemical Reviews, 1997, 97: 1515-1566.

[68] Gunnlaugsson T, Leonard J P, Murray N S. Highly selective colorimetric naked-eye Cu(II)detection using an azobenzene chemosensor[J]. Organic Letters, 2004, 6: 1557-1560.

[69] Tyagi S, Kramer F R. Molecular beacons: probes that fluoresce upon hybridization[J]. Nature Biotechnology, 1996, 14: 303-308.

[70] Tyagi S, Bratu D P, Kramer F R. Multicolor molecular beacons for allele discrimination[J]. Nature Biotechnology, 1998, 16: 49-53.

[71] Lee J, Sundar V C, Heine J R. Full color emission from II–VI semiconductor quantum dot–polymer composites[J]. Advanced Materials, 2000, 12: 1102-1105.

[72] Farmer S C, Patten T E. Photoluminescent polymer/quantum dot composite nanoparticles[J]. Chemistry of Materials, 2001, 13: 3920-3926.

[73] Choi A O, Maysinger D. Semiconductor Nanocrystal Quantum Dots[M]. Springer Vienna, 2008, 13: 349-365.

[74] Bajorowicz B, Kobyla ń ski M P, Gołąbiewska A. Quantum dot-decorated semiconductor micro- and nanoparticles: A review of their synthesis, characterization and application in photocatalysis[J]. Advances in Colloid and Interface Science, 2018, 256: 352-372.

[75] Bruchez M, Moronne M, Gin P. Semiconductor nanocrystals as fluorescent biological labels[J]. Science, 1998, 281: 164-167.

[76] Chan W C W, Nie S. Quantum dot bioconjugates for ultrasensitive nonisotopic detection[J]. Science, 1998, 281: 2016-2018.

[77] Michalet X, Pinaud F F, Bentolila L A. Quantum dots for live cells, in vivo imaging, and diagnostics[J]. Science, 2005, 281: 538-544.

[78] Wang C, Ma Q, Dou W. Synthesis of aqueous CdTe quantum dots embedded silica nanoparticles and their applications as fluorescence probes[J]. Talanta, 2009, 77: 1358-1364.

[79] Slowing I I, Trewyn B G, Giri S. Mesoporous silica nanoparticles for drug delivery and biosensing applications[J]. Advanced Functional Materials, 2007, 17: 1225-1236.

[80] He R, You X, Shao J. Core/shell fluorescent magnetic silica-coated composite nanoparticles for bioconjugation[J]. Nanotechnology, 2007, 18: 315601-315608.

[81] Ye Z, Tan M, Wang G. Preparation, characterization, and time-resolved fluorometric application of silica-coated terbium(III)fluorescent nanoparticles[J]. Analytical Chemistry, 2004, 76: 513-518.

[82] Reisch A, Klymchenko A S. Fluorescent polymer nanoparticles based on dyes: seeking brighter tools for bioimaging[J]. Small, 2016, 12: 1968-1992.

[83] 强新新，赵志超，宋锋玲，彭孝军. 超细荧光聚合物纳米微球的制备[J]. 应用化学，2012，40：633-638.

[84] 徐祖顺，乳液聚合制备聚合物纳米微球的研究进展[J]. 石油化工，2011，29：125-132.

[85] Lin C A J, Yang T Y, Lee C H. Synthesis, characterization, and bioconjugation of fluorescent gold nanoclusters toward biological labeling applications[J]. ACS Nano, 2009, 3：395-401.

[86] Chen L Y, Wang C W, Yuan Z. Fluorescent gold nanoclusters：recent advances in sensing and imaging[J]. Analytical Chemistry, 2014, 87：216-229.

[87] Liu Y, Ai K, Cheng X. Gold-nanocluster-based fluorescent sensors for highly sensitive and selective detection of cyanide in water[J]. Advanced Functional Materials, 2010, 20：951-956.

[88] Zheng J, Zhang C, Dickson R M. Highly fluorescent, water-soluble, size-tunable gold quantum dots[J]. Physical Review Letters, 2004, 93：077402-077406.

[89] Hirano T, Kikuchi K, Urano Y. Highly zinc-selective fluorescent sensor molecules suitable for biological applications[J]. Journal of the American Chemical Society, 2000, 122：12399-12400.

[90] Domaille D W, Que E L, Chang C J. Synthetic fluorescent sensors for studying the cell biology of metals[J]. 2008, 4：168-175.

[91] 顾天勋. 量子点/纳米纤维荧光探针的制备及用于活性物质检测的研究[D]. 江苏：江南大学纺织科学与工程学院，2015.

[92] Wu W, Shi N, Zhang J. Electrospun fluorescent sensors for the selective detection of nitro explosive vapors and trace water[J]. Journal of Materials Chemistry A, 2018, 6：18543-18550.

[93] Wang W, Zhao Q, Luo M. Immobilization of firefly luciferase on PVA-co-PE nanofibers membrane as biosensor for bioluminescent detection of ATP[J]. ACS Applied Materials & Interfaces, 2015, 38：20046-20052.

第9章
海岛纺纳米纤
维在其他领域
的应用

PART
9

海岛纺纳米纤维制备工艺简单、成本低廉并且能够大规模化加工生产，使其在分离净化、生物医用、能源、传感等新兴领域中发挥了巨大的商业价值。除此之外，海岛纺纤维还被广泛用在复合材料以及织物结构中。

9.1 纳米纤维复合材料

随着科技的不断发展以及生活质量的提高，人们在衣、食、住、行、用等方面对材料性能的要求也越来越高，复合材料顺应人类需求应运而生。国际标准化组织（ISO）将复合材料定义为两种或者两种以上物理和化学性质不同的物质组合而成的一种多相固体材料。根据填充相尺寸的不同，复合材料分为微米级复合材料和纳米级复合材料[1]。由于微米级复合材料的填充相尺寸较大，填充相与基体聚合物之间容易发生相分离，导致复合材料的冲击韧性、断裂伸长率、拉伸强度等机械性能受到严重影响。此外，微米级填充相还会影响聚合物体系的黏度，使材料的加工过程变得更加复杂[2]。

纳米复合材料作为纳米技术与功能材料结合的产物，由于其填充相为纳米尺度，较大的比表面积使填充相与聚合物之间充分接触，从而发挥填充相与聚合物之间的结合优势。相比微米级复合材料，纳米复合材料具有填充量少、结合性好、性能优异的特点。此外，纳米级填充相加入后，复合材料依然具有质量轻、强度高和韧性好的优点，同时还具备了纳米粒子的光、热、电、磁等特性，在电子、可穿戴设备、航空航天、汽车和新能源材料等领域有广泛的应用。

9.1.1 纳米纤维增强复合材料

纤维增强复合材料是指通过浸渍或黏结等加工成型方法将性能优异的增强纤维与基质结合而制备的复合材料。传统的增强纤维通常为一些微米级的工程纤维，包括玻璃纤维、碳纤维和凯夫拉纤维等。通过纤维填充增强后，复合材料的抗拉强度、剪切强度以及疲劳稳定性等得到大幅提升[3]。

20世纪90年代后期，纳米纤维的快速发展引起了科研学者的研究热潮。1999年Reneker和Kim首次以纳米纤维作为增强相，成功制得纳米纤维增强复合材料。与微米纤维相比，纳米纤维具有大比表面积、高柔性、低密度、优异的机械性能等特点，因此作为增强相来制备纳米纤维基增强复合材料[4]。目前常用的纳米纤维增强相有天然纤维素纳米纤维[5-6]、聚合物纳米纤维[3]和无机纳米纤维等[7]。

聚合物增强纳米复合材料的主要制备方法有直接共混法[8]、原位聚合法[9-10]、溶胶—凝胶法、插层法[11]以及浸渍法[12]等，其中，浸渍法在纳米纤维增强复合材料中应用得较多。该方法制备工艺较为简单，即直接将纳米纤维薄膜作为增强相浸渍在聚合物溶液中，聚合物稀溶液通过纳米纤维之间的孔隙结构层层渗透，最终使纳米纤维膜完全浸润，后经交联聚合反应得到纳米纤维增强复合材料。由于纳米纤维之间的层层互穿以及三维网络结构，纳米纤维基增强复合材料具有较高的机械强度以及热力学稳定性的优点。

近年来，以静电纺纳米纤维作为增强相制备复合材料的研究较多[3]，但在纺丝成膜过程中，由于纤维与纤维之间的堆叠较为疏松，相互作用力较小，导致复合材料中的纳米纤维在外力作用易于滑移，这大大降低了复合材料的机械性能以及热稳定性。而海岛纺纳米纤维复合材料的机械性能和热稳定性较高。Xiong[13]等通过海岛纺丝法制得直径为100nm~200nm的PVA-*co*-PE纳米纤维，通过溶液喷涂成膜法制得纳米纤维薄膜，随后在环氧树脂中浸渍，再经热固化环节便可制得PVA-*co*-PE纳米纤维增强环氧树脂复合薄膜（PVA-*co*-PE/Epoxy复合膜的电镜图，图9-1）。当复合薄膜中纳米纤维含量为61.7wt%，复合薄膜的断裂强度高达20.8MPa，是纯环氧树脂膜的2.3倍［图9-2（a）］，而热膨胀系数仅为$15.681 \times 10^{-6}K^{-1}$，相比纯环氧树脂减小了将近80%［图9-2（b）］。

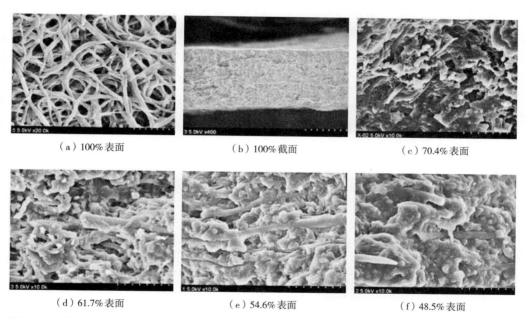

（a）100%表面　　　（b）100%截面　　　（c）70.4%表面

（d）61.7%表面　　　（e）54.6%表面　　　（f）48.5%表面

图9-1　不同PVA-*co*-PE纳米纤维含量的PVA-*co*-PE/Epoxy复合膜的电镜图片

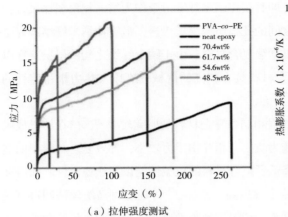
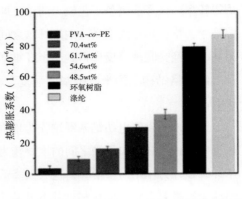

（a）拉伸强度测试　　　　　　　（b）热膨胀性测试

图9-2　PVA-co-PE纳米纤维增强环氧树脂复合膜的性能测试

9.1.2　纳米纤维柔性透明复合膜

随着柔性智能材料研究的深入，一系列柔性电子产品，例如柔性显示器、柔性太阳能电池、柔性传感器等成为研发热点。与此同时，兼具柔性以及较高光透过率的透明薄膜材料成为柔性光电产品中的战略性材料，促使柔性电子器件不断朝着轻薄式、便携式和可折叠方向发展[14]。塑料薄膜由于具有较高的柔性以及透明度，被认为是可以作为柔性显示器的基底材料。但是，随着使用时间延长，器件本身越来越多的缺陷暴露出来，比如较高的热膨胀系数导致器件在使用过程中易发生变形；较低的热导率［＜0.2W/（m·K）］使电子器件在使用过程中内部积聚的热量难以向外散发，从而降低整个器件的散热性能，缩短器件的使用寿命。此外，塑料薄膜较低的硬度使其表面易于刮擦，使后续使用过程中器件的透明度大大降低[15]。因此，透明复合薄膜材料的研究多集中在提高材料的机械性能以及透明度方面。其中材料透明度的实现主要基于以下两种理论[4, 16-18]：

9.1.2.1　纳米尺寸效应

即增强基材（纤维，颗粒等）的尺寸要小于主要的可见光波长，一般材料尺寸小于200nm在视觉上（可见光波长范围内）是透明的。

9.1.2.2　折光指数匹配效应

即基材与增强相（树脂类，PMMA，PDMS等）之间折光指数相匹配见式（9-1）。

$$\Gamma=[\ (n_R-n_F)\ /\ (n_R+n_F)\ ]^{[2]}　　　　　　　　　（9-1）$$

式中：　　　Γ——光反射系数；

n_F和n_R——基材和增强相的光折射率。

从式9-1中可以看出，基材和增强相之间的光折射率差值越小，复合材料的反射系数就会越小，材料的透明度就越高。

采用折光指数匹配制备透明复合薄膜材料相对容易，例如，玻璃纤维与大多数基材的折光指数较为匹配。但是环境温度变化引起基材与增强相折光指数不同程度的变化，容易引起复合薄膜材料透明性的改变[19]。因此，赋予材料优异的机械性能以及热稳定性的同时提高复合材料透明性是当前研究的热点。

纳米纤维由于其尺寸小，大部分在可见光的波长之下，因此用作增强相制得的复合材料可以在很大程度上降低光的散射，得到光学透明的复合膜[4]。Xiong[13]等采用海岛纺丝法制备得到PVA-co-PE纳米纤维，然后喷涂成膜与环氧树脂复合制得PVA-co-PE/Epoxy复合薄膜。该纳米纤维增强的复合薄膜材料除了机械性能以及热力学稳定性具有较大幅度的提高外，还具有非常优异的光学性能。因为PVA-co-PE纳米纤维基材的折光指数为1.62，环氧树脂的折光指数在1.50~1.57[12, 20]，而空气的折光指数为1.0。通过比较可以发现，PVA-co-PE纳米纤维基材与环氧树脂的折光指数更加接近，因此两者之间的光学匹配度更高，光线在PVA-co-PE/Epoxy复合薄膜中穿透时界面的光反射量远小于空气/环氧树脂界面。因此，PVA-co-PE/Epoxy复合薄膜在视觉上是透明的。此外，PVA-co-PE/Epoxy复合薄膜的光透过率随纤维含量的减少逐渐增大，当复合薄膜中纳米纤维含量减小至48.5wt%时，复合薄膜的光透过率高达85.5%，该结果与纯环氧树脂膜的光透过率（90%）相比，损失量不足5%（图9-3）。

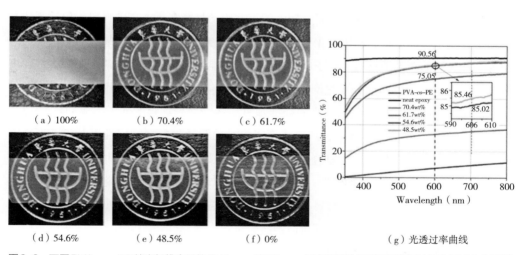

图9-3　不同PVA-co-PE纳米纤维含量的PVA-co-PE/Epoxy复合薄膜的光学透明性图片及光透过率曲线[13]

此外，Zhu[21]等在通过海岛纺丝法制得的PVA-co-PE纳米纤维膜表面直接喷涂纳米纤维素晶体（CNCs），也得到了柔性透明的纳米纤维复合膜（图9-4）。从图中可以看出，加入CNCs后PVA-co-PE纳米纤维膜开始变得透明，当CNCs含量达到40wt%时，该复合纳米纤维膜已经完全透明。这是因为CNCs的尺寸（直径约为10nm，长度约为100nm）远小于可见光的波长，将其喷涂在纳米纤维表面后，复合薄膜对光的漫散射作用大大降低，从而使原本不透明的PVA–co–PE膜变得透明。

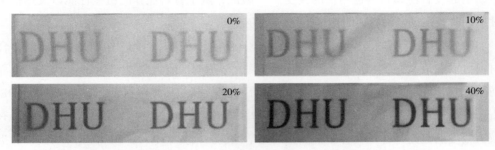

图9-4　不同含量的CNCs对CNCs/PVA–co–PE纳米纤维复合膜透明性的影响不同[21]

9.1.3　纳米纤维基柔性驱动材料

近年来，随着智能材料的不断发展，柔性智能驱动材料应运而生。柔性智能驱动材料指材料在受到对外界环境中的光[22-23]、热[24-25]、电[26-27]、磁[28]以及湿气刺激[29-30]时能够产生相应的应力应变，从而使材料发生一系列的弯曲、收缩、拉伸、扭转等驱动行为，且该驱动形变在外界刺激源消失后可以自动回复至初始状态。基于柔性驱动材料可逆的刺激响应行为，使其在能量转换以及智能操控体系中发挥了较大的潜质，因此受到研究学者们广泛的关注。其中，研究较多的柔性驱动材料多集中在碳材料，包括氧化石墨烯、碳纳米管类驱动材料以及聚合物基驱动材料方面[31-32]。其中，氧化石墨烯（GO）作为一种新型的二维碳材料，分子中大量的含氧官能团使其具有优异的吸湿性，在环境湿气发生变化时能够与水分子之间发生快速的吸附–解吸行为。利用该特性，GO多被用来制备柔性驱动材料，包括一维的纤维基驱动器[29, 33]、二维的薄膜类驱动器[34]以及三维的凝胶类驱动器[35]。其中，纯氧化石墨烯类的驱动材料在响应性以及驱动形变方面具有较大优势，而与聚合物复合后其响应性能会受到较大的限制[34]。其次，GO制备工艺复杂，成本较高等因素也进一步限制了该类驱动材料的发展及应用[36]。因此，寻找更加方便快捷且成本更低的材料来制备具有快速响应性、大的弯曲变形性以及优异的循环稳定性的柔性驱动材料仍然是目前的研究重点。

纳米纤维具有质轻、比表面积大、柔性高且加工方便、成本低等一系列优点，如果将其进行改性或与其他材料复合制备成驱动材料，将会是一大突破。Zhu[21]等采用海岛纺丝法制得PVA–co–PE纳米纤维，经湿法喷涂成膜后得到PVA–co–PE纳米纤维膜，然后将纳米纤维素晶直接淋喷在PVA–co–PE纳米纤维膜表面，得到了对湿气具有快速响应性的纳米纤维基柔性驱动薄膜。如图9-5所示，该纳米纤维基柔性驱动薄膜在外界

（a）手触碰含羞草后其叶片的闭合—张开过程

（b）纳米纤维基柔性驱动膜在手的靠近-远离过程中产生的弯曲-回复行为

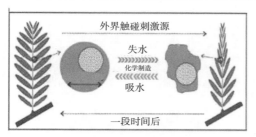

（c）膜对湿度刺激的响应机理图

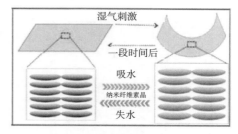

（d）松果在不同空气温度下的叶片的张开-闭合过程机理图

（e）松果在不同空气温度下的叶片的张开-闭合过程

图9-5　纳米纤维基柔性驱动膜地外界刺激下的仿生驱动行业及机理解释[21]

湿气刺激表现出优异的刺激响应行为，可以模拟含羞草、松果等产生一系列仿生驱动行为。

此外，Wang[38]等将PU微球涂敷在海岛纺丝法制得的PVA-*co*-PE纳米纤维膜表面得到了对有机溶剂甲苯具有快速响应性的聚苯乙烯微球/PVA-*co*-PE纳米纤维（PS/EVOH）复合膜。该复合膜在甲苯的刺激下可以产生快速、可逆的卷曲-回复行为，且连续循环100次，复合薄膜依然具有优异的驱动性能。此外，该PS微球均匀覆盖在PVA-*co*-PE纳米纤维膜表面，并且与纳米纤维膜之间紧密吸附在一起，形成均一稳定的复合薄膜结构（图9-6），使该复合薄膜具有快速的响应性以及较大的弯曲曲率。此外，该PS/EVOH复合膜还可以在甲苯刺激下模拟人手掌的伸展-握拳行为［图9-7（a）］；以及作为智能开关，在甲苯的间断刺激下控制灯泡的打开-关闭［图9-7（b）］。

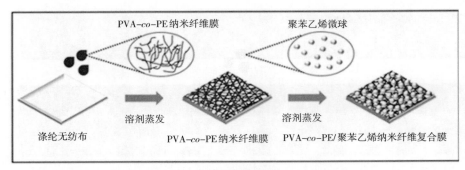

（a）制备流程图

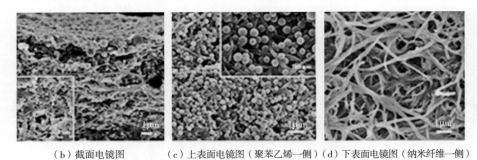

（b）截面电镜图　（c）上表面电镜图（聚苯乙烯—侧）（d）下表面电镜图（纳米纤维—侧）

图9-6　PVA-*co*-PE/聚苯乙烯微球复合膜的制备流程图及电镜图片

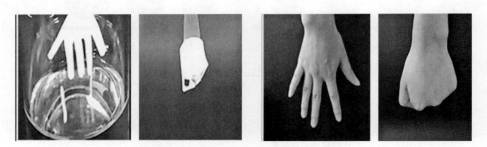

（a）在甲苯刺激下模拟手掌的伸展–握拳行为

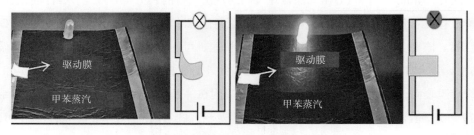

（b）在甲苯刺激下作为智能控制开关的应用

图9-7　PVA-*co*-PE/聚苯乙烯微球复合膜的仿生驱动应用

9.2 纳米纤维织物

海岛纤维作为超细纤维家族中的一员，由于其优良的加工以及服用性能而逐渐被织造、非织造业和染整类企业所接受用海岛型超细纤维进行织造加工过程可以生产出多种不同风格、不同手感以及多种用途的服装、面料或装饰用品。海岛纺纤维产品具有手感柔软、吸湿排湿性好、抗菌防霉防潮、挺括不皱、富有弹性等优点，在餐巾、吸水快干毛巾、浴巾、浴衣、擦拭布、运动服装等方面具有较大的用途。此外，海岛纺丝法制备的纳米纤维由于直径以及线密度非常小、比表面积大，使织成的织物具有较高的覆盖度，使用舒适柔软。其次，随着纤维中细度的减小，织物对光的散射以及反射比例逐渐减小，使织物的表观色调变得相当柔和，在高档服饰面料以及高档家用纺织品方面具有较多的应用。近年来，随着超细纤维研究的不但深入，其应用领域也进一步扩大，从最初的仿真丝、仿麂皮绒织物、擦拭布等领域进一步扩展到保温、吸附、过滤等医药和工业领域[39]。

9.2.1 纺织服装面料

由于超细纤维单丝根数比普通的纤维多，纤维直径较细，比表面积大，面料的透气性增加，将海岛纤维通过织造制得基布，再经过磨光、砂洗等工艺得到超天然的面料，该面料的透气性、柔软性优于天然的纺织品，从而在纺织服装领域具有广泛的应用。

9.2.1.1 仿麂皮面料

1970年，日本东丽公司采用海岛型复合超细旦纤维制造仿麂皮织物"ECSAINA"，标志着海岛型复合纤维开始了工业化生产。随后日本的可乐丽、钟纺、帝人等公司也相继建起了海岛型复合纤维的生产线[40]。仿麂皮织物是将海岛纤维通过针织、机织或非织造布过程得到基布，采用涂层技术对基布进行涂层处理，后经过磨绒、拉毛等工序，在织物表面形成细密均匀的绒毛，最终形成具有书写效果的高档仿麂皮面料。仿麂皮绒面料是一种柔软而富有弹性、透气性，同时兼具保暖性以及抗皱性的仿真皮面料[41]。除此之外，海岛纤维制备的仿麂皮绒面料还具有许多天然麂皮所没有的优良性能，包括：质地轻薄、悬垂性好、抗菌防霉、手感软糯等，因此仿麂皮绒面料被广泛用于制备高档服饰、鞋子以及装饰用品，如沙发、窗帘、汽车内饰等[42]。

9.2.1.2 桃皮绒面料

桃皮绒是继麂皮面料后发展起来的一款人工仿皮面料，属于超细纤维织物中一种新型的薄型起绒织物。采用海岛型超细纤维制备成基布，后经染整加工中的精细磨绒处理，接着使用化学试剂使纤维膨化、开松，再经碾压以及机械摩擦处理，使织物表面产生紧密覆盖的长度约为0.2mm的短绒毛，就像水蜜桃表面绒毛结构一样，被称为"桃皮绒"。桃皮绒织物相比麂皮织物来讲，表面绒毛更短，几乎看不出来，但可以通过皮肤接触感触到毛绒感，因此手感和外观会更加的细腻别致。桃皮绒织物手感柔软滑糯、具有吸湿、透气以及蚕丝般的外观和风格，可以作为服装面料以及箱包、鞋帽和装饰面料等[41, 43]。

9.2.1.3 人造皮革

1965年，日本可乐丽公司的人造皮革"Clarino"问世，随后经过不断研发以及革新制造出了以海岛型超细纤维非织造布为基布的新一代合成革，被称为第四代人工皮革。该人造皮革将海岛型超细纤维的复合纺丝技术、三维立体交络的非织造布织造技术、聚氨酯树脂的加工技术以及特殊的表面技术相结合，使制备出的人造皮革具有与天然皮革相似的微观结构，外观质感、良好的透湿性以及尺寸稳定性[44]。此外，该人造皮革在防水防霉、吸湿透气、穿着耐磨以及耐腐蚀性能等方面均高于天然皮革。同时还有效地避免了天然皮革利用率低、易受潮发霉等缺点，可被广泛用于鞋、箱包、家具以及汽车装饰性皮料方面[45]。

9.2.1.4 高密度防水透湿织物

通常雨滴的直径为100μm～200μm，人体皮肤自然蒸发的水汽直径大约为0.1μm。因此采用海岛型超细纤维来制备防水透湿织物，通过控制织物的收缩率，适当改变纤维之间的间隙，可制得织物间隙为0.2μm～10μm的海岛型高密织物。该织物具有优异的防水透气效果，质地轻盈、悬垂性好、手感柔软而丰满，结构细密。可加工成户外运动服，冲锋衣等，穿在身上吸湿透气，干爽舒适；也可制成帐篷雨衣等，防水的同时具有良好透气性[46-47]。

9.2.1.5 薄型保暖织物

海岛型超细纤维细度较小，纤维之间间隙多而且致密，因此可以有效利用纤维之间的毛细管作用加快纤维的吸湿排汗功能。此外，超细纤维制备而成的织物由于纤维之间致密的微孔结构，使织物可以同时储存更多的静态空气，起到优异的隔热保暖效果。因此，该超细纤维制备而成的薄型保暖织物在春秋季的保暖服装中具有较大的应用前景[46]。

9.2.2 高性能洁净布

高性能洁净布是海岛型超细纤维的代表性产品。制备高性能清洁布一般多选用海岛型超细纤维，其单纤的细度在0.1dtex～0.3dtex，制备成的高性能清洁布具有非常复杂的空间三维结构，对液体以及灰尘具有超强的清洁力。此外，海岛型超细纤维制备成的高性能清洁布，其比表面积以及表面孔隙率比普通纤维高好多倍，除污快而彻底、不易掉毛，经洗涤后可多次重复利用。其次，由于其纤维线密度低，柔软，在物体表面擦拭后不留痕迹，同时又不损坏产品表面纹路等优点，因此在一些精密仪器、光学仪器镜片、计算机、高档家具、家电以及汽车、飞机中均具有广泛的用途[48, 49]。

9.2.3 其他用途织物

随着高新技术产业的不断发展，海岛型超细纤维织物的应用领域进一步扩大，不断向环保领域、医疗防护领域、建筑建材以及餐饮领域蔓延。例如，应用于液体以及气体环境中的高性能、高强度以及可再生性的超细过滤材料；超细纤维制备的医疗防护用品以及人工膜、人造血管、人造心脏等用以取代人体组织；防水透湿以及保温性能优异的建筑建材；吸湿快干毛巾、餐巾等。我们相信，随着科技的进一步发展，海岛型超细纤维类产品将会出现在更多的应用领域中，以其更加多元化的功能给人们带来更加舒适的用户体验。

9.3　小结

海岛纺纤维的生产工艺已经相对成熟，并且作为一种新型复合纤维在国内外市场上都具有极大的发展前景。因此，应该加大海岛纺纤维的应用开发力度，将其同织造、染整以及服装加工相结合，从整体上提高开发能力，使海岛纺纤维的应用领域由传统的服装面料以及织物逐步向多功能以及智能化纺织品领域渗透。

参考文献

[1] Schmidt, D., Shah, D., Giannelis, E. P. New advances in polymer/layered silicate nanocomposites [J]. Current Opinion in Solid State & Materials Science 2002, 6(3)：205-212.

[2] Thostenson, E. T., Li, C., Chou, T. W. Nanocomposites in context [J]. Composites Science & Technology 2005, 65(3)：491-516.

[3] Huang, Z. M., Zhang, Y. Z., Kotaki, M., et al. A review on polymer nanofibers by electrospinning and their applications in nanocomposites [J]. Composites Science & Technology 2003, 63(15)：2223-2253.

[4] Bergshoef, M. M., Vancso, G. J. Transparent Nanocomposites with Ultrathin, Electrospun Nylon-4, 6 Fiber Reinforcement [J]. Advanced Materials 2010, 11(16)：1362-1365.

[5] Iwatake, A., Nogi, M., Yano, H. Cellulose nanofiber-reinforced polylactic acid [J]. Composites Science & Technology 2008, 68(9)：2103-2106.

[6] Tsimogiannis, D., Stavrakaki, M., Oreopoulou, V. Isolation and characterization of cellulose nanofibrils from wheat straw using steam explosion coupled with high shear homogenization [J]. Carbohydr Res 2011, 346(1)：76-85.

[7] Olson, D. C., Piris, J., Collins, R. T., et al. Hybrid photovoltaic devices of polymer and ZnO nanofiber composites [J]. Thin Solid Films 2006, 496(1)：26-29.

[8] 聂鹏，赵学增，陈芳，等．聚合物基纳米复合材料制备方法的研究进展[J]．哈尔滨工业大学学报，2005，37（05）：19–23.

[9] Zheng, J., Zhu, R., He, Z. et al. Synthesis and characterization of PMMA/SiO$_2$ nanocomposites by in situ suspension polymerization [J]. Journal of Applied Polymer Science 2010, 115(4)：1975-1981.

[10] Du, B. X., Jie, L., Wei, D. Surface charge accumulation and decay on directfluorinated polyimide/Al$_2$O$_3$ nanocomposites [J]. IEEE Transactions on Dielectrics & Electrical Insulation 2013, 20(5)：1764-1771.

[11] 张径，杨玉昆．插层法悬浮聚合制PMMA蒙脱土纳米复合材料[J]．高分子学报，2001，1（1）：79–83.

[12] Tang, C., Liu, H. Cellulose nanofiber reinforced poly (vinyl alcohol) composite film with high visible light transmittance [J]. Composites Part A Applied Science & Manufacturing 2008, 39(10)：1638-1643.

[13] Xiong, B., Zhong, W., Zhu, Q., et al. Highly transparent and rollable PVA-co-PE nanofibers synergistically reinforced with epoxy film for flexible electronic devices [J]. Nanoscale, 2017, 9(48)：19216-19226.

[14] 李正伟，陶伟明. 柔性电子封装结构中夹杂对延展性的影响分析[J]. 应用力学学报，2012，29（3）：345-348.

[15] Weber, A., Deutschbein, S., Plichta, A., et al. In 6.3: Thin Glass-Polymer Systems as Flexible Substrates for Displays [J]. Sid Symposium Digest of Technical Papers, 2002, 33(1): 53-55.

[16] Wu, M., Wu, Y., Liu, Z., et al. Optically transparent poly (methyl methacrylate) composite films reinforced with electrospun polyacrylonitrile nanofibers [J]. Journal of Composite Materials 2012, 46(21): 2731-2738.

[17] O'Brien, D. J., Chin, W. K., et al. Polymer matrix, polymer ribbon-reinforced transparent composite materials [J]. Composites Part A 2014, 56(56): 161-171.

[18] Kang, S., Lin, H., Day, D. E., et al. Optically Transparent Polymethyl Methacrylate Composites made with Glass Fibers of Varying Refractive Index [J]. Journal of Materials Research 1997, 12(4): 1091-1101.

[19] Iba, H., Chang, T., Kagawa, Y. Optically transparent continuous glass fibre-reinforced epoxy matrix composite: fabrication, optical and mechanical properties [J]. Composites Science & Technology 2002, 62(15): 2043-2052.

[20] Tao, P., Li, Y., Rungta, A., et al. Benicewicz, B. C.; Siegel, R. W.; Schadler, L. S., TiO_2 nanocomposites with high refractive index and transparency [J]. Journal of Materials Chemistry 2011, 21(46): 18623-18629.

[21] Zhu Q., Jin Y. X., Wang W., et al. Bio-inspired smart moisture actuators from nano-scale cellulose materials on porous and hydrophilic EVOH nanofibrous membranes [J]. ACS Applied Materials Interface, 2019, 11(1): 1440-1448.

[22] Shi, Q., Li, J., Hou, C., et al. A remote controllable fiber-type near-infrared light-responsive actuator [J]. Chemical Communications 2017, 53(81): 11118-11121.

[23] Han, D. D., Zhang, Y. L., Ma, J. N., et al. Light-Mediated Manufacture and Manipulation of Actuators [J]. Advanced Materials 2016, 28(38): 8328-8343.

[24] Jiang, S., Liu, F., Lerch, A., et al. Unusual and Superfast Temperature-Triggered Actuators [J]. Advanced Materials 2015, 27(33): 4865-4870.

[25] Jiang, W., Niu, D., Liu, H., et al. Photoresponsive Soft-Robotic Platform: Biomimetic Fabrication and Remote Actuation [J]. Advanced Functional Materials, 2015, 24(48): 7598-7604.

[26] Kyun, S. D., Tae June, K., Dae Weon, K., et al. Twistable and bendable actuator: a CNT/polymer sandwich structure driven by thermal gradient [J]. Nanotechnology 2012, 23(7), 075501.

[27] Morales, D., Palleau, E., Dickey, M. D., et al. Electro-actuated hydrogel walkers with dual responsive legs [J]. Soft Matter 2014, 10(9): 1337-1348.

[28] Timothée, J., Charlotte, P., Eric, F. Instability of the origami of a ferrofluid drop in a magnetic field [J]. Physical Review Letters 2011, 107(20): 204503.

[29] Cheng, H., Hu, Y., Zhao, F., et al. Moisture-activated torsional graphene-fiber motor [J]. Advanced Materials 2014, 26(18): 2909-2913.

[30] Han, D. D., Zhang, Y. L., Liu, Y., et al. Bioinspired Graphene Actuators Prepared by Unilateral UV Irradiation of Graphene Oxide Papers [J]. Advanced Functional Materials 2015, 25(28): 4548-4557.

[31] Mu, J., Hou, C., Zhu, B., et al. A multi-responsive water-driven actuator with instant and powerful performance for versatile applications [J]. Scientific Reports 2015, 5: 9503.

[32] Wang, C., Wang, Y., Yao, Y., et al. A Solution-Processed High-Temperature, Flexible, Thin-Film Actuator [J]. Advanced Materials, 2016, 28(39): 8618-8624.

[33] Cheng, H., Liu, J., Zhao, Y., et al. In Graphene fibers with predetermined deformation as moisture-triggered actuators and robots, [C]. 工信部七校青年学者论, 2013, 10676-10680.

[34] Wang, W., Xiang, C., Zhu, Q., et al. Multistimulus Responsive Actuator with GO and Carbon Nanotube/PDMS Bilayer Structure for Flexible and Smart Devices [J]. ACS Appl Mater Interfaces 10(32): 27215-27223.

[35] Kim, D., Lee, H. S., Yoon, J. Highly bendable bilayer-type photo-actuators comprising of reduced graphene oxide dispersed in hydrogels [J]. Scientific Reports, 2016, 6: 20921.

[36] Wang, W., Xiang, C. Liu, Q., et al. Natural alginate fiber-based actuator driven by water or moisture for energy harvesting and smart controller applications [J]. Journal of Materials Chemistry A, 2018, 6: 22599-22608.

[37] Jin Y. X., Zhu Q., Zhong W. B., et al. Superfast, Porous and Organic Solvent Sensitive Actuator Based on EVOH Nanofibrous Membrane and PS Microspheres [J]. The Journal of Physical Chemistry, 2019, 123(1): 185-194.

[38] 陈林志. 中国海岛纤维产业链市场综合分析[J]. 产业用纺织品, 2004, 22（1）: 1–6.

[39] 周燕. 海岛型纤维——新一代超细纤维的发展[J]. 丝绸, 2004（2）: 41–42.

[40] 刘喜悦. 海岛型超细纤维仿麂皮绒产品的染整工艺[J]. 印染, 2004, 30（2）: 18–21.

[41] 段亚峰, 陈笠, 刘庆生. 海岛型复合超细涤纶丝麂皮绒产品的设计与开发 [J]. 毛纺科技, 2006（3）: 35-38.

[42] 吴伟栋. 超细纤维桃皮绒机织及染整工艺的研究[J]. 江南大学学报, 1999,（3）: 70–74.

[43] 安树林. 海岛纺丝 - 超细纤维 - 人造革[J]. 纺织学报, 2000, 21（1）: 48–50.

[44] 黄有佩. 涤/锦复合、海岛纤维生产技术[J]. 合成纤维, 2001, 30（6）: 39–40.

[45] 刘庆生. 涤纶海岛丝麂皮绒织物的开发和染整工艺研究[D]. 西安: 西安工程科技学院, 西安工程大学, 2006.

[46] 秦晓. 超细纤维针织洁净布性能与开纤工艺研究[D]. 青岛: 青岛大学, 2006.

[47] 修俊峰, 程博闻, 张孝南, 等. 各种超细纤维擦拭布的制备工艺与性能分析[J]. 产业用纺织品, 2014（2）: 16–19.

[48] 蒋志青, 郭亚. 海岛纤维的生产及应用[J]. 成都纺织高等专科学校学报, 2017, 34（3）: 209–212.